태안의 기적
태안오염사고 방제성공
그 이면

허베이스피리트호
오염사고 방제
그리고 10년

이봉길 지음

도서출판 동화기술

허베이스피리트호 기름유출사고

● 기름유출 / 오염상태

● 해상방제

● 자원봉사자 활동

● 다양한 방제기술

사진자료 : 해안경찰청, 허베이스피리트호 기름유출사고 사진집, 아름다운 기적

머리말

2007년 태안에서 발생한 허베이스피리트호 기름유출사고는 우리나라에서 발생한 최대의 유류오염사고로 하루아침에 태안 전 해안을 죽음의 바다로 만들어 자연환경파괴는 물론 경제적, 사회적 큰 피해를 가져온 국가재난 사고였다.

우리나라에서는 이러한 재난적 대형유류오염사고 발생위험이 상존하고 있다. 허베이스피리트호 사고 10년을 맞아 사고 당시에 제기되었던 문제점과 이후의 개선사항, 향후과제를 점검해 보고, 사고당시 방제작업에 적용했던 방제전략 및 방제기법, 성공과 실패사례 등 현장경험을 관계공무원, 전문가와 관련업체 관계자 그리고 잠재적인 피해자인 자원봉사자 및 일반국민들과 공유할 필요가 있다고 본다.

이 책에서는 오염사고 발생현장이 10년이 지난 오늘 현재 얼마나 복원되고 회복되었는지 점검해 보고, 사고당시의 해양오염상태와 현장에 적용했던 방제전략과 방제기법을 자세히 기술하고, 당시에 제기되었던 문제점에 대한 실상분석, "태안의 기적"을 낳게 한 자원봉사자들의 역할과 그 이외의 성공요인을 분석했다.

또한 당시의 방제조치에 대한 평가와 반성, 이후 문제점 보완을 위한 정부의 개선노력을 소개하고, 향후 재난적 대형오염사고에 대비한 과제와 제언을 한다.

이 책은 대형유류오염사고시 사고발생에서부터 방제전략수립, 방제방법 선택 및 조치, 사후수습까지 전과정을 실제 경험한 사고를 대상으로 기술한 것으로, 기존의 이론적인 「유류오염방제대책」이나 「유류오염방제기술서」와는 차별화된다고 하겠다.

특히 태안해안은 전형적인 리아스식 해안으로 오염된 약 70km의 해안에는 해수욕장의 모래사장을 비롯한 자갈, 다양한 크기의 돌덩이, 바위, 암벽, 인공구조물, 갯벌, 도서 등 모든 해안의 특성을 가졌으며, 이러한 해안에 초기 두꺼운 기름에서부터 엷은 유막, 타르상태의 기름, 땅속에 침투된 기름까지 제거한 모든 기법의 해안방제기술을 적용한 실제 방제작업 전과정을 오염상태와 방제기법별로 정리한 가장 실효적인 「유류오염방제기술서」이며 우리나라의 방제제도·시스템, 방제능력 등을 함께 분석하고 있는 종합적인 「해양오염방제대책서」이다.

또한 허베이스피리트호 오염사고 방제조치에 대한 진솔한 평가와 반성, 향후과제 및 제언을 통해 유사사고를 대비하여 무엇을 챙겨야 할 것인가를 제시하고 있다.

따라서 이 책은 해양오염방제업무를 담당하고 있는 관계공무원, 관련전문가, 공단·방제업체 등 방제관련 업무종사자, 해양·수산분야 종사자 등에게 좋은 정보자료가 될 것이며 환경단체·언론관계자들에게도 방제현장을 이해하는데 도움이 되리라 본다.

특히 해경경찰청이나 해양환경관리공단 입사를 준비하는 수험생이나 해양·수산계 및 환경관련학과 학생들에게도 해양오염방제분야를 공부하는데 도움되기를 기대한다.

그러나 허베이스피리트호 오염사고 방제과정이나 방제결과에 대한 평가가 보는 관점이나 입장에 따라 다른 평가가 있을 수 있을 것이다. 다른 견해와 비판을 겸허히 수용하고 토론과 의견교환을 통해 견해를 좁혀 나가고 향후 사고처리에 도움 될 수 있기를 기대한다.

끝으로 이 책을 흔쾌히 출간해 주시기로 하신 정우용 사장님과 출판을 위해 세심하게 도와주신 이재영 부장님 등 관계자 여러분들께 깊이 감사드립니다.

저자 씀

추천사 I

윤종휘
한국해양대학교 교수
(전 해양환경안전학회회장)

금년은 우리나라 해양오염방제 측면에서 매우 의미있는 한 해이다. 지금으로부터 10년 전 2007년 12월 7일 태안반도 앞바다에서 유조선 허베이스피리트호로부터 원유 12,547kl가 유출되어 지역 주민의 고충은 말할 것도 없고, 이 지역의 생태계가 돌이킬 수 없는 심각한 피해를 입은 우리나라 최악의 오염사고가 발생하였다.

다행히 사고 발생 당시 참담했던 현장은 자원봉사자를 비롯한 군·관·민의 총력 방제작업으로 오염된 바다와 해안은 예상보다 빠르게 복구되었다. 또한 정부와 여러 유관기관에 의해 사고원인과 방제과정에 대하여 다각도의 조사·분석·평가 및 연구가 수행됨으로써 우리나라의 해양오염방제 수준이 크게 향상되는 계기가 되었고, 그에 대한 결과물에 출한되어 여전히 귀중한 참고자료로 활용되고 있다.

그럼에도 불구하고 오염방제부문을 전적으로 다루는 출판물로는 2008년 해수부에서 발간한 「허베이스피리트호 유류오염사고 방제부문백서」를 제외하면 거의 없는 실정이고, 이 간행물도 당시의 방제현장 실황을 파악하기에는 다소 부족하다고 할 수 있다.

때마침 이번에 「허베이스피리트호 사고방제, 그리고 10년－태안의 기적, 태안오염사고 방제성공 그 이면」이란 제목의 책이 발간되었다.

이 책의 저자는 풍부한 방제현장 경험과 학문적 이론을 겸비한 진정한 오염방제전문가이며, 실제 허베이스피리트호 오염현장에서 방제활동을 진두지휘한 산증인이다.

그런 그가 이 책에서 이미 알려진 사실에 대한 부연설명과 함께 이면의 방제활동까지 세세하게 소개함으로써 차별화하였고, 이를 바탕으로 향후 허베이스피리트호 오염방제활동에 대한 보다 정확한 이해 및 얻어진 교훈을통해 국가방제능력과 국제적 위상을 높이자는 뜻에서 집필한 것으로 보인다.

게다가 이 책은 방제전략수립, 조직운영, 방제기법선택, 사후수습방법 및 방제결과에 대한 분석과 그에 따른 반성 및 피드백 사항 등 방제전반에 대하여 실무적인 관점과 전문적인 관점을 병행하고 있어, 향후 우리나라의 국가 방제정책 및 계획수립의 참고서로써 또한 효율적 현장방제지침서로써 활용될 수 있을 것이다.

따라서 이 책은 해양오염방제업무를 담당하는 정부 및 공공기관과 민간방제업체 소속원은 물론 오염방제를 이해하고자 하는 일반인과 학생들에게도 크게 도움이 될 것으로 기대한다.

2017. 11
윤 종 휘

추천사 II

이규형
전남대학교 명예교수
(전, 해양환경·에너지학회회장)

한국, 중국, 일본을 포함한 극동아시아 해역은 발전하는 경제규모에 걸맞게 국제해상교역이 밀집된 해역일 뿐 아니라, 수산물이 풍부한 어장이어서 어업활동이 왕성한 해역이다. 이러한 산업 활동은 전 세계적으로 더욱 활발해 질 추세여서 물동량이 크게 증가하면 선박이 점점 대형화되며 빠르게 운항선박이 불어나 해난사고의 우려가 커진다.

일단 바다에서 각종 대형유류유출사고가 발생하면 피해는 엄청난 것이며, 그 피해는 결국 국민들이 직간접으로 고스란히 입을 수밖에 없다.

사고 발생은 예방이 최선이지만, 불행하게 사고가 발생하면 신속한 초기 대응조치로 피해를 최소화해야 한다.

기준이나 제도가 부족하여 발생하는 사고는 후진국형이고, 훌륭한 기준과 제도가 있음에도 그 집행과 적용이 누락되거나 태만하게 이뤄져 발생하는 사고는 선진국형이라고 한다.

안전불감증 등 여러 가지 안전에 취약했던 우리나라의 해양오염관리업무 역사 30년간 얼마 전에 우리가 겪었던 사상 최대이자 최악의 국가적 해양재난으로서 태안 앞바다에서 발생한 허베이스피리트호 유류오염사고를 돌아보자.

당시 1만톤(원유 유출량)이 넘는 대형유류유출사고를 당하면서 불과 10개월 만에 방제 완료를 할 수 있었다는 것은 사실상 부족한 현장 실무자의 노고만으로는 분명히 감당하기 어려운 바로, 123만 자원봉사자의 헌신, 범정부적 재난대응, 민관군의 결집된 노력의 결과였으며, 그렇게 모두가 태안의 기적이 되었다. 그리고 사고 4년 후부터 다행스럽게도 악화되었던 환경의 회복 징후가 나타났고 거의 7년 후에는 예상보다 빨리 상당한 수준까지 회복된 모습을 보여서, 사고 9년째인 2016년에 태안해안국립공원이 세계 국립공원 인증을 받기에 이른다.

해양환경전문가이면서 특히, 해양오염방제분야에서 약 40년간 몸담아 활동한 저자는 2007년 12월 7일 허베이스피리트호 사고당시, 해양경찰청의 해양오염방제국장으로서 실질적 현장방제를 총괄 지휘하면서 얻은 매우 다양하고 귀중한 경험을 현장 실무자, 관련 전문가와 기술인, 관심있는 국민 모두와 함께 공유하기를 원하고, 또 발생할 수 있는 유사사고 이외에 각종 위험물질 사고 등에 대비하여서 다양한 분야의 많은 전문가 참여와 방제기술에 대한 지속적인 토론, 그리고 글로벌 해양안전전문인력 양성과 함께 모두의 안전을 염원한다.

그래서, 이 책은 베테랑 방제전문가가 사고 발생과 방제 그리고 지난 10년을 진솔하게 회고하며, 국내외 실상과 그에 따른 방제 전 과정을 검토하면서, 국내외 전문가의 자문, 폐유 이외의 유류기인 폐기물 처리, 유처리제 효과와 환경회복시기, 피해보상에 대한 제고와 연구 필요성 등 평가와 반성까지 실무 이외의 관련 내용도 포함한 매우 방대한 양의 정보를 종합하여 요약정리한 것으로서, 해양오염방제실무를 위한 조직과 각종 업무는 물론, 실제사고 중심으로 거의 모든 경우에 대처 가능한 여러가지 기술을 망라하여 상세하게 서술하고 있어서 아주 구체적이고 종합적인 실전방제기술서이며, 또한 관련있는 다양한 내용을 쉽고 생동감있게 설명하고 있어서 실무자 및 전문가 이외에도 온 국민의 관심을 시원하게 만족시킬만한 종합적백서라고도 할 수 있겠다. 그리고 안전관련정책 입안자나 관리자 또는 관심있는 사업가나 학생들에게도 해양유류사고 전반에 관한 실무와 과제 등 읽어 볼만한 매우 유익한 참고서로 적극 권장 추천한다.

2017. 11
이 규 형

목차

제 1장 태안은 되살아났다

제 2장 사고 발생에서 방제조치까지

제 3장 동원된 방제기법

제 4장 방제현장의 제기된 문제점과 그 실태

제 5장 반성과 개선, 향후과제

제 6장 태안의 기적, 그 이면

제 1장 태안은 되살아났다

1 절

검은 악몽에서 깨어난 태안

1. 푸른 파도가 넘실거리는 태안해안

2007년 12월 7일 우리나라 최악의 기름유출사고가 발생하면서 하루아침에 태안 전 해안은 죽음의 바다로 변해 버렸다.

만리포해수욕장의 맑고 하얀 넓은 해안은 검은 기름으로 뒤덮였고, 푸른 파도 대신 검은 기름파도가 넘실거리고, 기름을 뒤집어 쓴 물새들의 처참한 모습과 짙은 기름 냄새는 숨을 쉴 수 없을 정도로 심한 악취를 내뿜고 있었다.

지역 주민들과 전국에서 몰려든 자원봉사자들이 밀려드는 기름을 막고 퍼담기에 필사적인 노력을 하고 있는 가운데 이를 취재하기 위한 취재차량, 지속적으로 몰려드는 인파와 차량, 이를 통제·안내하는 사람들의 호각소리, 현장 지휘자의 핸드마이크 소리 등이 한데 엉켜 그야말로 아수라장 같은 사고현장의 모습이었다.

허베이스피리트호 사고 10년째인 2017년 7월 초에 다시 찾은 만리포해수욕장은 “언제 그런 사고가 있었느냐?”하는 듯 푸른 파도가 넘실거리는 해변가에는 형형색색의 비치파라솔들과 고무보트, 튜브 등이 해수욕객을 맞이할 준비를 끝내고 즐비하게 진열해 있었고, 일찍 찾은 관광객들은 물이 빠진 맑고 깨끗한 백사장 위를 삼삼오오 무리지어 거닐고, 뛰어노는 어린아이들의 머리위로 날아다니는 갈매기 무리들이 너무 평화롭게만 보여 10년 전의 그 사고 현장모습은 한바탕 지옥 같은 악몽을 꾸다 깨어난 듯 했다.

그림 1.1 사고 당시 만리포 해안

10년 전 사고 당시 오염이 가장 심했던 만리포해수욕장을 출발하여 모항항, 천리포해변, 방주골(백리포)해변, 의항(십리포)해변, 구름포해변, 신두리해변, 구례포해변, 학암포해변을 돌아 이원방조제, 사목해변, 꾸지나무골해변, 만대항까지 전 해안을 돌아보았다.

만리포를 비롯한 천리포·신두리·학암포 등 해수욕장들은 주변을 깨끗이 정돈하여 손님 맞을 준비를 다 끝내고 곳곳에 관광객들이 찾고 있었고, 해안가 어느 한곳에서도 기름흔적은 찾을 수 없었고 푸른 파도만이 넘실거리고 있었다.

그림 1.2 태안의 깨끗하고 평화로운 만리포 해수욕장[1)]

1) 사진출처 : 태안군청 홈페이지

2. 사고전 수준으로 해양환경 완전회복

태안해안은 육안으로 보이는 해상·해안 상태뿐 아니라 해양환경 오염상태도 거의 회복된 것으로 확인되고 있다.

해양수산부에서 사고 직후부터 해양과학기술원과 충남대 등 전문 연구기관에 의뢰하여 해양환경 및 해양생태계에 미치는 영향을 조사해 왔다.

해양수산부에 보고된 해양과학기술원 보고서('15년 12월 1일)[2]에 의하면 사고이후 7년 동안 조사한 결과, 해수내·퇴적물·모래안 공극수내 등 오염도 조사와 조간대의 저서동물의 종수 및 종 다양도 조사에서 사고 이전의 상태로 회복된 것으로 보고되었다.

또한 해양과학기술원 임운혁 박사는 서해안 유류피해극복 10주년 해양환경안전포럼('17년 9월 15일)에서 허베이스피리트호 사고 직후부터 약 10년간 장기 해양오염영향조사 실시결과를 발표하면서

- 태안 및 서해안 피해지역을 중심으로 유류오염영향평가, 생태독성평가, 생태계영향평가 실시 결과
- 오염정도, 초기방제, 환경특성 등에 따라 오염의 지속도에 차이가 있었으나, 전반적으로 사고 4년 경과 후 이전 수준으로 회복 양상을 보였으며
- 생태계 구성요소별로 회복속도가 상이했으며, 피해가 집중된 조간대 저서생태계의 경우 사고 4년 경과 후부터 회복징후가 나타났다고 발표했다. 그러나 사고 당시 전문가들은 태안해안과 연안 생태계가 완전 복원되려면 최소 20~30년은 걸릴 것이라고 추정하였는데 전문가들의 예상보다 훨씬 빨리 회복되었다고 볼 수 있다.

2) 허베이스피리트호 유류오염사고와 환경영향(2015년 12월 1일, 해양수산부·해양과학기술원)

표 1.1 허베이스피리트호 사고 환경영향 요약[2)]

구분	환경영향
조간대 해수오염	사고 직후에는 조사정점 대부분에서 직접적인 영향이 확인되었고, 조사대상정점의 63%에서 해양환경수질기준을 초과했다. 특히 학암포에서 파도리에 이르는 집중피해지역에서 상대적으로 높은 오염도를 나타내었다. 사고 1개월 후 해수 내 총유분(THP)농도는 급격히 감소하였고 이후에도 지속적으로 감소하는 경향을 나타내었다. 사고 1년 후에는 대부분 지역에서 해양환경 수질기준 이하의 값을 나타내었다.
조간대 퇴적물 오염	사고 초기 태안반도 해안 퇴적물에서는 유류 오염에 의한 직접적인 영향을 확인할 수 있었으며, 유류계 PAHs 농도는 최고 66,430ppb까지 검출되었다. 해안표착유류의 공간적 불균일성, 지역별 방제현황 및 퇴적물의 입도의 영향에 따라 퇴적물 내 유류오염 농도는 조사 정점별로 차이를 보였으나 일반적으로 학암포에서 파도리 구간에서 높은 농도를 보였다. 사고 이후 시간에 따라 농도가 지속적으로 감소하였으며, 사고 6개월 후 유류계 PAHs의 평균농도는 112ppb로 감소했다. 2014년 현재 대부분 배경농도 수준으로 감소하였고 일부 국한된 지역에서만 유징이 간헐적으로 관찰되고 있다.
태안 앞바다 해저 퇴적물 오염	사고 직후 태안반도 앞 해상의 해저퇴적물 내 유류오염은 기름이 직접 유입된 조간대에 비해 비교적 낮은 농도수준을 나타내었다. 전체적으로 먼 바다보다 태안반도 주변해역이 상대적으로 더 오염되었다. 해수 표면에서 수층으로 분산된 유류가 조하대해저 퇴적물에 영향을 미친 것으로 보이며, 또한 태안반도 해안에 표착되었던 기름이 퇴적물과 엉겨 붙은 후 파도와 조석 작용에 의해 인근 조하대로 떠밀려간 것으로 판단되었다. 이후 시간이 경과함에 따라 조하대 퇴적물 유류오염정도는 주변지역과 유사한 수준으로 회복되었다.
모래해안 공극수 유류오염	만리포 해수욕장 퇴적물 공극수 내 유분농도는 사고 직후 최대 수만 ppb를 초과하며 해수욕장 전반에 걸쳐 매우 높은 오염도를 보였다. 이후에는 유분농도가 지속적으로 감소하여 2014년 현재 대부분의 지역에서 배경농도 수준의 낮은 유분분포를 나타내었다.
모래조간대 대형저서동물 (종다양도)	모래조간대 대형저서동물의 종다양도 지수는 사고 직후 감소한 이후 뚜렷한 변화 양상을 보이지 않았다. 사고 이후 3년 동안 지속적으로 낮게 나타났다. 기회종의 가입으로 생물량은 증가하였지만 종다양도는 주변지역에 비해 낮았다. 현재는 비오염 지역과 유사한 수준으로 군집구조가 회복되고 있다.
모래조간대 대형저서동물 (종수)	유류오염사고 이후 1년 동안 사고해역에서 대형저서동물의 종수는 사고 이전에 비해 매우 낮았으며 1년 이후인 2009년 여름부터 조금씩 증가하기 시작했다. 2년 후부터는 종수는 계속해서 증가하여 회복징후를 보이고 있으나 일부 지역에서는 계절적 변동이 관찰되고 있다.

3. 태안해안, 세계의 국립공원으로 인증

국립공원관리공단은 2015년 5월 태안해안에서 쇠제비갈매기 번식둥지를 처음 발견한 이후 흰물떼새 번식지가 몽산포 등 다수의 해안가에서 증가하고 있는 것도 확인했다고 발표하면서 “일반적으로 조류는 먹이가 풍부하고 천적으로부터 방해가 적은 지역을 번식지로 선정한다. 따라서 조류번식둥지가 발견 됐다는 점은 조류의 먹이가 될 수 있는 해양생물이 풍부하다는 것을 의미하며 해양생태계가 많이 회복되고 있다는 증거이다.”라고 발표했다.[3)]

그리고 국립공원관리공단은 2016년 1월 31일 태안해안국립공원을 세계의 국립공원으로 인증 받았다고 밝혔다.

세계자연보전연맹(IUCN)[4)]은 자연환경의 생태적 가치에 따라 세계의 보호지역을 [표 1.2]와 같이 6개 유형으로 분류하고 있고 유엔환경계획 생물다양성협약에서는 이 분류 체계를 국제기준으로 채택하고 있다.

표 1.2 세계자연보전연맹(IUCN) 카테고리 유형

유형	카테고리 명칭	관리목표
I	a. 원시적 엄정보호구역 b. 원시야생지역	– 엄격한 자연생태계 보호 – 야생지 보호를 목적으로 지정
II	국립공원	– 생태계보호와 휴양 위해 보호관리 – 자연과 가까운 상태로 유지할 수 있을 정도로 관리
III	천연보호구역	– 자연적 특성보전
IV	종 및 서식지 관리지역	– 물리적 특성보호를 위한 서식처 확보 및 유지
V	자연(육상·해상) 경관 보호지역	– 관광, 휴양을 통한 대중 향휴 기회제공
VI	자연관리보호지역	– 자연자원의 지속가능한 이용

3) 환경부 정책브리핑(2015년 6월 1일)
4) 세계자연보전연맹(IUCN) : 스위스에 본부를 두고 있는 국제기구로서 정부, 정부기관, 비정부기구 등 다양한 회원을 보유하고 있다. 처음에는 국제자연보호연합 즉 International Union Conservation of Nature and Natural Resources이라는 이름으로 출발하여 IUCN이라는 약자를 쓰나 최근에 이 약자는 그대로 쓰면서 이름을 The World Conservation Union으로 바꾸었다(Daum 산림임업용어사전).

국립공원관리공단은 2007년 오염사고 이후 생태계 회복을 위해 지속적으로 해양환경 보전·복원 노력을 한 결과 세계자연보전연맹(IUCN)의 보호지역 카테고리 "V. 자연경관 보호지역"에서 "II. 국립공원"으로 변경되었다고 발표했다.

경관보호지역에서 국립공원 등급으로 변경된 것은 생태적 가치가 우수하고 관리·보존 상태도 뛰어나다는 것을 의미하며 이는 태안오염사고 이후 해양환경상태가 완전히 회복되었음을 공식적으로 인정받았다고 할 수 있다.

IUCN

WCPA
WORLD COMMISSION ON PROTECTED AREAS

The IUCN World Commission on Protected Areas verifies that the

Taeanhaean National Park

is a protected area fulfilling the criteria for IUCN Protected Area Management Category II and is managed under governance arrangement Type A – Government by Government. It is therefore recommended for inclusion in the World Database of Protected Areas as a

Category II Protected Area

Gland, Switzerland, 13/01/2016

Mr. Trevor Sandwith
Director
IUCN Global Protected Areas Programme

Dr. Kathy Mackinnon
Chair
IUCN WCPA

그림 1.3 태안해안국립공원 카테고리II인증서

IUCN

WCPA
WORLD COMMISSION ON PROTECTED AREAS

The IUCN World Commission on Protected Areas verifies that the

Baekdo Islands Special Protection Zone (SPZ)

is a zone managed in a manner that is consistent with the criteria for

IUCN Protected Area Management Category 1a

The Baekdo Islands SPZ lies within, and forms an integral part of, the Dadohaehaesang National Park, which has been verified by IUCN as a protected area fulfilling the criteria for IUCN Protected Area Management Category II.

Gland, Switzerland, 13/01/2016

Mr. Trevor Sandwith
Director
IUCN Global Protected Areas Programme

Dr. Kathy Mackinnon
Chair
IUCN WCPA

그림 1.4 다도해 백도 카테고리 Ia 인증서

4. 자원봉사자의 성지, 새로운 관광지로 거듭나다

충청남도와 태안군은 오늘의 맑고 깨끗한 태안바다를 되살려 놓은 것은 전국에서 몰려온 123만의 자원봉사자들의 희생과 모든 국민들의 성원으로 이룰 수 있었다고 감사와 보은의 행사를 이어 왔으며 현재는 태안을 자원봉사자의 성지로 키워나가고 있다.

가. 자원봉사자 보은 행사

2008년 2월 21일 76일 만에 자원봉사자가 100만 명이 돌파하자 충청남도와 태안군은 만리포해수욕장에서 100만 명 돌파 기념행사를 열었다.

이날 100만 번째 자원봉사자에게 인증패와 상품이 전달되었다.

2008년 3월 13일에는 사고 100일을 맞아 공무원, 지역주민 1,000여명이 참여하여 감사의 큰절을 올리는 행사를 진행했다.

그림 1.5 지역주민 등이 자원봉사자에게 감사의 절을 올리는 모습[5)]

5) 허베이스피리트호 유류오염사고 백서(2010년 3월, 태안군)

2008년 12월 5일에는 사고 발생 1주년을 기념하는 행사가 충청남도와 태안군 주최로 태안문화예술회관과 만리포해수욕장에서 개최되었다.

1,000여명의 자원봉사단체와 각계 초청 인사가 참여한 가운데 제3회 전국 자원봉사자 대회를 개최하고 유공 자원봉사자 등에 대한 표창 및 감사장을 수여했다.

이날 국무총리가 만리포해수욕장에 자원봉사자를 기념하는 대형 안내판과 자원봉사자 찬양시비를 세우는 행사도 이루어졌다(현재는 유류피해극복기념관 앞 희망광장으로 옮겨져 있다.).

표 1.3 허베이스피리트호 오염사고 방제유공자 정부포상 현황[6)]

구분	계	대통령표창	국무총리표창
계	20	7	13
기업체	3	하늘소 엔터테인먼트	SK자원봉사단, ㈜선양
봉사단체	12	한국교회봉사단 원불교중앙봉공회 대한불교조계종자원봉사단 한국자원봉사센터협회 1365중앙구조단	(사)대한인명구조협회, 예수사랑선교회, 대한적십자대전·충남지사, (사)5대운동본부, 계룡건설산업(주), 사랑의 밥차, 오렌지재단, 무안군 해제면 번영회
군부대	5	육군 제32보병사단 해병제1사단	육군 제7공수특전여단 육군 203특공여단 공군 제20전투비행단

6) 허베이스피리트호 유류오염사고 백서(2010년 3월, 태안군)

그림 1.6
자원봉사자
찬양시비[7]

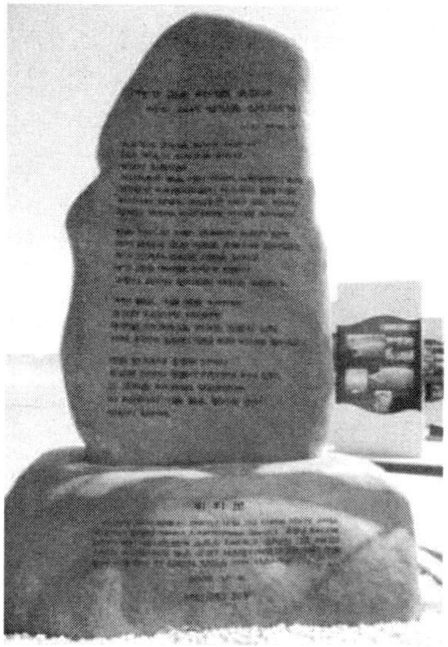

취 지 문

이 찬양 시비(詩碑)는 2007년 12월 7일 만리포 북서방 6마일 해상에서 발생한 허베이 스피리트(Hebei Spirit)호 유류유출사고로 실의에 빠진 태안군민들의 슬픔을 위로하고, 절망의 검은 바다를 희망의 바다로 바꿔 놓은 123만명 자원봉사자들의 헌신하신 뜻을 높이 찬양하여 전 군민의 정성을 모아 세웁니다.

2008. 12. 5.
태안군민 일동

누가 검은 바다를 손잡고 마주 서서
생명을 살렸는가

시인 박동규

오순도순 천년을 살아온 너와 나 검은 죽음의 자락으로 덮였다.

장엄한 일출처럼 고사리 손도 통을 메던 어깨도 노래 부르던 입도 123만명 자원봉사자들이 타오르는 불꽃처럼 피어나는 생명의 존엄으로 태안의 검은 바다와 황폐한 모래와 미끈거리는 바위를 막아섰다.

살을 에는 찬바람, 흔들리는 눈보라 앞에 손에 손 잡고 검은 기름을 온몸으로 밀어냈다.

누가 민족의 영원한 터전을 살리고 누가 검은 모래를 하얗게 만들어 고동이 숨쉬는 살아있는 세상을 찾았는가.

까만 얼굴 기름 묻은 바지에는 숭고한 인간사랑 자연사랑 두둥실 천년 만년을 지켜온 핏줄의 연대 이제 우리가 살았던 옛날 파란 바다로 돌아왔다.

마음 한가운데 용광로 안에서 숭고한 희생의 꽃들이 바닷가에 피어 있다.

그 고마움 바다처럼 영원하리라.

이 비석에서 기름 묻은 봉사의 혼이 영원히 살리라.

나. 에버그린 태안희망벽화 그리기

2009년 9월에는 이원면 방조제에 「에버그린 태안희망벽화 그리기」 행사가 이루어 졌다.

이 태안희망벽화는 사상 최악의 기름유출사고로 절망에 빠진 군민들에게 희망을 주고 123만의 자원봉사자에게 감사의 마음을 표현하며 태안군의 복군 20주년을 기념하기 위하여 길이 3km, 높이 7m의 방조제에 벽화 총 49점으로 이루어 졌다.

7) 허베이스피리트호 유류오염사고 백서(2010년 3월, 태안군)

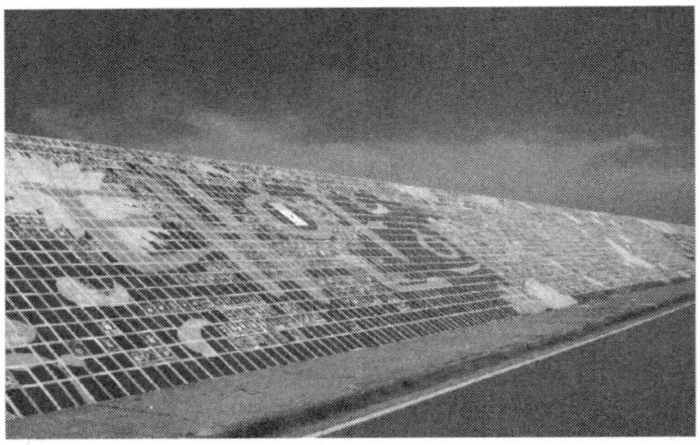

그림 1.7 에버그린 태안희망벽화[8)]

그림 1.8 이명박 대통령 손도장[8)]

희망벽화 그리기행사의 부대행사로 2009년 7월 25일부터 12월 31일까지 자원봉사참여자들과 태안군민을 대상으로 손도장 찍기 이벤트를 개최하여 아름다운 기적을 이루어낸 아름다운 손을 오래 기억되도록 하는 취지로 7만개의 손도장을 찍게 했다.

7만개의 손도장 숫자는 태안군민의 수를 의미하는 것이고 동시에 자원봉사자를 향한 군민들의 감사한 마음의 숫자라고 한다.

다. 유류피해극복기념관 설립, 새로운 상징물

충청남도와 태안군은 2017년 9월 허베이스피리트호 유류오염사고 10주년을 맞아 기적을 일군 의미와 가치를 재조명하고 재앙을 희망으로 승화시키기 위한 목적으로 서해안 유류피해극복 10주년 행사, 유류피해극복백서 발간, 유류피해극복기념관 개관 등 3대 프로젝트를 실시한바 있다.

특히, 유류피해극복기념관은 해양환경훼손에 대한 경각심을 제고하고 자원봉사자들의 숭고한 재난 극복정신을 기리기 위한 거점이자 자원봉사자의 성지로 키워나가겠다는 방침으로 태안군 만리포 일원에 부지면적 10,761m^2 (연면적 2,2624m^2)에 지하 1층, 지상 2층 규모로 건립했다.

8) 허베이스피리트호 유류오염사고 백서(2010년 3월, 태안군)

1층 전시실은 그래픽, 영상자료, 방제복 및 방제도구, 실물조류 등을 전시하고 2층 영상체험관은 해양생물 되살리기, 기름제거하기 등 체험관으로 이루어져 있어 유류피해 흔적을 보고, 듣고, 만지고, 방제작업을 직접 체험할 수 있도록 시스템이 되어 있다.

태안해안은 사고전의 상태로 회복되면서 맑고 아름다운 해안국립공원으로 되살아났다.

사고 당시 가장 오염이 심했던 만리포 해수욕장은 대천, 변산과 함께 서해 3대 해수욕장으로 길이 3km, 폭 250m에 달하는 넓은 백사장에 규사질의 고운모래를 되찾아 여름철 많은 해수욕객들뿐만 아니라 낚시, 스킨스쿠버, 서핑 등 해양레포츠의 명소가 되었다.

그림 1.9 유류피해극복관 모습[9)]

"똑딱선 기적소리 젊은 꿈을 싣고서 갈매기 노래하는 만리포라 내사랑..."으로 시작하는 반야월 선생의 만리포사랑 노래비가 만리포 해수욕장을 상징해 왔지만 최근(2016년)에 분수·조명쇼가 펼쳐지고 낙조를 잡을 수 있는 대형 워터스크린(가로 10m, 높이 13m)이 설치되어 새로운 상징물로 자리 잡고 있다.

그림 1.10 만리포 사랑 노래비[9]

그림 1.11 만리포해수욕장의 상징 워터스크린[9]

라. 방제작업로가 둘레길로 거듭나다

태안 전해안이 바다내음과 솔향기를 맡으면서 가볍게 걸을 수 있는 둘레길로 조성되어 날로 인기를 더해가고 있다.

특히 '솔향기 길'은 허베이스피리트호 오염사고 당시 방제작업을 위해 만들어진 방제작업로와 군부대 해안경계 순찰로, 오솔길 등을 연결하여 조성하였으며(개척자 차윤천) 아픔 속에 탄생한 123만 자원봉사자들을 위한 보은의 길이란 의미가 더해지면서 많은 사람들이 찾고 있다.

9) 사진출처 : 충남도청 홈페이지

솔향기 길은 태안반도의 북쪽상단에 위치한 만대항에서 이원방조제까지 66.9km에 6개 코스로 나눠 조성되었으며, 천혜의 해안경관을 감상하면서 피톤치드 그윽한 솔향과 바다내음 속에 숲속바람소리와 파도소리를 들으며 걸을 수 있는 힐링코스이다.

또한 태안해안국립공원사무소에서 2011년부터 2013년까지 해안가 마을길, 샛길과 방제도로를 연결하는 태안해변길 조성사업을 시행하여 학암포에서부터 신두리, 만리포, 파도리, 몽산포 꽂지, 황포, 영목항까지 120km에 이르는 태안 전해안으로 7개 코스 해변길을 조성했다.

태안해변길은 태안해안의 수려한 경관을 바라보면서 걸을 수 있고, 여러 항포구에서 계절에 따른 풍부한 먹거리를 즐길 수 있다.

표 1.4 태안해변길 코스

코스	구간	거리	소요시간	볼거리/느낄거리
1코스 바라길	학암포~신두리	12km	3시간40분	신두리사구, 두웅습지
2코스 소원길	신두리~만리포	22km	8시간	만리포, 천리포해수욕장
3코스 파도길	만리포~파도리	9km	3시간	모항항, 파도리해변
4코스 솔모랫길	몽산포항~드르니항	16km	4시간	독살, 몽대항낙조
5코스 노을길	백사장항~꽂지	12km	3시간40분	백사장항 수산시장, 대하랑꽂제랑 인도교
6코스 샛별길	꽂지~황포	13km	4시간	쌀썩은여, 샛별해변
7코스 바람길	황포~영목항	16km	5시간	바람아래 해변, 조개부리마을

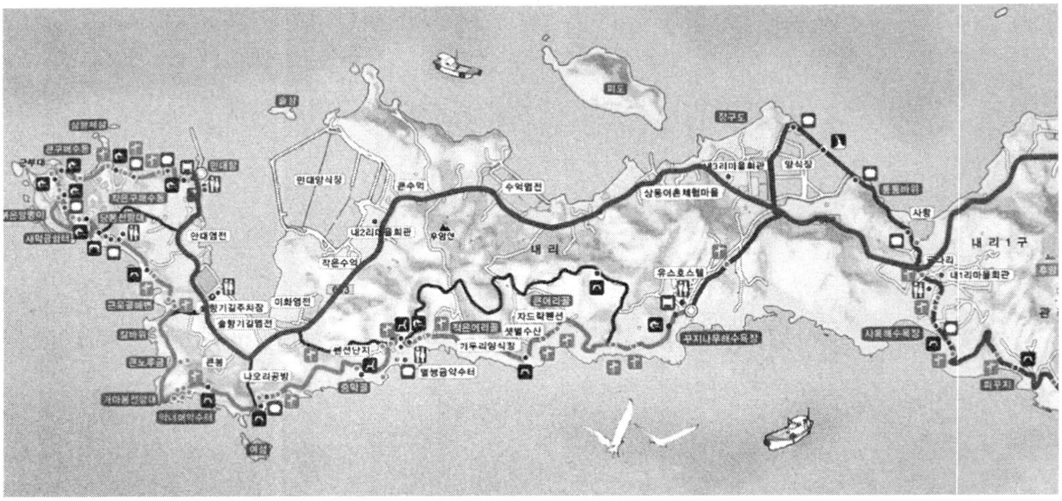

그림 1.12 솔향기길 코스[10)]

그림 1.13 해변에 있는 솔향기길[10)]

10) 사진출처 : 국립공원관리공단 홈페이지

2절 주민들의 살림살이, 지역경제 회복

1. 유류오염사고는 태안지역산업에 직격탄이 되다

가. 산업분야 피해현황

허베이스피리트호 유류오염사고로 인한 양식장 피해면적은 총 34,703.5ha (충남 25,104.5ha, 전남 6,049ha, 전북 3,559ha)에 이르며 이중 태안군은 5,868ha로 전체 피해면적의 16.9%를 차지하고 있으며 피해 어가도 13,839 가구에 달하고 있다.

태안군의 해안 및 해수욕장 피해상황은 태안군 해안 약 70km, 도서 23개소, 해수욕장 15개소가 기름의 직접적 오염피해를 입은 것으로 나타났다.

표 1.5 유류오염 피해 산업분야

분야		업종
수산분야		– 어선어업, 정치망어업, 양식어업, 맨손어업 등
비수산 분야	어업연계 산업	– 어류가공업, 수산품가공업, 수산물창고업, 어류소매상, 급유업, 얼음사업자, 생선운반업 등
	관광산업 분야	– 숙박업(호텔, 콘도, 펜션, 민박 등), 요식업(횟집, 일반음식점, 유흥음식점 등), 해수욕장시설(야영장, 주차장, 대여업, 놀이기구 등), 유선업(낚시배, 낚시도구판매업, 유람선 등), 판매업(편의점, 슈퍼마켓, 관광상품판매업 등), 목욕시설(해수탕, 찜질방 등) 등
	기타	– 건물임대업, 부동산매매업, 커피숍, PC방

이 사고로 인한 태안군의 경제적 피해를 살펴보면 지역 내 바다를 근간으로 하던 양식업, 맨손어업, 어선어업등 수산분야 뿐만 아니라 해수욕장 관광객 등을 주 고객으로 하던 펜션 등 숙박업, 음식점, 기타 택시, 소매업 등 비수산 분야까지 막대한 경제적 손실을 가져왔다.[11)]

태안지역의 피해를 수산분야와 비수산분야로 나누어 생각할 수 있다. 수산분야는 어선어업, 정치망어업, 양식어업, 맨손어업등 유류오염에 기인하여 직·간접적으로 수산물 및 양식물 등의 오염피해 부분이고, 비어업 부분은 어업연계산업, 관광산업분야, 기타업종으로 나눌 수 있다.

나. 방제작업 인건비·생계비 지급지연

사고가 발생하자 태안지역 주민들의 해양관련 모든 경제활동은 정지되었고 지역주민들에게 방제작업이 유일한 생업활동이 되었다.

그러나 방제작업 인건비는 국제유류오염보상기금[12)](이하, 국제기금)에서 지급하게 되는데 국제기금은 검정절차를 거쳐서 지급하게 되어 방제작업 인건비 지급이 늦어지면서 지역주민들의 고통이 커졌다.

이런 지역주민들의 고통을 해결하기 위하여 피해주민들에게 긴급 생계비를 지급하기로 하였으나 이 또한 지급기준에 대한 논란 등 주민들에게 지급되는 데는 오랜 시간이 소요되었다(2008년 1월 28일 태안군 생계비 1차 지급).

이런 과정에서 지역경제는 무너지고 주민들의 생활은 자살상황(자살자 3명 발생)까지 내몰릴 정도로 피폐해졌다.

11) 대형 재난지역의 갈등관리에 관한 실증연구(2013년 2월, 박상규)
12) IOPC FUND : International Oil Pollution Compensation Funds

2. 경제적 피해 회복 노력

가. 해수욕장을 정상적으로 개장시켜라

특히 만리포·천리포·신두리해안 등 15개 해수욕장을 비롯한 태안해안 전역이 오염의 직격탄을 맞다보니 해양관광이 주요 수입원인 태안지역의 지역경제에 심각한 타격을 주게 되었다.

해수욕장의 조기 원상복구가 지역경제 회복의 전환점으로 보았고 2008년 7월에 '해수욕장을 개장하느냐 못하느냐'가 가장 큰 관심사였으며 방제작업의 성공여부가 달려있었다.

방제당국(해양경찰청)과 충청남도·태안군에서는 만리포를 비롯한 해수욕장 방제작업에 사력을 다했다.

사고초기 자원봉사자들에 의해 표층의 두꺼운 기름을 퍼담거나 흡착재로 흡착제거방법으로 응급방제 조치 후에 모래·자갈 속에 침투된 기름은 굴삭기, 트랙터, 포크레인, 페이로더 등 중장비를 이용하여 갈아엎고, 파고, 뒤집어 가면서 세정하고 파도에 노출시켜 부유된 기름을 흡착시켜 제거하는 방법을 수십번 반복하면서 유징이 한 방울도 발견되지 않을 때까지 계속했다.

해양수산부를 비롯한 관계기관, 환경단체, 전문가, 지역주민 등으로 구성된 민·관 합동 평가팀을 구성하여 최종평가를 거쳐 13개 해수욕장을 2008년 여름에 개장하게 되었다.

나. 태안지역 경제 살리기 노력[13)]

2008년 1월 8일 해상방제가 종료되고 4월 18일부터 일부지역에서 조업이 재개되었으나 태안해역에서 생산되는 수산물은 오염된 것으로 인식되어 수산물 판매가 되지 않자 태안군에서는 '태안경제 살리기' 지원요청 협조

13) 허베이스피리트호 유류오염사고 백서(2010년 3월, 태안군) 발췌

문을 중앙부처, 각급기관 및 단체 등에 보내는 한편, 각종 수산물 소비촉진 행사를 추진했다.

또한 충청남도와 태안군은 태안의 관광명소 이미지를 되찾기 위해서 '태안 찾아가기' 운동을 전개하여 언론매체를 통해 다시 살아난 청정 태안을 홍보했다 각종 회의, 교육, 세미나 등이 태안에서 개최될 수 있도록 유도하고 인기 TV프로그램 촬영을 유치하기 위해 노력했다.

표 1.6 수산물 소비 촉진 행사

일시	주관	장소	내용
2008년 5월 2일	영항어촌계	고남 영목항	수산물 축제 및 무료시식회
2008년 4월 23일	태안군 직능 사회단체협의회	과천 종합청사	새봄맞이 전국 농축산식품 직거래 장터 무료시식회
2008년 5월 21일	태안군 직능 사회단체협의회	서울 강서구청	태안수산물 무료 시식회
2008년 6월 17일	태안군 직능 사회단체협의회	인천 롯데백화점	태안수산물 무료 시식회
2008년 7월 7일	변웅전 국회의원	국회의원 회관	태안살리기 수산물 시식회
2008년 8월 2일	안흥외항 행사 추진위원회	태안군 안흥외항	관광객과 함께하는 수산물 축제
2008년 8월 2일	안흥외항 행사 추진위원회	태안군 안흥외항	수산자원 고갈에 따른 갈매기 먹이주기 행사
2008년 11월 14일	태안군 직능 사회단체협의회	대전시 안영동농산물 유통센터	태안사랑 희망장터
2009년 3월 21일	청와대	중앙공무원교육원	서해안 수산물 안전성 시식회
2009년 4월 18일	충청남도	청계천 광장	수산물 안전성 홍보

전국 초·중·고 및 대학생을 대상으로 생태현장학습을 실시할 수 있도록 교육청에 협조를 구하기도 했다.

자원봉사 참가기관 및 단체 등을 대상으로 지역물품 팔아주기 운동과 태안 지역관광을 촉진하는 홍보활동도 펼쳤다.

해수욕장에 대한 집중적인 방제작업으로 2008년도 여름에 대부분의 해수욕장이 개장할 수 있었지만, 오염사고로 인한 이미지 실추로 인하여 관광객이 감소할 것을 염려하여 지역별로 각종 개장행사와 이벤트를 기획하여 개최했다.

표 1.7 2008년 해수욕장 관련 이벤트 현황

해수욕장	이벤트		비고
	이벤트명	일시	
만리포	월드사커대회	7월 25일~7월 2일	개장식
몽산포	모래조각경연	7월 26일	–
학암포	학암포 노을축제	8월	개장식
꽂지	태안살리기 마라톤 대회	6월 29일	개장식
청포대	서해어살문화축제	7월 5일~7월 7일	–
안면	맛조개잡이	8월초	–
기지포	맨손 물고기 잡이	8월초	–
바람아래	7080 포크음악회	8월 2일	–
장삼포	장삼포 갯벌체험	7월 7일	개장식
갈음이	맨손 붕장어 잡이	개장초	–
신두리	제6회 바다수영대회	7월 27일	–
사목	독살체험장 운영	개장초	개장식
꾸지나무골	꾸지나무골 가요제	7월중	개장식

특히, 만리포해수욕장은 국민들에게 가장 많이 알려져 있고, 오염이 가장 심했던 해수욕장으로 자원봉사자들이 가장 많이 방제작업에 참여했던 상징적인 지역으로, 만리포해수욕장 개장행사를 대대적으로 기획하여 개최했다.

문화관광부·충청남도·태안군이 함께 주최하고 정부부처와 태안군민들이 합심하여 자원봉사자 감사축제를 주제로 2008년 6월 27일 만리포해수욕장에서 행사가 개최되었다.

2009년도에도 '태안사랑 썸머 페스티벌'이 만리포해수욕장, 천리포수목원, 학암포에 개최되었다.

그 외에 태안군에서 태안사랑 상품권을 발행하여 많은 기업에서 동참하는 등 태안지역 경제 활성화에 많은 노력을 기울였다.

그림 1.14 만리포해수욕장 개장행사

다. 피해주민에 대한 각종지원[14)]

정부는 유류오염 피해지역을 특별재난지역[15)]으로 지정하여 피해지역 주민들에게 세금납부연장, 학자금 지원, 전기요금, 전화비, 건강보험료 경감 등 지원조치를 하였으며 해당 지자체에 특별교부세와 국고보조금을 주어 재난수습에 소요되는 비용을 국가에서 지원했다.

또한, '허베이스피리트호 유류오염사고 피해주민의 지원 및 해양환경의 복원 등에 관한 특별법'을 제정(2008년 3월 14일)하여 국제기금(IOPC Fund) 보상한도를 초과하는 피해액에 대한 보상, 중소기업의 운전자금 우선융자, 상환유예, 실질적 피해를 입었음에도 손해배·보상을 받지 못한 자에 대한 지원도 할 수 있게 했다.

특별재난지역 피해주민들의 생계지원금으로 해양수산부 예비비 300억 원, 충청남도 예비비 100억 원, 국민성금 158억 원으로 구성된 재원을 마련하여 1, 2단계로 나누어 피해지역 주민들에게 지급되었다.

3. 사고 10년이 지난 오늘의 태안지역 경제[16)]

정부는 사고지역 경제 활성화를 위해 2008년부터 지역행사비용의 일부를 지원하고 사업을 후원하는 피해지역 이미지 개선사업을 시행했다.

주요 행사내용은 지역별 특색에 맞는 바다낚시대회, 수영대회, 갯벌 마라톤대회, 스포츠 축제, 수산물 축제 등이다.

지역경제 활성화 사업은 제6회 유류오염사고 조정회의의 의결을 거쳐 태안지역 7개 사업을 포함한 27개 사업(1,138억 원)을 선정하여 농림수산식품부, 환경부 및 국토해양부에서 추진했다.

---

14) 허베이스피리트호 유류오염사고백서(2010년 3월, 태안군) 발췌
15) 특별재난지역지정 : 2007년 12월 11일, 태안, 보령, 홍성, 서천, 당진, 서산 6개시군. 2008년 1월 18일, 영광, 무안, 신안 일부지역 추가지정
16) 허베이스피리트호 유류오염사고 극복을 위한 정부지원 현황 및 대응정책제언(2012년 8월, 정광용, 이승환) 발췌

표 1.8 정부지원 지역경제 활성화 사업 현황

<table>
<tr><th colspan="2" rowspan="2">구분</th><th rowspan="2">합계</th><th colspan="5">충남
(20개/880.8억 원)</th><th colspan="2">전북
(6개/113억)</th><th>전남
(1개/144억)</th></tr>
<tr><th>태안</th><th>보령</th><th>서산</th><th>서천</th><th>당진</th><th>군산</th><th>부안</th><th>신안</th></tr>
<tr><td colspan="2">사 업 수</td><td>27</td><td>7</td><td>5</td><td>4</td><td>2</td><td>2</td><td>2</td><td>4</td><td>1</td></tr>
<tr><td rowspan="3">총
사업비
(억원)</td><td>계</td><td>1,137.8</td><td>545.1</td><td>187.2</td><td>53.5</td><td>70</td><td>25</td><td>13</td><td>100</td><td>144</td></tr>
<tr><td>국비</td><td>846.4</td><td>447.4</td><td>145.8</td><td>29.3</td><td>22.2</td><td>18.5</td><td>13</td><td>55</td><td>115.2</td></tr>
<tr><td>지방비 등</td><td>291.4</td><td>97.7</td><td>41.4</td><td>24.2</td><td>47.8</td><td>6.5</td><td>–</td><td>45</td><td>28.8</td></tr>
</table>

2005년도 태안군 지역내 총생산은 13,840억 원이었고 유류오염사고 발생 전까지 매년 증가하였으나 유류오염사고 영향으로 인하여 2008년에는 전년대비 18.7%가 감소한 11,876억 원이었다.

2017년 기준 충남도내 시·군별 지역내총생산액은 도내 16개 시·군중 9위에 해당하는 수준이었고 2014년은 22,741억 원으로 15개 시·군(연기군 제외)중 10위에 해당하는 수준이다.

농림어업분야는 2007년에는 전년대비 19%가 감소하였으나 2008년도에는 전년대비 3.9%가 증가하였고 2005년의 80.2% 수준이었다.

이는 태안군의 어업분야가 유류오염사고로 인하여 직접적인 피해를 입어 2008년도에는 사고 이전 수준으로 회복되지 못하고 있음을 보여주고 있다.

그러나 2009년부터 2005년 수준으로 회복하였고 2014년에는 2,338억 원의 수준을 보이고 있다.

표 1.9 태안군 지역내총생산(GRDP[17])) 변동내역[18]) (단위 : 억원)

구분	당해년 가격									
	05년	06년	07년	08년	09년	10년	11년	12년	13년	14년
지역내 총생산 (시장가격)	13,840	13,876	14,612	11,876	15,161	17,089	16,031	15,456	20,103	22,741
농림 어업	1,932	1,841	1,492	1,550	1,988	2,183	1,933	1,943	1,959	2,338
도매 및 소매업	480	513	551	421	401	469	582	633	656	624
숙박 및 음식점업	474	486	557	496	463	635	563	600	566	542

태안군의 숙박 및 음식점업의 생산량 추이를 살펴보면, 2007년에는 전년대비 114.6%로 증가하였으나 2008년도에는 전년대비 89%였다.

이는 2007년도의 경우 많은 방제인력이 태안을 방문한 결과 숙박 및 음식점업, 도·소매업의 생산량이 전년대비 증가한 것으로 분석되며, 사고발생 다음 년도인 2008년도에는 관광객의 감소가 숙박 및 음식점업 등의 생산량 감소를 가져온 것으로 보인다.[19])

도·소매업의 경우 2009년 이후 2013년까지 꾸준한 증가세로 보이는 반면 숙박 및 음식점업은 사고 이전인 2006년보다 2010년부터는 높은 생산량을 보이고 있다.

17) GRDP(Gross Regional Domestic Product) : 1년 동안에 각 시·군별로 생산액, 단가, 물가 등의 기초통계를 바탕으로 해당 시·군의 부가가치를 추계한 자료
18) 2014년 시군단위지역내 총생산(2017년 1월 25일, 충남통계정보관) 자료 발췌 및 허베이스피리트호 유류오염사고가 주변 환경에 미치는 영향조사 및 분석(2012년 7월, 정광용·이승환) 일부 인용
19) 허베이스피리트호 유류오염사고가 주변 환경에 미치는 영향조사 및 분석(2012년 7월, 정광용·이승환) 일부인용

3절

지역주민들의 갈등 그리고 극복

환경재난은 환경저해에 국한되지 않고 인간의 삶의 토대인 생태계를 심각하게 훼손시킬 뿐만 아니라 사회에도 부정적인 영향을 미친다.

환경재난 이후 심각한 사회갈등이 일어나고 공동체가 해체위기에 직면하게 된다.

1989년 미국에서 엑손발데즈호 기름유출사고[20] 이후 심각한 사회적 혼란과 갈등을 겪은 알래스카 오염사고가 대표적인 예이다(박상규, 2013년).

사고 이후 피해배상에서 소외된 계층이 생기고 방제작업에 참여하는 것을 놓고 주민들간 마찰, 피해주민간 갈등이 일어나는 등 다양한 문제가 발생되었다(Rodin et al., 1992년, 홍덕화·구도환, 2009년, 박상규 2013년 재인용).

허베이스피리트호 유류오염사고도 같은 양상의 갈등문제가 발생했다.

20) 액손발데즈 기름유출사고 : 1989년 3월 24일 액손발데즈호(유조선, 214,000톤급)가 알래스카 남서부 해역에서 좌초되어 원유 37,000kℓ 유출

1. 지역주민들의 갈등요인 및 양상

가. 방제작업 참여인력, 방제방법 및 종료시점에 대한 갈등

지역주민들은 사고초기에는 밀려드는 기름을 막아야 한다는 일념으로 적극 방제작업에 참여하게 되었으나 어느 정도 시간이 경과되고 난 뒤에는 차츰 방제작업현장을 생업현장(일당 남자 7만원, 여자 6만원)으로 인식하게 되었다.

자원봉사자들이 계속 밀려오고 방제작업이 기계화되고 체계화되어가자 다른 수입원이 없는 주민들의 입장에서는 방제작업이 마무리되면 수입원이 없어진다는 불안감마저 느끼게 되었고, 일부지역에서는 장비에 의한 기계적 방제 방법과 다른 지역 주민들이나 자원봉사자 동원에 대한 불만을 표출하기도 했다.

방제인건비라는 새로운 생계수단 밖에 없었던 피해주민에게 자원봉사자들의 복구활동은 한편으로는 구세주와 같은 존재이면서 한편으로는 자신들의 소득을 잠식하는 존재로 인식할 수밖에 없는 상황이었다.

이것은 한정된 자원의 배분과 관련된 문제로 자원봉사자들에 의해 방제작업이 조기 종료될 경우 자신들의 인건비 지급원이 사라져 더 이상의 생계수단마저 없어질 것을 우려한 일부지역에서는 주민들이 마을이나 작업구간 입구에서 자원봉사자들의 출입을 막아 봉사자들과 실랑이가 벌어지기도 했다.

실랑이 과정에서 그 이유를 알게 된 자원봉사자들이 어쩔 수 없이 돌아서는 경우도 다수 발생되었던 것이 당시 태안의 안타까운 모습이었다[21](박상규, 2013년).

여기에 국제기금에서 파견된 전문가들에 의해서 지역별로 방제동원인력이 제한되고 방제방법이 통제되면서 지역주민들의 불만이 고조되었다.

---

21) 이러한 현상은 1995년 여수에서 발생한 씨프린스호 오염사고(원유등 5,035kℓ유출) 당시에도 발생했는데 그때는 인접부대장병, 경찰기동대요원, 환경단체 등에서 자원봉사 나갔다가 주민들의 거부로 조기철수하고 지역주민들만 참여하여 방제작업이 이루어졌다.

국제기금 전문가들은 방제인력을 최소화하고 기계적 방제방법을 요구하였으며 1차 방제작업이 끝난 지역에 대해서는 가급적 썰물 때 파도를 이용한 자연방제를 권장하고 조기방제종료를 유도했다.

이에 지역주민들은 지속적인 방제인력동원과 바위아래 암벽 사이의 기름한 방울까지도 철저한 방제를 요구하며 방제종료시점을 가급적 늦추기를 주장했다.

방제종료시점에 대해서는 방제작업에 참여하는 지역주민들과는 달리 숙박업, 요식업 등 관광산업분야 종사자들은 조기에 방제작업을 마무리 짓기를 기대하고 있었다.

태안군의 입장에서도 해수욕장 개장 등 태안해역 이미지 전환을 위해 조기방제를 유도하면서 지역주민들과 갈등을 빚기도 했다

나. 생계비 지급기준에 대한 불만[22)]

피해주민들에 대한 생계비 지원이 두 차례에 걸쳐 이루어졌는데 생계비 분배과정에서 지급기준을 두고 지역간, 업종간, 개인간에 많은 갈등을 가져왔다.

1차로 충청남도가 2008년 1월 21일 458억 원(정부지원금 300억 원, 국민성금 158억 원)을 피해 시·군에 배분하면서 배분비율을 두고 시·군간 불만이 나타났으며 특히, 세부 배분기준 없이 읍·면을 거쳐 마을 단위로 재배정되어 가구별로 배분하는 과정에서 마을에 따라 심각한 갈등을 초래했다.

1차 생계비 집행과정에서 주민들은 차등지급과 균등지급 의견으로 분열되었고 마을 주민간 심각한 갈등상황이 확산되어 지금까지 조용하게 살던 이웃간에 서로 욕을 하고 싸움을 하는 일까지 생겨났다.

특별한 수입이 없는 상황에서 생계비 지급문제가 가까운 이웃, 친구, 형제

22) 대형 재난지역의 갈등관리에 관한 연구(박상규, 2013년) 발췌

간에도 갈등을 유발시킨 것이다.

2차 생계비는 2008년 4월 16일 283억3,000만원이 지급되었는데 1차 때의 문제점을 해소하기 위하여 주민토론회 등을 통한 여론수렴 단계를 거쳐 지급기준안을 마련했다.

2차 지급시에도 주민간·지역간 불만표출이 있었으나 1차 때와 같은 과격한 사태는 발생되지 않았다.

다. 방제인건비 삭감 및 지급지연

하루아침에 생존의 터전을 잃어버린 피해지역 주민들은 눈보라치는 엄동설한에 역겨운 기름 냄새 속에서도 유일한 생계수단으로 방제작업에 참여하였으나, 방제인건비가 제때 요구액이 지급되지 않음으로써 심각한 갈등을 겪었다.

2007년 12월말 주민 방제인건비가 한차례(87억 원)지급된 후에 국제기금(IOPC FUND)측의 복잡한 사정절차와 사정기간의 장기화로 지급이 지연되어 2008년 상반기에는 방제인건비가 지급되지 않았다.

이로 인해 유류피해 주민의 어려움은 더욱 가중되었고 불안감이 고조되었다.

시간이 갈수록 피해민의 어려움이 극에 달해 지역주민의 강력반발 및 집단민원이 발생하기도 하였다(태안군 허베이스피리트호 유류오염사고 백서, 2010년).

국제기금에서 2008년 7월에 1～2월분 방제인건비 사정액을 발표했는데 방제업체들의 청구액 114억 원 중 72억 원만 인정하자 주민들이 크게 반발하면서 갈등이 심화되었다.

주민들의 극심한 반발과 주민들이 실제 참여한 인건비라는 점에서 정부당국에서도 심각하게 검토하게 되었다.

2차에 걸친(2008년 8월 4일, 9월 26일) '유류오염사고 조정위원회' 심의를 거쳐 1~2월분 삭감액 42억 원은 특별교부세 지원, 2008년 3~6월분 72억 900만원은 태안군에서 기채하여 우선지급한 후 국제기금(IOPC FUND)에 청구하여 회수하는 것으로 의결하여 총 114억 1,600만원의 방제인건비를 태안군에서 대위지급하여 주민갈등을 봉합할 수 있었다(박상규, 2013년).

라. 피해에 대한 책임한계와 배·보상 지연

유조선에 의한 유류오염사고 발생시 피해 배·보상은 1차로 유조선 선주의 보상책임을 규정하고 있는 유류오염민사책임협약(92CLC)[23]에 의해 이루어지고 92CLC에 의한 책임한계를 초과한 손해에 대하여는 국제기금협약(92FC)[24]에 의한 국제기금(IOPC Fund)에서 배상하도록 국제협약에서 정하고 있다.

우리나라는 92CLC협약과 92FC협약에 가입하고 이 두 협약을 반영한 유류오염손해배상보장법(이하, 유배법)을 제정하여 이 법에 따라 유조선에 의한 유류오염피해를 배상해 주도록 규정하고 있다.

2007년 12월 허베이스피리트호 오염사고 당시 유배법에 의해 배상받을 수 있는 최대 금액이 약 3,200억 원으로 제한되고 있었으나 피해규모가 이보다 훨씬 클 것으로 예측되면서 피해지역 주민들의 불만과 갈등이 생기게 되었다.

지역주민, 시민단체, 정치권에서 법상 한도액초과 피해금액에 대한 배상을 할 수 있는 특별법 제정 등 정부대책을 강력하게 요구하게 되었으며 국회에서도 이를 받아들여 '허베이스피리트호 유류오염사고 피해주민의 지원 및 해양환경의 복원 등에 관한 특별법'을 제정(2008년 3월 14일)하게 되었다.

이와 함께 허베이스피리트호 사고 같은 대형오염사고에 대비하기 위하여

---

23) 92CLC(The International Convention on Civil Liability for Oil Pollution Damage) 1992년 유류오염손해에 대한 민사책임에 관한 국제협약

24) 92FC(International Convention on the Establishment of International Fund for Compensation for Oil Pollution Damage) 1992년 유류오염손해배상을 위한 국제기금설치에 관한 협약

'2003추가기금협약'에 가입(2010년 5월 6일)하여 앞으로는 약 1조2,000억 원까지 배상받을 수 있도록 보완했지만 이번 사고에는 적용할 수 없어 실제적인 도움이 되지 않고 있다.

한편 유류오염사고 피해 배·보상은 IOPC 자체 보상 매뉴얼에 의한 엄격한 절차에 따라 이루어진다.

피해 당사자가 피해내용을 입증해야 하고 검정기관의 까다로운 검정을 통해서 피해사실을 확인받을 수 있으나 수산업이나 관광산업이 주업인 피해지역 주민들의 피해를 개관적으로 입증하기란 사실상 불가능하여 피해 배·보상 사정이 늦어지고 손해 인정율이 극히 낮게 나오게 되어 피해 주민들의 불만과 갈등이 매우 심각할 정도였다.

주민간의 갈등으로 지역공동체의 해체직전까지 내몰리는 상황이 되기도 했다.

4 절

주민 피해보상 마무리

1. 피해소송 및 배보상 진행현황

지난 2013년 1월 16일 대전지방법원 서산지원은 사정재판을 통해 신고채권 127,471건(신고액 4조 2,272억 원) 중 63,201건(사정액 7,384억 원)을 유류피해로 인정하였으나, 2013년 2월 피해주민들과 국제기금측에서 각각 '이의의 소'를 제기했다.

서산지원에 제기된 전체채권은 127,471건이며 이 중 4,919건(확정액 462억 원)이 국제기금측과 우선 합의되어 122,552건(신고액 4조 916억 원, 사정액 6,923억 원)에 대해서 소송이 개시되었으며 1심 첫 번째 판결은 2014년 4월 26일 이루어 졌다.

2016년 6월말 기준, 122,552건 중에서 소취하, 화해권고·조정, 판결 등으로 122,318건(99.8%)[25]이 1심으로 소송이 종결되었고, 나머지 234건(0.2%)은 2016년 말 종결되었다.

2017년 7월말 기준, 1심에 불복하여 항소된 28,378건 중에서 판결, 화해권고 등으로 28,092건(99%)의 소송이 종결, 나머지 286건(1%)이 진행 중이며, 최근 항소심의 화해권고 합의가 급증하여 2018년 상반기에 마무리될 것으로 전망된다.[26]

2017년 7월말 기준, 법원확정액은 4,323억 원이다.

---

25) 1심종결 : 소취하 15,679건, 화해·조정 74,558건, 판결(미항소) 3,703건, 항소 28,378건
26) 허베이스피리트 피해지원단 문의(2017년 7월 31일, 해양수산부)

표 1.10 소송진행 현황('17년 7월말 기준) (단위 : 건, 억 원)

분류	사정재판결정	소송종결				소송진행			
		1심	2심	3심	소계	1심	2심	3심	소계
건수	127,471	99,074	26,008	2,103	127,185	1	285	–	286
신고금액	42,272	37,989	2,250	938	41,177	19	1,076	–	1,095
사정재판금액	7,385	6,652	504	217	7,373	0	12	–	12
확정금액	–	3,971	205	147	4,323	–	–	–	–

국제기금 책임한도액은 3,216억 원이며 책임한도액을 넘는 금액에 대해서는 허베이스피리트호 특별법에 근거하여 정부에서 보상한다.

현재까지 지급된 피해 배·보상액은 3,770억 원이며 분야로는 수산분야 1,943억 원, 비수산분야 1,767원(방제 1,068억, 관광 690억, 재산피해 9억), 기타 60억 등이다.

2. 유류오염피해를 입었으나 '보상받지 못한 자' 에 대한 보상

해양수산부에서는 허베이스피리트호 오염사고로 인하여 실질적인 피해를 입었음에도 불구하고 손해배·보상을 받지 못하였거나, '유류오염사고특별대책위원회'가 정하는 기준금액 이하로 보상 받은 자에 대하여 정부지원 방안을 찾기 위해 2015년 12월부터 연구용역을 추진 중에 있다.

해양수산부는 2016년 2월부터 3월말까지 11개 피해지역을 방문하여 용역 설명회 개최 및 현장의견수렴을 하였고, 이를 토대로 기각자 문제, 대책위원회 기준금액, 조정계수 적정성 등에 대한 합리적 대안을 찾아보고자 2016년 4월부터 보상·법률 등 관련 전문가 T/F를 구성·운영하고 있으며 앞으로도 용역추진 과정에서 피해 주민 및 관련 전문가 의견을 최대한 수렴하여 관련법령에 의한 합리적인 방안을 마련 중에 있다.

현행 법령의 입법 취지상 지원대상자는 유류오염사고로 인하여 실질적 피해를 입었음에도 국제기금 등의 엄격한 손해입증에 의해 피해구제를 받지 못한 비제도권 주민과 유류오염사고특별대책위원회가 정하는 기준금액 이하로 적게 보상받은 자로 되어 있다.

다만, 법원의 재판에서 "유류오염사고로 인한 실질적 피해와는 인과관계가 없다"는 사유로 "0"원 판결을 받은 자에 대한 지원여부에 대해서는 면밀한 검토가 필요한 것으로 보여 진다.[27]

27) 서해안 유류피해 보상소식(2016년 7·8월호, 해양수산부 피해지원단)

3. 삼성중공업 출연금의 배분결정[27)]

삼성중공업과 피해민 단체는 2013년 11월, 유류오염사고로 피해를 입은 주민들의 재기와 피해지역의 환경 복원을 도모하고자 3,600억 원(사회공헌활동 실적분 500억 원, 지역발전기금 2,900억 원, 지역공헌사업 200억 원)을 지원 및 출연하는 것에 상호 합의하였으나, 피해민 단체간 배분방법에 대한 이견 등으로 피해지역에 활용되지 못하고 있었다.

해양수산부는 피해민 단체 간 자발적인 합의가 어려움에 따라 대안으로 대한상사중재원[28)]을 통하여 배분하는 방안을 제시하였고 11개 지역 피해민 단체 대표들은 출연금이 피해민과 피해지역을 위해 조속히 활용되어야 하는 데에 공감하고 대한상사중재원을 활용하여 배분 문제를 해결하기로 뜻을 모았다.

또한 2013년 11월 출연금 규모 합의 후에도 기금수탁 및 배분문제 등으로 협약서 서명이 이루어지지 않았으나 정부는 피해민 단체, 삼성중공업 등과 협의·면담을 통해 협약서 수정안을 마련하고, 대한상사중재원을 활용한 배분방법을 명시한 부속협약서를 마련, 동시 서명토록 중재·지원했다.

이 협약에 따라 피해민 단체는 대한상사중재원에 중재 신청을 하였고, 2017년 7월 21일 대한상자중재원에서 삼성중공업측이 출연한 지역발전기금에 대한 중재판정 결과를 내놓았다.

삼성출연기금 3,600억 원 중 이미 집행이 완료된 500억과 삼성집행예정 금액인 200억 원을 제외한 2,900억 원을 대상으로 11개 시·군에 배분이 최종 조정된 결과 태안에서 49% 배분비율이 결정돼 1,421억 원을 배분받게 되었다.

그 외 보령 13%(377억), 서산 11%(319억), 신안 5%(145억), 영광·서천 각 4%(116억), 홍성·군산·부안·무안이 각각 3%(87억), 당진 2%(58억)로

---

28) 국내외 상거래에서 발생하는 분쟁을 해결 또는 예방함으로써 상거래 질서를 확립하여 국민의 편익을 증진하기 위해 설립한 민간 전문 중재기구

최종 배분비율이 결정됐다.

한편 피해민 단체는 수협에 예치중인 출연금을 법정기부금 단체를 통해 수탁 받을 수 있도록 법인을 설립했다.

충남도 4개 시·군 피해주민 단체의 연합체인 충남유류피해대책위총연합회는 허베이사회적협동조합('15년 12월 31일 인가)을 충남·전남북 7개시·군 피해주민단체의 연합체인 서해안유류피해민대책연합회는 재단법인 서해안연합회('16년 4월 6일 허가)를 설립하여 피해지역 주민들을 위한 복리증진, 지역공헌, 피해지역 복원 등의 사업을 계획하고 있다.

해양수산부는 향후 출연금의 배분 및 수탁 절차가 법의 테두리 내에서 원만하게 해결되어 피해민 설립 법인이 지역특성에 맞는 투명한 사업운영을 할 수 있도록 지속적인 관심을 가지고 출연금이 허베이스피리트호 특별법의 취지대로 원만하게 활용될 수 있도록 행정지원을 할 계획이다.

제 2장
사고발생에서 방제조치까지

1 절

우리나라 최악의 유류오염사고 발생

1. 우리나라에서 발생되었던 주요 오염사고들

유류유출사고는 선박의 좌초·충돌·침몰 등 해난사고나 선박의 손상 등 다양한 원인에 의해 발생되고 있으며 특히 대형 유출사고는 유조선의 좌초·충돌·침몰 등 해난사고에 기인한다.

우리나라 연안에서 발생된 유류유출사고 통계는 해양경찰청에서 해양오염관리업무를 관장한('78년 8월 9일) 이후인 1979년도부터 해양오염사고 현황이 집계되고 있다.

매년 300여건 정도의 크고 작은 오염사고가 발생되고 있으며 대부분은 소형 선박 등에서 폐유배출이나 부주의 등에 의한 소량사고이나 100kℓ이상 유류유출사고도 매년 2~3건 정도 발생하고 있다.

허베이스피리트호 사고 이전에도 대형 유류유출사고가 수시로 발생되어 왔다.

[표 2.1]은 주요 대형오염사고 현황으로 1995년에는 3건의 대형오염사고가 2개월 간격으로 연속적으로 발생되었으며, 특히 씨프린스호 사고는 5,035kℓ의 기름이 유출되었던 사고였지만 사고 당시 유조선에 88,000kℓ 이상 원유가 적재된 상태로 암초에 좌초되어 기관실에 화재까지 발생하여 선체 절단 또는 폭발에 따른 적재원유 전량이 유출될 수 있었던 아찔한 사고였다.

그림 2.1 좌초된 씨프린스호 및 선체상태

당시 폭발 위험을 무릅쓰고 3,000톤급 해경함정이 접근하여 소화포(살수거리 180m)로 화재를 조기진압하고 선박을 고박한 후에 선내 원유를 타선박으로 이적 조치함으로써 88,000kℓ 전량이 유출될 수 있는 초대형 유류유출사고를 5,035kℓ 사고로 줄일 수 있었다.

씨프린스호 사고는 우리 국민들에게 대형 유류오염사고에 대한 새로운 인식과 우리나라 방제제도와 방제능력을 획기적으로 보강하는 계기가 되었다.

이와 같은 씨프린스호 사고 교훈과 경험이 없었다면 허베이스피리트호 사고대응에는 더 많은 문제점을 야기시키고 제대로 대응할 수 없었을 것으로 본다.

허베이스피리트호 오염사고는 우리나라 역사상 최대·최악의 오염사고였다.

표 2.1 주요 대형오염사고 현황 근거

일시	장소	오염원	유출량(kl)	원인	방제 비용	피해 보상액
‘90년 7월 15일	인천 호남정유 저유소앞	코리아호프호 (유조선, 12,644톤)	벙커C 1,500	충돌	62억	46억
‘93년 9월 27일	광양만	제5금동호 (유조부선, 532톤)	벙커C 1,228	충돌	56억	106억

일시	장소	오염원	유출량(kl)	원인	방제 비용	피해 보상액
'95년 7월 23일	여천군 소리도	씨프린스호 (유조선,144,567톤)	원유 등 5,035	좌초	299억	204억
'95년 9월 21일	부산 남형제도	제1유일호 (유조선, 1,591톤)	벙커C 2,392	좌초 침몰	192억	80억
'95년 11월 17일	여수 호유부두	호남사파이어호 (유조선, 142,448톤)	원유 1,402	충돌	91억	11억
'96년 9월 19일	제주 여서도 남방 9마일	오션제이드호 (화물선, 35,744톤)	벙커C 207	충돌	21억	0.3억
'97년 4월 3일	통영 등가도	제3오성호 (유조선, 786톤)	벙커C 1,699	침몰	77억	0.7억
'97년 1월 25일	부산 남부민동 해원냉동앞	바론호 (냉동선, 4,392톤)	벙커C등 203	좌초	7억	
'98년 1월 15일	울산 울주군 서면 진하리	뉴바론호 (화물선, 4,400톤)	벙커C등 301	좌초	26억	8억
'07년 12월 7일	태안 만리포	허베이스피리트호 (유조선, 146,848톤)	원유 12,547	충돌	1,167억	4,323억 (진행중)
'10년 8월 12일	거제시 남부면	군장에이스호 (유조선, 496톤)	벙커C 39	충돌	40억	
'14년 1월 31일	여수 광양만 GS칼텍스 부두	우이산호	벙커C 등 899	파손	155억	431억 (진행중)
'14년 2월 15일	부산 남외항 (N-5묘박지)	캡틴반젤리스엘호 (화물선, 88,420톤)	벙커C 237	충돌	84억	2.8억

일시	장소	오염원	유출량(kl)	원인	방제 비용	피해 보상액
‘14년 12월 28일	부산 태종대 남서 7.5마일	현대브릿지호 (컨테이너, 21,611톤)	벙커C 335	충돌	36억	

※자료 : 해양경찰청

2. 허베이스피리트호 사고 발생

2007년 12월 7일 07:06경 태안 만리포 해수욕장에서 약 10km 떨어진 해상에서 해상크레인선인 삼성1호와 정박 중인 유조선 허베이스피리트호와 충돌하면서 원유 12,547kℓ이 해상에 유출되는 우리나라 최악의 기름오염사고가 발생했다.

이는 1995년 7월 여수 씨프린스호 오염사고(5,035kℓ)의 2.5배, 1997년 1월 일본 나호드카호사고(6,240kℓ)의 2배 규모의 대형사고였다.

이날 사고는 해상크레인선(삼성1호 총톤수 11,828톤)을 인천대교 건설현장에서 경남 거제시 고현항으로 이동시키기 위해 2007년 12월 6일 14:50경에서 출발하여 예인선 2척으로 예인하던 중 높은 파도와 강풍에 의해 예인줄이 절단되면서 크레인선 삼성1호가 투묘 중이던 원유운반선 허베이스피리트호(HEBEI SPIRIT, 총톤수 146,848톤)와 충돌하여 허베이스피리트호의 좌현탱크 3개소가 파공되어 대량의 원유가 유출하게 되었다.

그림 2.2 허베이스피리트호 모습

그림 2.3 해상크레인 모습

3. 유출유의 확산

가. 사고초기 유출유 확산

해상에 유출된 대량의 기름은 풍랑과 해류·조류를 따라 빠르게 확산되었으며 특히 사고 당시 서해 전 해상에는 풍랑주의보가 발효된 상태로(북서풍 14~16m/s, 파고 3~4m) 강한 북서풍 영향으로 빠르게 해안 쪽으로 밀려들었다.

해경방제대책본부에서 전문가가 유류확산시스템에서 예측했던 시간보다 훨씬 빠른(4시간 30분) 사고 발생 14시간 만에 태안해안에 기름이 부착되었다.

12월 7일 20:50경 태안군 소원면 의항리 구름포 해안가에 기름이 밀려왔다는 신고에 이어 22:10경에 만리포 해수욕장으로 검은 기름파도가 밀려들기 시작했다.

다음날인 12월 8일 08:00경 해경에서 헬기를 이용하여 오염상태를 확인한 결과 사고선박으로부터 기름이 계속 유출되고 있었으며 해상에 유출된 기름은 사고 선박으로부터 남동방향으로 약 18km까지 확산되어 있었다.

특히, 신두리에서 의항지역을 중심으로 유출된 기름이 해상에 집중적으로 분포하고 있었으며 학암포·신두리·만리포·모항으로 연결되는 해안가 약 17km 해안에 검은색 기름이 두껍게 부착되어 있었다.

해안가에서 약 1마일(약 1.8km) 이내의 해상에 두꺼운 기름군이 밀물과 썰물에 따라 검은 파도가 되어 일렁이고 있었다.

12월 8일 오후 17:00경에는 학암포에서 사고선박 남동방향 약 22km해상까지 확산된 상태에서 남쪽방향으로 계속 확산되고 있었다.

이후, 조류를 따라 남북방향의 해상으로 확산되고 해안가 부착범위도 점차 확대되어 갔다.

그림 2.4 밀려오는 기름파도

그림 2.5 해상오염 분포사진

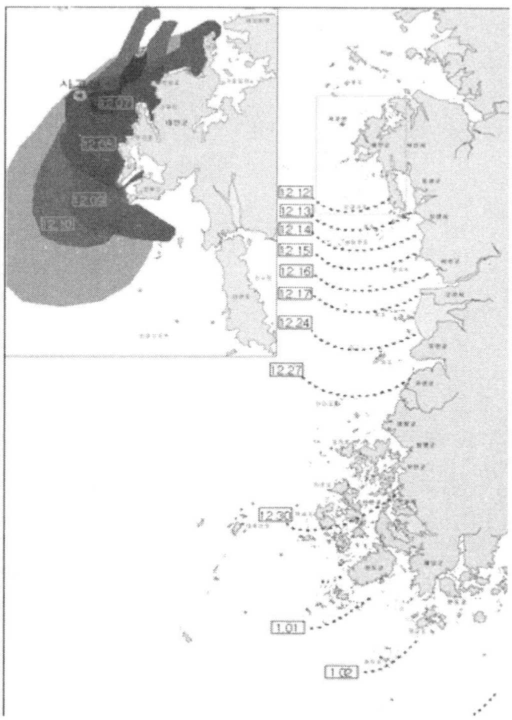

그림 2.6 일자별 확산상황

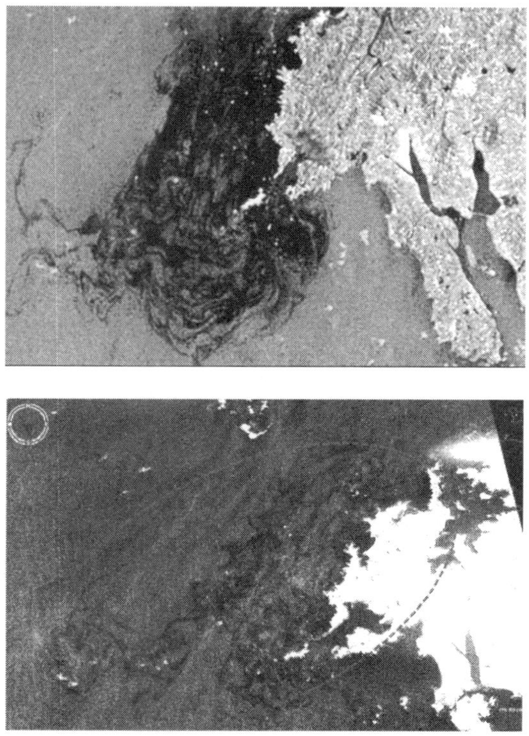

그림 2.7 위성사진 12.11(상), 18:31(하)

사고 5일째인 12월 11일 인공위성에서 촬영한 위성사진에서 사고선박에서 약 70km정도, 여의도 면적의 약 300배 정도로 해상에 넓게 확산되었고 해안가에 표착된 해안선 길이도 약 70km로 확대되었다.

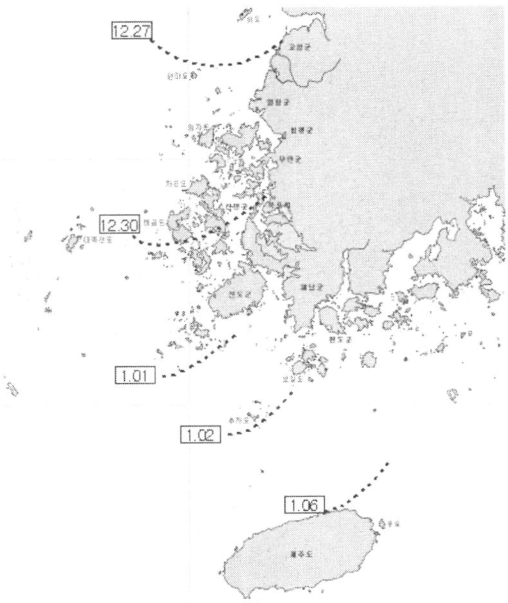

그림 2.8 일자별 확산상황('07년 12월 27일 이후)

그림 2.9 타르볼의 이동

나. 타르 형성과 확산

사고 6일째(12월 12일)에는 북측의 가로림만 입구에서 남측의 가이도 서방 및 안면도 부근 해상까지 오염군이 확산되었으나 해상의 기름은 엷은 갈색 유막으로 옅어지면서 분산되지 못한 기름은 타르화되기 시작했다.

사고 8일째(12월 14일)에 안면도 해안에, 9일째(12월 15일)는 삽시도 외연도 해역에 타르덩어리들이 산발적으로 발견되기 시작하여 12월 24일까지 원산도~삽시도, 십이동파도~고군산도 주변해상과 섬 주변 해안에 타르덩어리가 일부 부착되었다.

12월 27일~28일 전남 영광군 안마도 부근 소량의 타르가 발견되었으나 비중이 커진 타르덩어리는 물속에 잠김 상태로 이동하여 수면 상에는 거의 발견되지 않고 있다가 사고 발생 23일째(12월 29일) 24:00경 서해전역에 풍랑주의보가 내리고 이후 3일간(12월 30일~2008년 1월 1일) 강풍이 불면서 수면 하로 소멸되었던 타르덩어리가 전남 영광·무안·신안·진도군의 도서 및 해안가로 대량으로 밀려왔다.

이후, 27일째(1월 2일)에 제주 추자도 해안, 31일째(1월 6일) 제주 조천읍에 약간의 타르볼이 유입된 이후 더 이상 발견되지 않았다.

4. 오염실태

사고 발생 4일 만에 태안해안(만대~파도리) 약 70km 해안에 기름이 표착되었으며 이중 학암포에서 파도리 구간 약 35km해안이 심하게 오염되었는데 심한 곳은 30~50cm 두께의 유층이 몰려있는 곳도 있었다.

도서지역은 태안·보령 지역 59개 도서, 전남·북 지역 42개 도서 등 총 101개 도서였으며 이중 가이도·삽시도 등 10개 도서는 심하게 오염되고 대부분 도서에는 경시변화를 받고 점성을 잃은 큰 기름덩어리들이 밀려와 부착된 상태였다. 전남·북 도서에는 타르덩어리들이 산발적으로 부착된 상태였다.

태안해안은 경사가 완만한 리아스식 해안으로 수심이 낮고 조석간만의 차이가 커서 넓은 조간대를 가지고 있으며 갯벌이 발달되고 어장·양식장이 산재되어 있고 다양한 희귀생물종과 해안사구가 분포하는 해양환경보전 민감지역이고 안면도·만리포해수욕장 등 자연경관이 수려한 해안국립공원으로 관광객이 많이 찾는 유명관광지이기도 하다.

이러한 태안해안의 특성과 사고 당시 강한 북서풍의 영향으로 사고 발생 14시간 만에 기름이 해안으로 밀려들었고 높은 파고에 의해 조간대 상단 3~4m까지 두꺼운 기름으로 뒤덮어 놓아 피해가 더 커졌다.

이로 인해 500여 곳에 이르는 수산양식장 피해는 물론 해안국립공원의 수려한 경관 파괴와 보존가치가 높은 생태학적 특성지역, 생태계 파괴 피해 또한 크다고 하겠다.

그림 2.10 조간대 상단까지 오염된 해안I

그림 2.11 조간대 상단까지 오염된 해안II

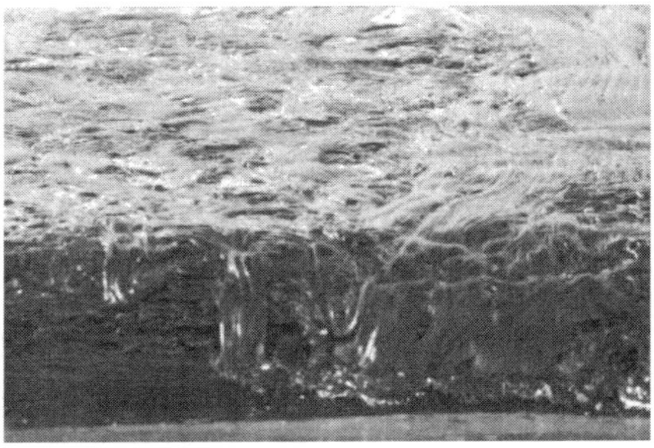

그림 2.12 해안가 상단 두터운 유층

그림 2.13 암벽 상단 유층부착

그림 2.14 굴양식장 오염

그림 2.15 홍합양식장 오염

2절 사고발생 초기 혼란과 질타

1. 초기판단 착오와 초동대응 미흡으로 피해를 키웠다.

사고초기 현지기자의 취재과정에서 현장 담당자가 "사고지점이 육지에서 10km 이상 떨어져 있고 조류방향 등으로 미루어 해안표착 가능성이 낮다"고 개인적 판단에 의한 언론 인터뷰 한 것과 "다음날(8일)에 해안표착이 가능하겠다"는 유출유 확산 예측결과 발표가 예상과는 달리 강한 북서풍의 영향으로 예측시간보다 빨리(4시간 30분 정도) 사고발생 14시간 만에 다량의 기름이 해안에 표착되면서 초기 판단착오와 초동대응이 미흡하여 피해를 키웠다고 많은 여론과 언론의 질타를 받았다.

사고당일(12월 7일) 밤부터 유출된 기름이 해안에 부착되기 시작하여 다음날(12월 8일) 아침 해안으로 밀려오는 기름파도를 확인하고 매스컴들은 일제히 최악의 오염사고를 집중 보도했다.

- "최악의 오염 현실로...유출기름 해안가 덮쳐"(SBS)
- "해안오염 예상보다 심각...방제총력"(YTN, 경향신문)
- "태안 어민들 올 어장양식은 끝났습니다."(연합뉴스)
- "기름띠 몰려올라, 양식장 어민들 발동동"(동아일보)

등을 보도하면서 해경의 초동조치 미흡과 확산예측 잘못으로 피해를 키웠다는 질타성 보도가 나오기 시작했다.

- "겨울이라 확산 더딜 것, 정부 섣부른 낙관이 화 키워"(12월 10일, 한국일보)

– "손 놓은 초동대처 하룻밤새 넋놓다."(12월 10일, 경향신문)

이러한 보도 기조는 이후의 방제대책본부의 방제조치에 대한 불신으로 이어졌다. 모든 재난사고 현장에는 골든타임의 중요성이 강조된다.

대형오염사고도 사고초기의 초동대응이 피해확산 여부를 크게 좌우한다.

그러나 대부분의 대형오염사고는 해상상태가 나쁜 악천후시 해난사고에 의해서 발생되고 있어 초동대응에는 많은 어려움이 따른다.

이번 사고의 경우도 사고 당시 풍랑주의보가 내려진 상태(북서풍 14~16m/s, 파고 3~4m)로 모든 선박이 피항 중에 있었으며, 12월 7일 07:30분에 신고를 접수하여 07:50분에 출동한 경비함정이 09:05경에 최초로 현장에 도착 할 수 있었다.

07:40분에 출동한 방제정은 11:00경에야 현장에 도착하였으나 응급조치가 거의 불가능한 상태였다.

확산방지를 위해 오일펜스는 어렵게 전장하였으나 높은 파고와 강한 조류에 바로 파손되었고, 파공부위에서 계속 소량으로 유출되고 있는 기름을 조기에 차단하지 못했다.

방제작업은 풍랑이 다소 잦아진 다음날인 12월 8일 부터 시작되었다.

이때 이미 해상에 유출된 기름은 사고선박으로부터 18km까지 확산되고 해안가 약 17km해안에 기름이 부착된 이후였다.

그림 2.16 강한조류에 스위핑 암 파손

2. 사고초기 지휘체계 혼란으로 인한 불신 초래

대형 해양오염사고가 발생되면 오염사고의 대응 및 복구를 위하여 재난 및 안전관리기본법의 규정에 따라 중앙재난안전대책본부 및 중앙사고수습본부를 설치하고 해양환경관리법에 따라 방제대책본부를 설치하여 운영하도록 되어있다.

사고당일 아침 기름유출량이 1만kℓ 이상이 된다는 것으로 예상되자 해양경찰청은 태안해양경찰서에 방제대책본부를 설치하여 현장방제조치를 지휘하게 되었으며 해양수산부에 중앙사고수습본부, 소방방재청에 중앙재난안전대책본부를 설치하여 정부차원의 대책을 마련하여 지원에 나섰다.

그러나 사고 초기 대책본부별 구성원들의 임무와 역할이 정착되기까지 혼란이 있었으며 중앙(해수부 중앙사고수습본부)과 현장(해경 방제대책본부)의 서로 다른 언론브리핑은 혼란과 불신을 크게 가져왔다.

특히, 현장실정과 국가방제기본현황을 모르는 해양수산부 관계자의 언론 인터뷰는 국가방제정책 전체에 대한 불신을 초래하기도 했다.

이후 언론브리핑은 해경 방제대책본부에서만 하기로 하고 현장방제작업 총괄은 해경방제대책본부 주관으로, 중앙대책본부에서는 정부차원의 지원과 국제협력 업무 등을 수행하기로 정리하면서 안정화 되었다.

또한, 충남도등 지자체에서도 자체 방제대책본부를 설치하여 자원봉사자관리 등 현장 방제지원을 하였으나 사고초기에 누구도 예상치 못한 자원봉사자들이 한꺼번에 몰려들면서 방제자재 및 보급품 부족 등 이들에 대한 관리시스템이 갖추어져 있지 않아 많은 혼란을 초래하기도 했다.

2~3일 지나면서 해경과 지자체의 역할을 분담하고 지역별 책임자를 지정하면서 점차 안정을 찾아가게 되었다.

3절

태안에 기적이 일어나다

1. 가자, 태안으로! 국민 모두가 참여

허베이스피리트호 사고가 발생하자 사고선박으로부터 기름이 펑펑 쏟아지는 장면과 검은 기름파도가 밀려들면서 만리포를 중심으로 한 천해의 아름다운 해안을 검은 기름으로 뒤덮고 발을 구르며 아우성치는 지역주민들의 애타는 모습들이 TV화면이나 인터넷 매체, 신문기사 등에 생생히 전해지면서 모든 국민들의 관심을 집중시켰다.

우리나라 사상 최대의 기름오염사고 소식을 전해들은 국민들이 사고 다음 날인 12월 8일부터 현장을 찾아 자원봉사에 참여하기 시작했다.

현장을 찾은 자원봉사자들이 상황의 심각성을 더 실감하게 되고 이를 SNS, 개인 블로그나 카페 등을 통해 소개하고 이를 네티즌들 사이에 퍼나르고 확산시키며 동참을 호소하는 등 점차 확대되어 나갔다.

이 과정에서 환경운동연합이나 녹색연합, 생태지평 등 환경단체와 같은 시민단체들이 주관이 되어 인터넷을 기반으로 하는 자원봉사 활동을 조직화하고 지방자치단체와 정부의 지원체계가 정비되면서 자원봉사활동이 체계화 되고 대규모화 되었다.

이와 같이 초기 자원봉사자 활동은 천해의 아름다운 자연환경 파괴와 지역주민의 피해와 고통이 알려지면서 이를 돕고자 하는 우리국민들의 관심과 정성에서 자발적으로 시작되었으나 7개월여 기간 동안에 120만이 넘는 자원봉사자들이 올 수 있었던 것은 TV등 언론매체들의 선동적이고 자극적인 보도가 크게 역할을 했다고 본다.

매일 사고현장 초기의 참혹한 오염현장과 절망에 빠져 울부짖는 지역주민들의 절규를 여과 없이 더 확대하여 보도하는가 하면 “기름과의 사투”, “거대한 인간띠”, “작은 손길 큰 기적”, “전세계 놀랐다” 등과 같은 태안발 미담들이 연일보도(MBC, KBS 등)되고 “40km 기름해안엔 자원봉사자 밀물”(12월 11일, 동아일보), “절망을 쓸어 담고 희망은 북돋우고”(12월 13일, 세계일보) 등과 같은 미담 위주의 보도가 이어졌고, 사고 발생 10일후부터 기름으로 뒤덮였던 검은 모래사장이 흰 속살을 조금씩 드러내자 “태안의 기적을 일으켰다”고하여 일본의 가장 큰 유류오염사고였던 나호드카호[29] 오염사고 당시 자원봉사자가 30만이 넘었다 하여 붙여진 ‘미쿠니의 기적’과 비교하면서 자원봉사 참여가 절망에 빠진 태안 주민들에게 희망과 용기를 주는 위대한 국민정신, 애국심의 발로라고 국민정서를 자극하는 각 언론사들의 경쟁적인 보도는 각계 각층의 다양한 사람들을 오염사고 현장으로 나오도록 유도하는 결과를 가져왔다.

자원봉사자들은 친구나 가족들과 함께하는 개인단위에서 직장, 기업, 공무원, 군인, 종교단체, 각종사회단체들 까지 전국 각지에서 모여들어 전 국민운동으로 전개되었다.

대부분의 직장이나 단체에서는 연말연시 행사나 모임을 취소하고 오염해안에서 봉사활동으로 대체하기도 하고 직장인들은 주말과 공휴일을 반납하고 오염사고 현장으로 달려 나왔으며 방학을 맞은 학생들도 봉사활동에 적극 동참하여 12월부터 2월까지 몰아친 매서운 겨울 한파 속에서도 자원봉사자의 행렬은 끊임없이 이어졌다.

---

29) 나호드카호오염사고 : 1997년 1월 동해상 항행 중이던 러시아 유조선 나호드카호(NAKHODKA)가 침몰, 벙커C유 6,240kℓ 유출시켜 일본 서해안 미쿠니지역을 오염시킨 일본 최대의 오염사고

그림 2.17 전국에서 타고온 관광버스

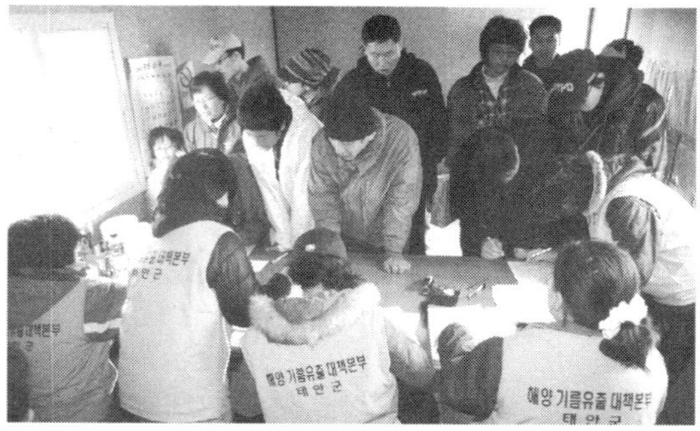

그림 2.18 자원봉사자 신청

그림 2.19 눈보라 속 자원봉사자

그림 2.20 자원봉사자 갯닦기

그림 2.21 모항에 몰려든 자원봉사자들

그림 2.22 자원봉사자 물결

2. 다양한 분야의 자원봉사활동

가. 자원봉사자 참여현황

사고 이튿날인 12월 8일부터 시작된 자원봉사자 행렬은 하루에 2~3만 명씩, 최고 36,000명이 넘는 인원이 태안으로 몰려들었다.

토·일요일 주말과 연휴에 특히 많은 참여를 보였다.

만리포해수욕장을 중심으로 한 오염이 심한 지역에는 자원봉사자를 비롯하여 군·경찰·소방·관계기관 요원 등 하루에 4~5만 명씩 북새통을 이루었다.

사고 100일째 자원봉사자 수가 100만을 넘어섰고 방제작업 기간 내 순수 민간자원봉사만 총 1,226,730명으로 집계되었다.

군부대·경찰·소방대원 199,152명을 포함하면 1,425,883명으로 전체 방제인력 2,132,322명의 67%를 차지하고 있다.

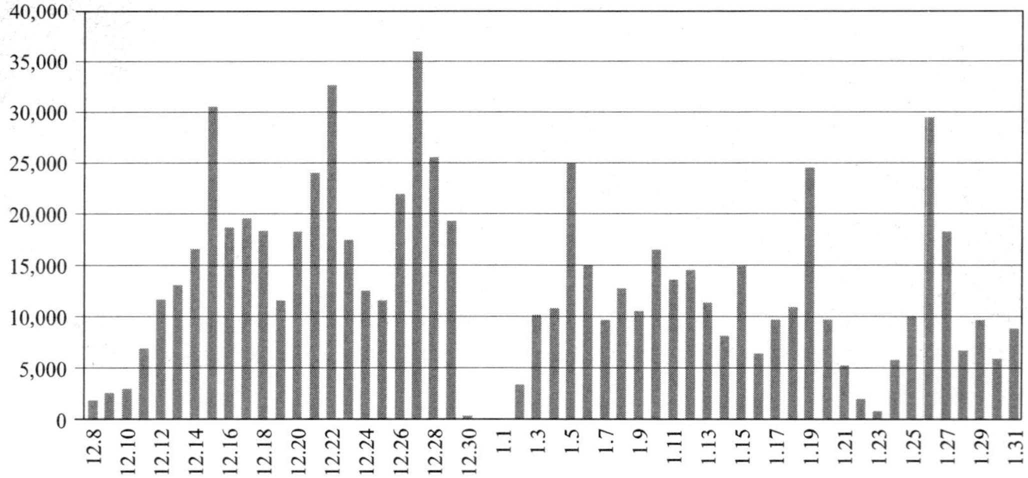

그림 2.23 일자별 자원봉사자수('07년 12월 8일~'08년 1월 31일)[30]

30) 허베이스피리트호 방제현장 보고서(2008년 11월, 해양경찰청)

나. 해안방제작업 지원

자원봉사자들은 초기에 해안으로 밀려온 기름을 바가지로 바께스에 퍼담아 인간띠를 형성하여 옮기고 흡착재로 흡착시켜 제거하고 밀대로 밀고 삽으로 퍼담는 등 사고 초기 해안가 두꺼운 기름제거에 크게 역할을 했다.

이후 암벽·돌멩이·자갈 등에 부착된 기름을 흡착재 및 헝겊 등으로 닦아내는 갯닦기 작업, 수거된 폐기물을 임시저장소로 옮기는 작업이 이루어졌으며 사고초기에는 만리포 해수욕장 등 접근이 용이한 해안에서 시작하여 점차 차량이나 장비 등 접근이 어려운 해안에 이르기까지 인간띠를 형성하여 직접 방제작업을 도왔다.

자원봉사자들의 그 열기는 매서운 북서풍이 몰아치는 눈보라도 막지 못했으며 재난적 오염사고에 망연자실했던 지역주민들과 관계기관 담당자들에게 큰 힘과 용기를 주게 되었다.

표 2.2 해안방제인력 동원현황[31)]

구분	계	해경청	경찰청	군부대	소방서	지자체	환경공단	방제업체	지역주민	자원봉사자
계	2,132,322	17,460	32,356	152,695	14,102	62,582	6,663	55,838	563,896	1,226,730
12월	680,251	6,211	15,294	95,345	13,272	31,710	1,675	9,763	132,734	374,247
1월	603,731	4,341	16,095	45,994	830	21,259	2,260	12,812	160,095	340,045
2월	227,398	1,672	944	1,826	0	2,455	1,316	7,832	86,212	125,141
3월	196,235	2,238	23	767	0	3,729	956	8,752	80,182	99,588
4월	101,267	1,215	0	3,356	0	1,634	264	5,929	45,678	43,191
5월	282,977	813	0	5,407	0	1,260	152	5,135	33,302	236,908
6월	28,701	872	0	0	0	526	40	2,966	16,768	7,529
7～10월	11,762	98	0	0	0	9	0	2,649	8,925	81

31) 허베이스피리트호 방제현장 보고서(2008년 11월, 해양경찰청)

그림 2.24 만리포 외국인 자원봉사자들

그림 2.25 고사리손 자원봉사

그림 2.26 특전사 자원봉사

그림 2.27 갯닦기 하는 자원봉사

그림 2.28 자원봉사자 사진들

그림 2.29 각종 감사 플랭카드

다. 의료 및 급식봉사

자원봉사자들의 손길은 방제작업에 그치지 않고 방제작업자를 위한 음식 제공, 의료서비스 등 다양한 분야에서 이루어졌다.

일부기업과 환경·종교·시민단체들은 자체적인 조직을 구성하여 봉사활동을 전개하였으며 방제장비 및 보급품지원, 무료급식 및 의료봉사활동 뿐 아니라 지역 특산물 구매, 지역에서 행사개최 등 지역 경제 활성화에도 노력했다.

그림 2.30 적십자단의 급식봉사

그림 2.31 의료봉사활동

그림 2.32 다양한 음식제공

라. 정부 전부처 공무원들의 참여

정부에서도 경찰·군장병·소방공무원은 물론 중앙 및 지방공무원들에게도 적극적인 자원봉사활동 참여를 독려하였으며 군·경찰·소방공무원이외 정부 거의 모든 부처 행정기관 공무원들도 많은 인력이 자원봉사요원으로 참여하게 되었다.

군병력·경찰특공대 요원들은 사람들의 접근이 어려운 암벽·절벽지역에 방제작업을 전개하였으며, 무인도서지역 등에는 해군·해병대의 상륙정을 동원하기도 했다

그림 2.33 무인도에 상륙하는 해병대

그림 2.34 공수부대 기름수거

그림 2.35 도서지역 지원

그림 2.36 소방공무원 작업 모습

마. 육군 13만, 기름제거 작전 전개

특히 지역사단을 중심으로 사고 다음날 (12월 8일)부터 바로 방제작업에 투입되어 국방부(육군본부)차원에서 조직적·체계적으로 "기름을 적으로 간주"하여 기름제거 작전에 돌입했다.

2007년 12월 8일 만리포 해수욕장에 현장지휘소를 설치하고 태안지역의 32사단을 중심으로 증원부대의 지원을 받아 현장방제작전 지휘체계를 구성하여 단계별로 방제작전을 전개했다.

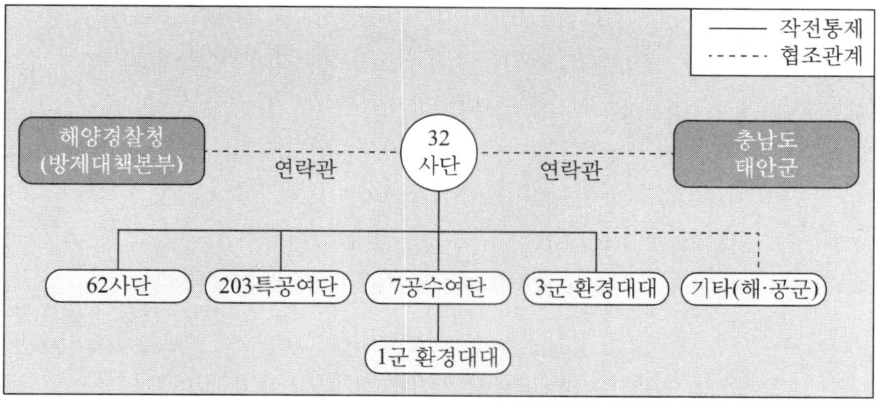

그림 2.37 방제작전 현장지휘 체계도

1) 1단계 방제작전('07년 12월 18일~12월 15일) – 해안에 밀려온 기름 회수

방제작전계획에 따라 만리포 등 8개 지역에 부대별로 병력을 배치하여 사고초기 해안으로 밀려온 두꺼운 기름회수 작전을 펼쳤다.

모래사장 위의 기름을 넉가래로 모아 바께쓰 등으로 퍼담아 릴레이식으로 운반하여 대형용기에 담는 방식으로 수거하거나 해안가에 웅덩이를 판 후 비닐을 깔아 밀물 때 밀려오는 기름을 웅덩이에 모아 퍼담기도 하고 또한 흡착재를 간조시에 해안가에 펼쳐두고 밀물 때 기름을 흡착제거하기도 했다

그림 2.38 넉가래로 기름을 모우는 모습

그림 2.39 릴레이식 이동

그림 2.40 모래웅덩이에 모으기

그림 2.41 흡착재 펼치기

2) 2단계 방제작전(12월 16일~'08년 1월 2일) - 절벽·암벽 흡착된 기름제거

하루에 수만 명씩 자원봉사자들이 몰려들어와 해수욕장 등 접근이 용이한 지역은 일반자원봉사자들에게 맡기고 암벽지역이나 갯바위, 절벽아래 저지대등 접근이 어렵고 위험한 지역중심으로 군병력을 재배치하고 웅덩이에 모인 기름은 퍼담고 암벽은 갯닦이 작업 중심으로 작전이 전개되었다.

그림 2.42 암반지역 기름회수

그림 2.43 저지대 기름회수

그림 2.44 암벽 갯닦기

그림 2.45 암벽지역 기름회수

3) 3단계 방제작전('08년 1월 3일~1월 10일) – 오염이 심한 지자체 요구지역

전문방제업체나 자원봉사자들이 본격적인 해안방제작업을 실시하고 있었으나 광범위한 오염현장으로 미쳐 손길이 미치지 못하거나 작업여건이 나빠 진행이 늦어지고 있는 모항, 황촌리 일대의 오염이 심한 지역 등 지자체 요구지역 중심으로 방제작전이 전개되었다.

그림 2.46 황촌리 암반지역 갯닦기

그림 2.47 모항주변 방제

4) 4단계 방제작전('08년 1월 11일~2월 1일) – 마무리 정화작업

해안에 밀려온 두터운 기름들이 대부분 제거되고 응급방제조치가 끝난 후 땅속에 침투된 기름 등은 해경·공단·방제업체 등 방제전문기관에 맡기고 방제작전지역의 정화작업으로 방제작전 임무를 완수했다.

그림 2.48 방제작업지역 정화작업

그림 2.49 수거 폐기물 처리

5) 방제작전 결과

'07년 12월 7일~2월 1일까지 56일간 연인원 131,226명이 동원되었으며 유흡착재 1,240톤을 활용하여 고상폐기물 4,820톤 및 폐유 1,410톤을 수거하는 실적을 올렸다.

1인당 방제실적은 일반자원봉사자들의 10배 이상의 작업실적 효과로 분석된다.

그림 2.50 군장병들의 헌신적인 방제작업 모습

그림 2.51 장병들의 기름회수작업I

그림 2.52 장병들의 기름회수작업II

4. 자원봉사자에 대한 지원활동

허베이스피리트호 유류오염사고는 사안의 심각성을 고려하여 기름이 유출되어 해안으로 밀려드는 장면, 방제작업 현장 등이 TV에 생생히 보도되는 등 각 언론사에서는 연일 톱뉴스로 다루어 국민들의 관심이 집중되었다.

자원봉사자들이 줄을 잇자 태안군청에서는 자원봉사자 안내센터를 설치하여 예약, 접수를 받은 후 각 해안에 적정인원을 배치하고 각 현장에도 안내센터를 설치하여 자원봉사자의 등록, 방제요령 및 안전수칙 교육을 실시하고 방제물품, 개인보호장구 및 음식, 음료 등을 제공했다.

자원봉사자들은 주로 해안 갯닦기 작업에 참여하였지만, 수거한 폐기물이나 방제물품 나르기, 사용한 방제도구·방제복 등을 닦아 재사용할 수 있도록 정리하기도 했다.

또한, 그들의 손길은 음식을 제공하거나 환자들을 돌보는 의료 서비스 등 다양한 분야에서 활동했다 자원봉사자 관리체계를 구축하기 위하여 초기에 파악하지 못했던 참여자들의 인적사항을 인터넷 게시판·카페, 반상회보 등 다양한 경로로 통해 파악하고 D/B를 구축하여 자원봉사센터에 관리하도록 했다.

이러한 자료를 활용하여 추후 자원봉사자 보은행사 등에 활용했다.

허베이스피리트호 방제활동 자원봉사자임을 인증하기 위해 방제작업에 참여한 자원봉사자에게는 [그림 2.53][32]과 같이 서해안 꽃게를 형상화한 차량부착용 자원봉사자 인증표를 제작하여 지급했다.

방제작업에 참여한 초·중·고 학생들에게는 [그림 2.54][32]와 같이 조개문양을 삽입한 열쇠고리를 제작하여 배부했다.

또한 꽃박람회 입장료 및 충남도내 박물관·휴양림 11개소 등 시설물에 대한 이용요금을 할인 받을 수 있는 보은행사도 마련했다.

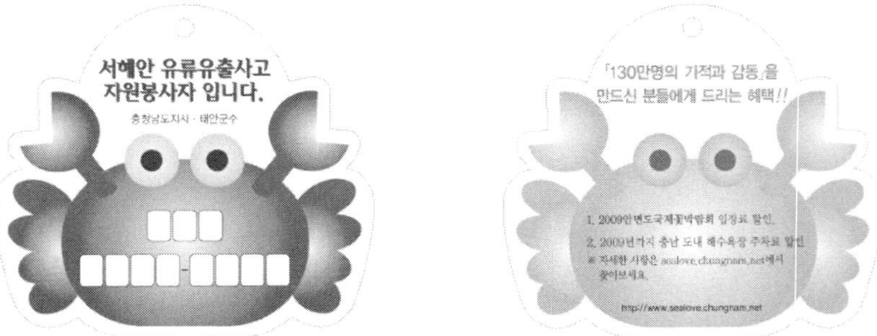

그림 2.53 자원봉사 인증표(앞, 뒷면)(일반인)

그림 2.54 열쇠고리 모형(학생)

32) 허베이스피리트호 유류오염사고 방제부문 백서(2008년 12월, 국토해양부·해양경찰청·충청남도)

4 절

방제조치 경과

1. 초동응급조치

가. 신고접수 및 긴급출동

2007년 12월 7일 07:06 사고가 발생하였으나 대산지방해양수산청을 거쳐 07:30 사고를 접수한 해양경찰청(태안해양경찰서)은 전국 방제세력의 비상소집을 지시하고 일차적으로 해경과 해양환경관리공단(당시 방제조합) 방제정 20척을 출동시켜 초동조치를 취하도록 했다.

07:40 평택항에서 출항한 방제선이 11:00에 현장에 도착하여 사고선 주변에 오일펜스를 500m를 설치하고 사고선에서 300개를 설치하였으나 높은 파고와 강풍으로 바로 절단되었으며 연이어 경비함정과 방제정들이 현장에 도착하였지만 정상적인 방제활동이 불가했다.

대형 유출사고로 확인되자 전국의 해경·경비함정·방제정·헬기 및 방제장비 등을 현장으로 총동원령이 내려졌다.

나. 사고 유조선의 추가 유출방지 조치

유조선이 크레인선과 충돌 당시 탱크 3개소에 파공이 생겼는데 5번 탱크(160cm × 200cm)와 3번 탱크(160cm × 10cm)는 사고 초기 대량의 기름이 유출되고 조기에 중단(5번 탱크 12:00경, 3번 탱크 16:00경)되었으나 1번 탱크(30cm × 3cm)는 계속적으로 유출되고 있었다.

그림 2.55 허베이스피리트호 파공부위

계속적인 유출을 방지하기 위하여 파공탱크 내 기름을 타 탱크로 이송 조치하는 한편 기름이적을 위하여 유조부선 4척을 동원하였으나 높은 파고로 회항조치 하였으며, 구난업체를 동원하여 유출중인 1번 탱크 파공부위 봉쇄를 수차례 시도 하였으나 이 또한 실패하고 해상상태가 어느 정도 회복된 12월 9일 07:30에야 1번 탱크 파공부위를 응급봉쇄 할 수 있었다.

다. 초기 방제조치

사고 발생 다음날인 12월 8일부터 방제작업에 들어갔지만 여전히 높은 파고와 강한 바람으로 유회수기 등에 의한 정상적인 회수작업이 어려운 해상상태였고 이미 광범위하게 확산되어 있어 초동단계에서의 부분적인 유출유 확산차단이나 회수작업이 사실상 무의미한 상황이었다.

유처리제 살포장치가 있는 방제정과 헬기를 동원하여 유처리제를 살포하고 경비정 등에서 소화포 분사로 분산처리 하는 한편 가로림만, 천수만, 근소만, 화력발전소 취수구 등에 오일펜스를 3~5중으로 설치하는 등 민감해역보호에 주력했다.

2. 방제조치사항

가. 국가재난사고 대책본부 설치 운영

기름 유출량 1만kℓ가 넘는 대형 기름유출사고로 보고되자 해양경찰청은 태안해양경찰서에 방제대책본부를 설치하여 현장방제조치에 임하고, 해양수산부에 중앙사고수습본부, 행정자치부(소방방재청)에 중앙재난안전대책본부를 설치하여 범정부차원의 방제대책을 강구하게 되었다.

방제대책본부에는 해양경찰청장이 방제대책본부장을 맡고 해경직원들을 중심으로 충남도, 태안군, 서산시, 보령시, 대산지방해수청, 육군32사단, 해군2함대, 해양환경관리공단 등에서 파견된 인력 45명으로 구성하여, 24시간 운영했다.

사고선박에 대한 응급조치 등 현장 초동조치가 이루어지고 전국의 방제세력들이 총동원되고 방제체제가 갖추어 지면서 본격적인 방제조치가 시작되었다.

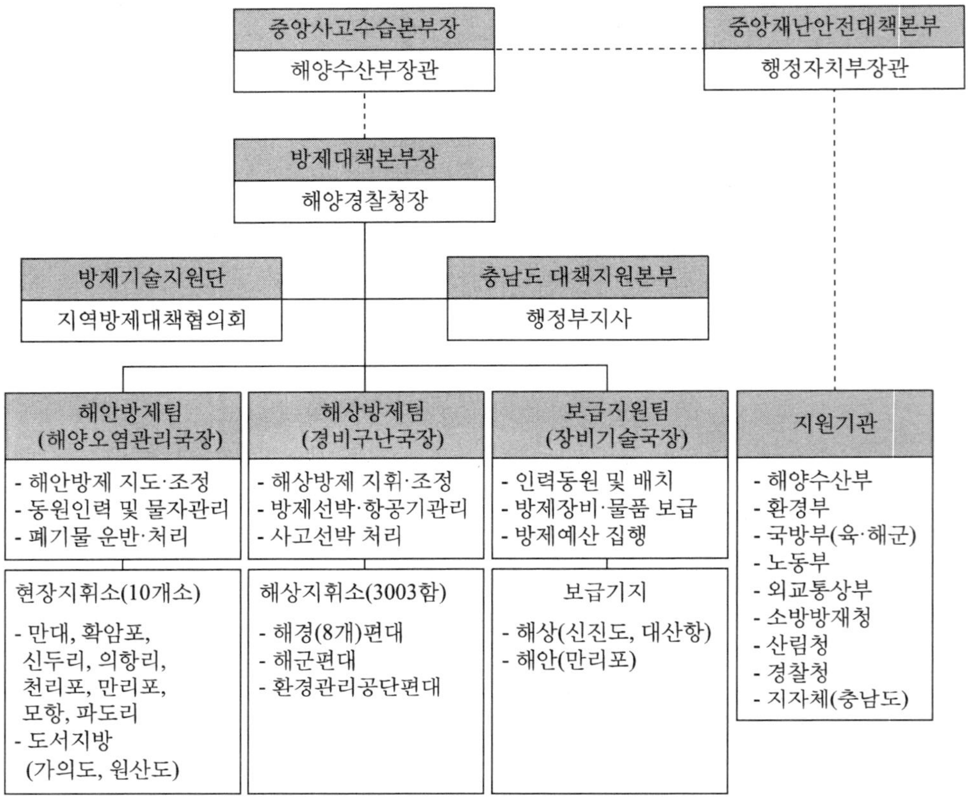

그림 2.56 방제조직도

그림 2.57 방제대책회의

나. 해상방제조치

해상방제는 3,000톤급 해경 경비함정을 지휘함으로 지정하고 동원된 방제세력(해경함정, 해군함정, 어업지도선, 공단방제선, 방제업체 방제선, 어선 등)을 8~10개 방제선단으로 구성하여 분담해역별로 책임 방제하도록 하였으며 매일 2~3회 항공기를 이용하여 기름분포 상황을 확인하고 방제선단을 조정 배치 운용했다.

유회수기가 탑재된 방제선 등은 유회수기에 의한 기계적회수작업, 경비함정 및 어선 등은 유흡착재, 뜰채를 이용하여 회수하고 넓게 확산된 기름은 항공기나 방제정으로 유처리제를 살포한 후 경비함정 등 일반선박에서 스크루 교반이나 소화포로 분산 촉진 시키는 방법으로 방제작업이 이루어졌다.

유출된 기름이 시간이 경과되면서 타르화된 이후에는 스크린 벨트식의 특수방제정이나 폐그물망 등으로 회수작업이 이루어졌다.

다. 해안표착유 방제조치

해상에 유출된 기름은 사고발생 14시간 만에 해안에 표착되기 시작하여 사고발생 다음날인 12월 8일 아침에 이미 약 17km 해안에 표착되었고 사고 4일째인 12월 10일까지 밀물과 썰물에 따라 두꺼운 기름이 밀려와 태안반도 약 70km 해안을 뒤덮었다.

방제대책본부에서는 해안방제를 위한 충분한 준비를 갖추기도 전에 기름이 해안으로 밀려오자 태안해안오염지역을 8개 지역으로 구분하고, 전국에서 비상소집된 방제업체(21개사)에게 분담하여 방제작업을 책임지게 하였으며, 해경에서는 해안별로 현장지휘소(10개소 : 태안해안 8, 도서 2)를 설치하여 방제작업을 지휘통제하고, 태안군도 현장지휘소를 설치(4개 지역 → 24개로 확대)하여 방제물품공급 및 자원봉사자 등 방제작업자 안전교육 등을 지원했다.

표 2.3 해안 상태별 방제방법

오염상태	방제방법
암벽, 바위 표면 기름	1. 갯닦기 작업 후 2. 고압세척 작업 (저온수 사용) 3. 파도에 의한 자연방제
방파제,부두, 안벽 기름	1. 갯닦기 작업 후 2. 고압세척 작업 (고온수 사용 가능) 3. 파도에 의한 자연방제
자갈에 묻은 기름	1. 갯닦기 작업 후 2. 저압세척, 고압세척(지하에 침투되지 않도록 작업) 3. 부착 상태가 상당히 심한 경우 스팀세척 4. 오염 자갈을 해수면으로 이동, 자연방제 촉진
모래 속 기름	1. 모래 유층을 수작업으로 주워내기 또는 세망채로 분리 2. 오염된 유층에 저압세정, 제거 3. 갈기, 위치 이동으로 파도, 조석에 의한 자연 방제촉진

태안군과 보령시 도서지역의 해안표착유와 전남·북지역 해안 및 도서에 유입된 타르는 지역별 별도 방제팀을 구성하여 방제작업이 이루어졌으며 특히 인력동원이 곤란한 무인도서나 암벽 등 위험지역에는 군병력이나 해경특공대 요원의 지원을 받아 이루어지기도 했다.

해안방제작업은 초기에 해안에 밀려오거나 해안을 뒤덮은 두꺼운 기름은 비치크리너 등 유회수기로 일부 회수하였으나 대부분 자원봉사자 등 동원된 방제인력에 의해서 바가지, 바께쓰, 삽 등으로 직접 퍼담고 흡착재, 걸레 등으로 닦아내는 방법으로 이루어졌다.

표면의 기름이 어느 정도 제거된 후에는 전 해안오염상태를 표면 뿐 아니라 지하 침투 상태까지 조사하여 해안의 특성 및 오염상태에 따라 중장비, 고압·저압세척기 등 기계적인 방제방법을 선택하여 체계적인 방제작업이 이루어졌다.

라. 방제작업 종료

방제작업과정에서 방제기법에 대한 논란도 있었지만 방제 마무리 과정에서 방제종료시점에 대한 논란이 많았다.

기름 한 방울까지도 철저히 제거해야 된다는 주장과 어느 정도 작업 후 자연방제에 맡겨야 한다는 주장, 빨리 작업을 끝내야 한다는 주장과 시간을 두고 천천히 철저히 작업해야 한다는 주장, 주민들도 업종별 입장에 따라 주장이 달라 갈등이 생기기도 했다.

이와 같은 해안방제종료시점에 대한 논란을 최소화하기 위해 관계기관, 전문가, NGO, 지역주민 등이 참여하는 합동조사반을 구성하여 현장조사를 통하여 평가한 후 방제종료를 결정할 수 있었다.
해상에서 방제작업은 2008년 1월 8일 방제종료되고, 해안에 표착된 기름 방제작업은 태안반도 중심의 육상 쪽은 2008년 7월 5일 종료되었으나 태안군 도서지역이 2008월 10월 8일, 보령시 도서지역이 2008년 10월 10일 완료되어 해안표착유 최종 방제종료는 2008월 10월 10일 완료되었다.

표 2.4 해안방제 종료기준

- 오염정도가 미미하여 2차오염에 대한 우려가 없어 자연적 치유가 가능하며, 인체 및 해양환경에 그 영향이 미치지 않는다고 인정되는 경우
- 추가 방제작업이 오히려 환경적·생태적 피해를 유발시킨다고 인정되는 경우
- 객관적·합리적 방제종료기준에 의거하여 그 수준에 도달하였다고 인정되는 경우

표 2.5 방제종료 시점

구분		종료시점	비고
해상방제		2008년 1월 8일	사고 36일
해안 방제	육상	2008년 7월 5일	사고 211일
	도서	2009년 10월 10일	사고 308일

3. 방제작업에 동원된 인력·장비 및 폐기물 수거 현황

가. 동원된 인력 및 장비현황

방제작업기간(해상 2008년 1월 8일, 해안 2008년 10월 10일) 동안 동원된 인력은 연인원 총 2,218,386명으로 해상방제에 86,064명, 해안방제에 2,132,322명이다.

동원된 장비로는 선박 19,864척, 항공기 346대, 방제장비 9,237대, 중장비 19,929대였으며 방제자재 사용량은 오일펜스 46.7km, 흡착재 493톤, 유처리제 298kℓ, 걸레 등 기타 소모품 736톤이 사용되었다(근거 : 해경청 방제현장보고서).

표 2.6 해상인력 동원현황 (단위 : 명)

구분	계	해양경찰	해군	방제조합	항공기	기타(어선)
'08년 1월 8일	86,064	27,983	20,410	2,870	804	33,997

표 2.7 육상인력 동원현황 (단위 : 명)

구분	계	해양경찰	지자체 등 기관	군인	방제조합	업체	주민	자원봉사
'08년 10월 10일	2,132,322	17,460	109,040	152,695	6,663	55,838	563,896	1,226,730

표 2.8 전국 선박세력 동원현황 (단위 : 척)

구분	계	해양경찰	해군	방제조합	민간업체	기타(어선)
'08년 1월 8일	13,431	1,702	509	622	81	10,517
10월 10일	19,864	6,630	723	889	81	11,541

표 2.9 항공기 동원현황 (단위 : 척)

구분	계			고정익			회전익(헬기)		
	계	고정익	회전익	해경청	민간	싱가폴	해경청	산림청	소방청
'08년 1월 8일	235	42	193	21	18	3	112	78	3
10월 10일	346	45	301	24	18	3	216	82	3

표 2.10 방제장비 사용현황 (단위 : 대)

구분	계	유회수기(해안)	세척기	진공차량
'08년 10월 10일	9,237	42	9,044	151

표 2.11 중장비 사용현황 (단위 : 대)

구분	계	트랙터	포크레인(굴삭기)	크레인	경운기	페이로더	트럭
'08년 10월 10일	19,929	1,304	5,559	143	2,842	90	9,991

표 2.12 방제자재 동원현황(현장 도착기준) (단위 : 대)

구분	유흡착재(kg)			유처리제(L)			오일펜스(m)		
	계	육상	해상	계	육상	해상	계	육상	해상
'07년 12월 17일	157,787	135,587	22,200	397,240	254,254	142,986	88,540	69,428	19,112

표 2.13 방제자재 사용현황

구분	오일펜스(km)	유흡착재(kg)	유처리제(L)	걸레(kg) 등
'08년 1월 8일	42.31	334,565	297,652	388,084
10월 10일	46.77	493,127	297,922	736,329

나. 폐유 및 폐기물 수거현황

방제작업 중에 수거된 폐유·폐기물은 폐유가 4,175kℓ 폐기물이 32,074톤에 달하였으며 이중 해상에서 폐유 2,360kℓ, 폐기물 1,034톤 해안에서 폐유 1,815kℓ, 폐기물 31,040톤으로 해상에서 폐유의 57%를 수거하였고 폐기물은 육상에서 97%를 수거했다 폐기물 발생량이 이렇게 많은 것은 자원봉사자들의 갯닦이 작업 등에서 많은 폐기물이 발생된 것으로 분석하고 있다.

표 2.14 폐유·폐기물 수거량

계		해상		육상	
폐유(kl)	폐기물(톤)	폐유(kl)	폐기물(톤)	폐유(kl)	폐기물(톤)
4,175	32,074	2,360	1,034	1,815	31,040

제 3장 동원된 방제기법

1 절

해상방제

1. 유출유 확산방지 및 민감해역 보호조치

가. 사고초기 유출된 기름 확산차단

사고초기 사고선에서 보유중인 오일펜스 300m와 제일 먼저 현장에 도착한 방제정에서 오일펜스 500m를 설치하였으나 높은 파도와 강한 조류에 의해 파손되어 오일펜스에 의한 확산차단은 실패했다.

강한 북서풍과 조류의 영향으로 남북방향으로 빠르게 확산되고 있는 기름 확산을 저지하기 위해 확산되고 있는 기름군의 북단은 해양환경관리공단의 방제세력이 맡고, 남단은 해경·해군함정·어업지도선 등을 중점 배치하여 유처리제를 살포하고 소화노즐로 물을 분사하고 스크류에 의한 교반 등으로 유막을 분산시키는 작업에 주력했다.

나. 오염피해 민감해역 보호 우선조치

사고당일 강한 북서풍 영향으로 빠른 속도로 해안으로 기름이 밀려오자 해안을 보호할 수 있는 방안이 없는 상황에서 가장 우선적으로 해야 할 일은 양식장이 밀집되고 생태학적으로 중요한 가로림만, 근소만, 천수만 등 오염피해 민감해역과 태안화력발전소 등 주요시설에 기름이 유입되는 것을 차단하는 것이었다.

해양경찰과 해양환경관리공단 방제세력을 중심으로 사고당일 밤부터 다음

날까지 밤을 세워가며 가로림만 입구에 6.5km, 근소만 입구에 5.5km의 오일펜스를 설치하고 태안화력발전소 및 현대오일뱅크 정유공장 취수구에도 1.8km의 오일펜스를 2~5중으로 설치하여 기름의 유입을 막았다.

기름이 계속 확산됨에 따라 천수만에 6.3km, 보령화력발전소·서천화력발전소, 서천시·군산시 양식장 입구 등에도 2.7km의 오일펜스를 설치했다.

타르덩어리가 전남해역까지 남하하자 전남·북해안, 제주도의 양식장 주변의 주요 길목에 오일펜스 또는 그물망 13.1km를 설치하여 양식시설물을 보호하기 위한 조치를 취했다.

그림 3.1 근소만 입구 오일펜스 설치

그림 3.2 천수만 북단 오일펜스 설치

그림 3.3 취약해역보호 오일펜스 설치

그림 3.4 양식장 입구 오일펜스 설치

2. 해상부유 기름제거

가. 유처리제에 의한 분산처리

파고가 높고 조류가 빠른 사고해역의 여건에서 넓게 확산되는 기름을 제거하기 위하여 오일펜스 등으로 포집하여 유회수기로 회수하는 기계적 처리방법 보다는 유처리제를 살포하여 분산 처리하는 게 효과적이다.

사고 당일 사고해역의 조류가 3~4노트로 빠르게 흐르고 파고 3~4m로 풍랑주의보가 발효된 상태에서 방제선박들이 도착했을 때 기름이 이미 광범위하게 확산되어 있고 사고선박으로부터 계속 유출되면서 빠르게 확산되고 있어 유처리제 사용은 불가피한 상황이었다.

유처리제 살포는 유처리제 살포장치가 설치된 해경 및 공단의 방제선과 해경 및 산림청 헬기가 주로 동원되었으며 기름확산범위가 확대되면서 민간방재용 헬기와 방제전문기관인 싱가폴 EARL소속 항공기 지원도 받았다.

유처리제 살포작업은 먼저 헬기로 해상에 기름분포 상황을 확인한고 정보를 공유하여 기름이 많이 분포하고 확산되고 있는 기름에 집중적으로 살포하였으며, 동원된 다른 선박들은 유처리제가 살포된 해역에 함정 등에 설치된 소화포를 이용하여 물포를 쏘아 교반하거나 일반선박들은 해역을 휘젓고 다니면서 스크류에 의한 분산을 촉진시키는 방법으로 이루어졌다.

유처리제에 의한 분산처리는 유출된 초기에 효과적이다.

유처리제 살포는 대부분 사고초기에 이루어졌으나 어느 정도 에멀젼화 되었던 기름이 기온이 올라가면서 재분산되어 광범위 확산된 곳에도 일부 살포되기도 했다.

유처리제 살포는 12월 21일까지 이루어졌으며 살포량은 297,652ℓ이었다.

그림 3.5 방제정 유처리제 살포

그림 3.6 항공살포

그림 3.7 방제정 살포 모습

그림 3.8 싱가포르 EARL 방제항공기

나. 교반에 의한 유막분산처리

해상에 유출된 기름은 확산되면서 유막을 형성하고 파도나 인위적 교란 등은 유막을 분산시켜 자연정화를 촉진시킨다.

기름을 물리적으로 교반하는 방법은 간편하고 거친 해상상태에서도 적용이 가능하기 때문에 종종 사용되고 있다.

사고초기 파고가 높아 기계적인 회수방법이 어려운 상태에서 유처리제에 의한 분산처리가 주로 적용되었으며 살포된 유처리제를 교반하여 분산촉진하는 작업과 병행하여 엷게 확산된 유막위에 소화포를 분사하거나 스크류 작용으로 기름을 교반하여 분산시키는 방법을 적용했다.

그림 3.9 소화포 분산처리

그림 3.10 살수/고속기동 분산처리

그림 3.11 소화포 분산조치

그림 3.12 해경함정 분산처리

해상상태가 어느 정도 회복된 뒤에도 방제장비나 다른 작업수단이 없는 선박에서는 이 방법을 주로 적용했다.

다. 흡착재, 뜰채 등에 의한 물리적 회수

유회수기 등 다른 방제수단이 없는 소형 경비정이나 어선 등에서는 흡착재를 투하하여 기름을 흡착제거하거나 뜰채 등으로 직접 걷어 올리는 방법으로 작업했다.

그림 3.13 흡착재 흡착회수

그림 3.14 뜰채로 기름회수

그림 3.15 리브보트 흡착재 투하

그림 3.16 오일펜스로 포집 흡착제거

이때 흡착재는 투하 후 반드시 수거하여야 한다. 따라서 조류가 빠르거나 개방된 외해에서는 적용하기가 곤란하고 오일펜스 등으로 차단되거나 폐쇄된 해상에서 주로 사용된다.

그러나 어선 등 일부선박에서 투하된 흡착재를 제대로 회수하지 못하여 외해로 유실되거나 다른 해역으로 흘러가 새로운 오염원이 되었다는 지적을 받기도 하였으며 해상 선박에서 사용된 흡착재만 약 27톤에 달했다.

라. 유회수기 등에 의한 기계적 회수

사고초기 높은 파고와 강한 조류에 의해 기계적 회수작업이 어려웠다.

첫날 회수작업에 임했던 방제정은 스위핑암이 바로 파손되어 제대로 회수작업을 할 수 없었으며 해상상태가 어느 정도 회복된 사고 다음날부터 부분적으로 회수작업을 하였으나 사고초기에는 유처리제 등에 의한 분산처리에 주력하고 기계적 회수작업은 미미했던 것이 사실이다.

시간이 어느 정도 경과되어 에멀젼 상태로 변화된 이후 회수작업이 주로 이루어 지다보니 고점도유 회수가 가능한 회수기가 사용되었다.

그림 3.17 해경방제선 회수작업

그림 3.18 해경 방제정 유회수작업

그림 3.19 공단방제선 유회수작업

그림 3.20 디스크스키머 기름회수

그림 3.21 드럼식 유회수기 기름회수

마. 해상의 타르차단 및 회수

해상에 유출된 기름은 풍화작용을 받아 휘발성물질이 증발되면서 에멀젼화 되어 갔는데 사고발생 8일째(12월 14일)경부터 에멀젼 상태의 점도가 높은 기름군을 이루어 이동하기 시작했고, 시간이 지나면서 타르상태의 덩어리로 잘게 부서지면서 이동했다.

에멀젼 상태의 큰 타르덩어리들은 스크린벨트식 방제선으로 회수하거나 뜰채 등으로 직접 떠 담는 방법으로 수거했다.

이 작업에는 스크린벨트 회수기가 설치된 공단의 방제선이나 브러쉬식 고농도 유회수기가 장착된 방제선이 아주 효과적이었으며 해경에서는 리브보트 같은 소형선박에서 직접 수거 작업을 하기도 했지만 3,000톤급 대형 함정을 이용하여 큰 타르군의 흐름을 선체로 차단하고 바께쓰나 뜰채로 퍼 올리는 방법으로 작업을 하기도 했다.

그림 3.22 공단 스크린벨트식 방제선 타르회수

그림 3.23 공단 방제선 유회수기에 의한 타르회수

그림 3.24 뜰채로 타르수거

그림 3.25 타르수거 리브보트

[선체타르차단]

[중간갑판으로 올리기]

[수거폐유저장]

그림 3.26 3,000톤 경비함정 타르 수거장면

경비함정의 타르 수거작업 관련하여 한 가지 에피소드를 소개하면 헬기를 타고 현장순시를 나온 국무총리가 헬기에서 내려다보니 경비함정이 바다 위에 떠서 아무것도 하지 않고 있다고 화를 내었는데 해당 함정 갑판상에 헬기에 앉아 내려보니 갑판 아래에서 전 함정요원이 기름범벅이 되어 타르와 사투를 벌리고 있는 [그림 3.26]을 보고 감동하여 "해경, 정말 수고한다"고 격려했다는 에피소드가 있다.

이렇게 경비함정에서 최선을 다했지만 3,000톤급 등 대형 함정은 해수면에서 갑판까지 높이가 3~4m로 높아 점성이 높은 무거운 타르를 끌어 올리기 어려웠고 소형함정도 파도에 선체가 심하게 요동하여 작업에 어려움이 있었다.

타르수거는 공단의 스크린벨트식 방제정과 브러쉬식 유회수기가 가장 효과적이었으며 12월 14일~12월 22일, 9일 동안 전체 해상회수량의 87%인 약 2,100㎘을 회수했다.

12월 23일 이후 타르 상태의 기름군이 더 풍화작용을 받으면서 타르덩어리로 잘게 부서져 약간 물에 잠긴 상태로 조류를 따라 남쪽으로 확산되고 있었다.

이렇게 확산되고 있는 타르덩어리들은 차단하고 수거하기 위하여 다양한 방안들을 강구했다.

경비정 2척으로 오일펜스 500~600m를 양쪽에서 끌어 타르 덩어리를 모아서 방제정 회수기로 회수하고 방제정 5척을 횡으로 대열하여 학익진 형태로 회수작업을 시도하기도 했다.

어선에서는 멍석망(여름 햇빛 차단막)을 연결하여 그물망을 만들어 타르입자를 차단하여 수거하는 방안도 동원되었다.

그림 3.27 타르입자 유입방지

그림 3.28 그물망 제작

그림 3.29 그물망 설치

그림 3.30 그물망으로 타르수거

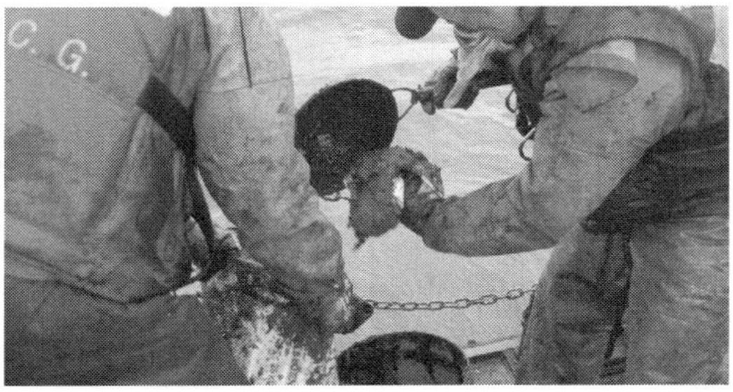

그림 3.31 소형 경비정 타르수거

그림 3.32 소형경비정 타르입자 수거

그러나 넓은 해역으로 물속에 잠김 상태로 빠르게 이동되는 타르입자를 차단하고 수거하는 데는 한계가 있었다.

일시 시야에서 소멸되었던 타르입자들이 12월 27일 이후 전남도서 해역에 발견되자 목포해경서에서는 타르수거용 그물을 제작(크기 100m × 2.3m, 그물코는 2mm, 상단에 2.5m 간격으로 부이부착, 하단에는 30cm 간격으로 추를 부착)하여 어선 2척이 양쪽에서 U자 모양으로 끌면서 타르를 수거하였으나 타르의 점성이 떨어져 그물에 잘 부착되지 않고 그물눈 사이로 빠져 나가거나 그물위로 나가버려 수거효과는 크지 않았다.

그림 3.33 어선 쌍끌이식 수거작업

그림 3.34 경비정 이용한 수거작업

2절

해안표착유 방제

1. 초기 두꺼운 기름제거

가. 퍼담기

사고초기 많은 기름이 한꺼번에 밀려와 해안에 두껍게 부착되고 기름파도를 이루고 있었다.

누가 먼저라 할 것 없이 몰려온 자원봉사자들이 바께쓰, 바가지, 삽, 쓰레받기 등 인근 지역주민들이 제공하는 도구들로 기름을 퍼담기 시작했다.

태안군, 공단, 방제업체 등에서 저장용기, 고무통, 바께쓰, 바가지, 삽, 밀대 등 자재와 장화, 고무장갑, 방제복 등이 긴급 조달되면서 작업현장도 질서를 잡아 나갔다.

그림 3.35 퍼담기

그림 3.36 긁어 모으기

그림 3.37 연예인들 봉사

그림 3.38 자원봉사자들 모습

그림 3.39 인간띠 릴레이식 전달

그림 3.40 임시저장용기 저장

모래해안에 두껍게 부착된 기름은 밀대 등으로 모아서 담고, 해안으로 밀려온 기름은 그대로 퍼담아서 인간띠를 이루어 릴레이식으로 전달하여 저장용기 등에 모우는 식으로 작업이 진행되었는데 이 작업은 12월 16일까지 약 10일간 계속되었다.

나. 유회수기에 의한 기계적 회수

해안으로 밀려와 부두 안벽가나 장비접근이 가능한 연안 가까이 부유하는 기름에 대해 해경과 공단에 보유중인 회수기를 이용하여 기계적으로 회수했다.

사고 초기 디스크식 유회수기나 드럼식 유회수가 효과적이었으나 시간이 경과되어 사고발생 5일(12월 11일)이 지나자 기름의 점도가 높아지면서 효율이 급격히 떨어졌다.

그림 3.41 디스크식 유회수기 회수

그림 3.42 드럼식 유회수기 회수

그림 3.43 디스크식/드럼식 회수기 회수장면

그림 3.44 드럼식 유회수기 회수장면

공단에서 사고 발생 3일째(12월 9일) 폐유 운반용 진공흡입차량(25대)을 동원하여 만리포 해안에서 기름회수를 시도하였으나 펌프의 흡입력이 약하고 모래가 펌프를 막아 작동을 할 수 없어 기름회수에 실패했다.

이에 고성능 진공펌프가 탑재된 하수구준설차량(6대)을 동원하여 점도가 높은 기름을 회수하거나 저장용기에 모아둔 수거된 폐유를 폐유운반차량에 적재하는데 활용하니 효율적이었다.

그림 3.45 진공흡입 차량으로 기름회수

또한 사고초기 방제업체에서 지역 군부대 병력 협조를 받아 간조시 만리포 해수욕장에 웅덩이를 만들고 비닐을 깔아 만조시 웅덩이로 기름을 유입시켜 진공펌프차량으로 흡입하는 방법으로 작업했는데 상당한 효과를 보았다.

사고 5일 째부터(12월 11일) 공단에서 보유중인 진공흡입식 해안용 비치크리너를 동원하여 모래해안에 부착되어 있는 기름을 회수 하였으나 점도가 높아 제대로 흡입되지 않고 모래가 함께 흡입되어 진공흡입식 회수기로 크게 효과를 보지 못했다.

그림 3.46 웅덩이를 만들어 기름 유입

그림 3.47 웅덩이에서 기름 펌핑

그림 3.48 동원된 비치크리너

그림 3.49 비치 크리너 기름회수

그림 3.50 진공흡입식 비치크리너 방제작업

다. 흡착재, 볏짚, 스네어 등으로 흡착제거

초기 해안에 밀려온 두꺼운 기름을 자원봉사자들이 1차적으로 퍼담고 긁어낸 다음 흡착재를 두 겹, 세 겹으로 깔아 흡착하고 가까운 해안부유 기름 위에 흡착재를 투하하여 기름을 흡착제거 하였고 갯닦기 작업에도 흡착재를 사용하게 되었으며 하루에 수 만 명씩 몰려드는 자원봉사자들이 모두 흡착재를 사용하다 보니 초기 1주일 동안 하루 20~30톤의 흡착재가 소모되기도 했다.

전국에 분산 배치되어 있던 공공기관·민간업체까지 모든 흡착재를 비상동원하고 생산업체에서도 비상가동 생산하였으나 초기 수요를 충족시키지 못해 중국과 일본에서 긴급히 흡착재를 지원(66톤)받기까지 했다.

이는 예상 못한 대형 오염사고가 발생하여 광범위한 해안을 오염시켜 추가

흡착재 소요가 컸던 점도 있지만 초기 대규모 자원봉사자들이 몰려와 방제 당국의 통제나 지도없이 유층이 두꺼운 기름에도 흡착재를 투하하는 등 무절제하게 사용하다 보니 흡착재 사용방법이 부적절 했다는 지적과 함께 흡착재 부족현상을 초래하고 흡착재 과다사용의 요인이 되기도 했다.

그림 3.51 만리포 해안 흡착재 도포

그림 3.52 두터운 기름흡착재 투하

어느 정도 해안방제 지휘체계가 잡히면서 흡착재 사용이 통제되고 체계적으로 사용되었으며 흡착재는 기계적으로 직접 회수 할 수 없는 엷은 유막이나 모래·자갈층등에 침투된 기름의 세정작업 과정에서 분리되어 나오는 유층을 흡착·제거하는 등 제한적으로 사용했다.

롤(Roll)형이나 붐(Boom)형과 같은 긴 흡착재를 해안가에 설치하여 밀물이나 썰물 때 해안으로 밀려오는 기름이나 밖으로 나가는 기름을 차단하는 용도로 사용했다.

갯닦기 작업에 흡착재 사용을 억제하고 흡착재 대용으로 부직포·헌옷가지, 차광막, 폐현수막 등을 사용하였는데 일부 옷가지나 현수막 등은 기름을 흡수하지 않는 재질로 되어 있어 폐기물만 양산하는 부작용을 가져오기도 했다.

그림 3.53 해안가 기름흡착 제거

그림 3.54 흡착재 수거

그림 3.55 저압세정 부유기름 흡착

그림 3.56 모래 속 기름 흡착제거

그리고 볏짚을 이용하여 이엉을 만들어 흡착제거하거나 그늘막 및 멍석망을 이용하여 기름을 수거하기도 했다

겨울철 시골에서 응급조달이 가능한 볏짚을 흡착재 대용으로 활용하였는데 볏짚을 바로 사용하였을 때 수거에 어려움이 있어 이엉을 만들어 사용했다.

해상방제가 거의 마무리 되어갈 무렵(12월 29일) 풍랑주의보가 발효되어 강한 파고에 의해 해안에 부착되어 있던 기름이 일부 탈락되어 기름군을 이루어 새까맣게 만리포 해안으로 밀려왔는데 방제대책본부에서는 "100만이 넘는 자원봉사자들이 태안의 기적을 만들어 놓았는데 2차오염 예방을 못해 다시 오염시켰다"고 쏟아질 질타와 비난을 걱정하고 있었는데 다음날 미리 깔아둔 볏짚과 그늘막을 걷어내니 다시 하얀 모래 해안을 볼 수 있었다.

볏짚, 그늘막 등은 유출된 기름이 어느 정도 풍화작용을 받은 기름제거에 효과적으로 적용되었다.

그림 3.57 그늘막·멍석망을 깔아 밀물시 밀려든 기름흡착

그림 3.58 볏집 이엉으로 밀물시 기름흡착

그림 3.59 밀물시 볏짚으로 기름회수

그림 3.60 볏짚과 흡착재 이용 흡착

또한 타르형태의 고농도 기름을 제거하기 위하여 오일스네어를 제작하여 사용했다.

특히 공단에서 스네어 제작 장비를 개발하여 스네어를 대량 제작하여 도서지역 해안이나 암벽틈 사이 등에 미리 설치하여 타르 덩어리 유입에 대비하고 상당한 효과를 보았다.

오일스네어는 이런 효과를 인정받아 최근 해양오염방제자재 품목[33]으로 인정받기도 했다.

그림 3.61 오일스네어

그림 3.62 오일스네어 제작·설치

그림 3.63 오일스네어 사전 설치

그림 3.64 오일스네어 타르협착

33) 해양오염방제자재·약제의 성능시험 기준 및 검정기준 고시개정(2017년 6월 20일, 해양경찰청)

라. 갯닦기

사고 초기 두터운 기름을 퍼담고 긁어모아 직접 제거하는 작업이 끝난 이후 참여한 자원봉사자들은 대부분 암벽이나 바위·돌멩이 등에 부착된 기름을 유흡착재나 헝겊 등으로 직접 닦아내는 일명 "갯닦이" 작업에 대부분 동원되었다.

갯닦이 작업은 접근이 쉬운 평지나 해안가 등에는 주로 일반 자원봉사자들이 동원되고 절벽이나 암벽 등 위험지역, 무인도서지역 등에는 해경 특공대 요원이나 군장병들이 투입되어 작업이 이루어졌으며 초기에 암벽 등 표면에 남아있는 기름을 제거하는 데는 많은 효과가 있었고 방제작업에도 큰 도움이 되었다.

그러나 시간이 경과되어 기름이 고착되고 표면기름이 어느 정도 제거되고 난 뒤에는 갯닦기 작업의 한계가 있었다.

이때 유처리제나 세제 등을 사용하면 기름은 쉽게 제거 되겠지만 2차오염 문제를 우려하여 일체의 약제를 사용하지 않았다.

일차적인 갯닦기 작업이 끝난 뒤에도 자원봉사자들의 행렬은 계속되었으며 모래 속 타르 골라내기, 기계적인 전문방제작업 지원, 폐기물 운송 등 다양한 지원이 이루어졌지만 이후에 동원된 많은 인력들이 형식적인 갯닦이 작업을 계속하여 폐기물 양산 등 부작용이 초래되기도 했다.

향후 사고 발생시 적정의 인원이 현장에 투입될 수 있도록 자원봉사자 통제·관리가 필요하다고 본다.

그림 3.65 지역주민 갯닦이

그림 3.66 자원봉사자 갯닦이

그림 3.67 석축해안 갯닦이

그림 3.68 방파제 갯닦이

그림 3.69 해경특공대 암벽 갯닦이

그림 3.70 눈보라 속 현장 향하는 자원봉사자들

2. 달라붙거나 침투된 기름방제

해안으로 밀려온 유동성 기름이나 두껍게 표착된 표면의 기름을 1단계 제거한 후 축대·암벽·바위·돌 등에 달라붙은 기름이나 자갈·모래 등 땅 속에 침투된 기름을 제거하기 위하여 중장비나 다양한 기계적인 방제방법이 적용되었다.

방제방법의 선택은 해안의 특성 및 오염상태에 따라 달리했다.

가. 갈아엎기

태안해안오염지역에는 만리포·천리포·학암포 등 15개의 해수욕장이 오염되어 주요 관광지인 해수욕장의 오염방제가 가장 큰 관심을 모았다.

사고초기 모래 해안 표면의 두꺼운 기름이 제거되자 사고발생 10일경부터 해수욕장 모래사장이 흰 속살을 들어내기 시작했다.

이렇게 되자 언론에서는 "태안의 기적"이라하고 자원봉사자들이 기적을 가져왔다고 보도하기 시작했다.

그러나 많은 자원봉사자들이 퍼담고 닦아내어 많은 기름을 제거한 이유도 있었지만 밤사이 조석작용과 파고에 의해 새로운 모래가 밀려와 오염해안을 덮어주게 되어 표면은 깨끗해졌지만 시루떡 같이 층층이 기름이 침투되어 있었다.

이와 같이 모래 속에 침투된 기름을 제거하기 위해 썰물시 트랙터로 밭갈이 하듯이 골을 파거나 포크레인, 굴삭기 등 중장비로 모래사장을 뒤집거나 모래봉우리 등을 만들어 밀물 때 물이 들어오면서 유분을 부상시켜 미리 설치해 둔 롤형 흡착재나 오일펜스로 차단하고 흡착재·짚 등으로 흡착제거 했다 유징이 적은 곳은 파도에 의한 자연방산을 유도했다.

그림 3.71 모래사장 갈아엎기

그림 3.72 모래 뒤집기

그림 3.73 오일펜스내 흡착재·볏짚 등으로 부상기름회수

[그림 3.71]에서와 같이 모래사장에 골파기를 해안선에 수직방향과 수평방향으로 해보았을 때 해안선과 나란히 평행하게 골을 팠을 때가 파고와 조류에 의해서 침투된 기름입자가 잘 부상된다는 것을 알 수 있었다.

나. 바닷물에 노출시켜 파도의 힘 활용

땅속에 침투한 기름은 풍화작용이 느리게 진행되어 수개월 또는 수년이 지나도 그대로 남아있게 된다.

침투된 기름에 대한 방제가 제대로 이루어지지 않으면 방제실패를 가져오게 된다.

우리는 우리나라의 1995년 씨프린스호 사고에서 경험했고, 미국의 1989년 액손발데즈(Exxon Valdez)호 사고에서도 보아왔다.

이런 방제 실패 사례를 거울삼아 땅속에 침투된 기름 제거에 특별히 관심을 가지게 되었다.

기름이 침투된 지역의 자갈이나 모래를 포크레인 등 중장비를 이용하여 파서 뒤집고 물가로 옮겨서 밀물 때 파도에 의해 바닷물에 씻기도록 하는 방법을 적용했다.

사전에 오일펜스나 붐형 흡착재를 설치하여 외부확산을 차단하고 부유하는 기름을 흡착재 등으로 흡착제거 하거나 자연방산 하도록 유도하는 방법이다.

또한 갯닦기 작업을 하였거나 기름이 고착되어 기름이 쉽게 제거되지 않는 자갈·돌덩이 등도 바닷물에 밀어 넣어 자연방제를 유도했다.

이러한 작업과정에서 기름 묻은 자갈 등을 오히려 바다에 집어넣는다고 지역주민들과 방제방법을 두고 갈등을 겪기도 했다.

그림 3.74 오염된 자갈·모래 바닷물에 노출

그림 3.75 자갈 해안 골파기 파도에 노출 유도

그림 3.76 갯닦기가 끝난 돌덩이 자연 방제유도

다. 저압세척

사고 당시 강풍과 높은 파도에 의해 상부 조간대 위쪽 3~4m까지 오염되었다.

상부조간대나 위쪽 지역에는 평소 조석에 의해 바닷물이 거의 닿지 않아 파도의 작용에 의해 기름이 제거되기 어렵다.

따라서 상부 조간대 부근의 해안표면에 부착된 기름이나 땅 속에 스며든 기름을 제거하기 위하여 펌프로 바닷물을 퍼올려 기름을 씻어내고 바로 아래 해안에 골을 파서 씻어내린 기름이 모이도록 하여 유흡착재 등으로 제거해 준다.

이 방법은 지층이 암반으로 되어 씻긴 기름이 땅속으로 더 깊이 스며들지 않는 해안이면 더욱 효과적이다.

그렇지 못한 경우 포크레인, 괭이 등으로 뒤집어 가면서 침투된 기름까지 씻겨 나오도록 반복작업이 이루어졌다.

그림 3.77 양수기 등을 이용한 저압세정

그림 3.78 저압 세척 후 씻겨나온 기름 흡착

그림 3.79 도서지역 바위 틈 사이 저압세정

라. 고압세척

부두시설, 석축, 테트라포트 등 인공구조물이나 암벽·바위 등에 부착되어 고착된 기름은 파도나 일반 세정방법으로 제거되지 않으므로 고압의 물을 분사하는 고압세척기를 이용하여 제거한다.

이때 세척수로 고온의 물을 사용하거나 사전에 유처리제를 먼저 살포한 후 세척하면 쉽게 제거 할 수 있다.

그러나 유처리제는 2차오염문제로 일체 사용이 금지되었고 고온·고압의 경우에도 고온수 자체가 해양생물에 영향을 미친다는 논란 때문에 최대한 사용을 억제하고 해수욕장 주변의 콘크리트 축대, 테트라포트, 방파제, 암벽 등에 극히 제한적으로 사용했다.

또한, 땅 속에 깊이 침투한 기름에 대해서도 포크레인 등으로 뒤집어 가면서 고압의 물을 살수하는 세정작업을 실시하여 많은 효과를 보았다.

모든 작업 과정에서는 외측에 오일펜스나 붐형 흡착재로 차단하고 흘러나오는 부유기름은 흡착재, 스네어 등으로 흡착제거 하는 방법으로 진행되었다.

이런 작업을 반복하여 유징이 한 방울도 비치지 않을 때까지 계속되었다.

그림 3.80 신두리해안 암벽 고압세척

그림 3.81 모항방파제 고압세척

그림 3.82 암벽 고압세척

그림 3.83 침투기름 고압 세정

마. 고압 미세기포 이용 부상분리제거

고압의 미세기포 발생장치(일명, 에어젯)를 이용하여 모래나 흙속에 침투된 기름이나 암반틈 사이 등에 부착된 기름을 기포와 함께 부상시켜 부상된 기름을 흡착재 등으로 흡착제거 하는 방법으로 이번 사고 기간 중에 민간 방제업체에서 처음 개발하여 적용한 기술이다.

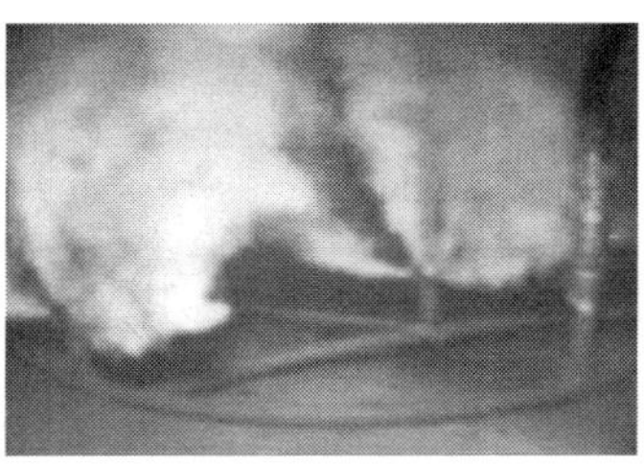

에어젯 분사

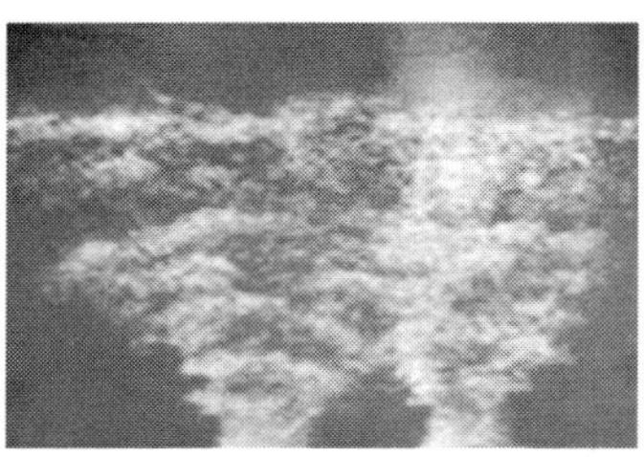

기포 상승

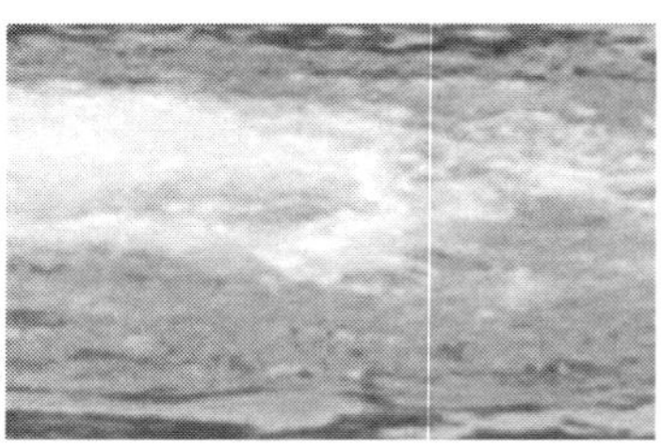

기포 확산

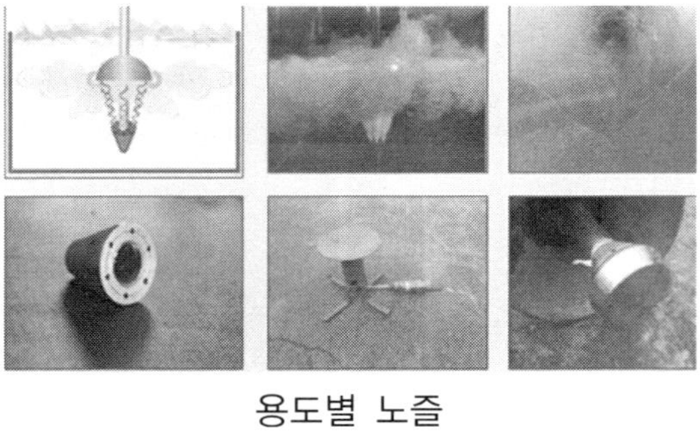

용도별 노즐

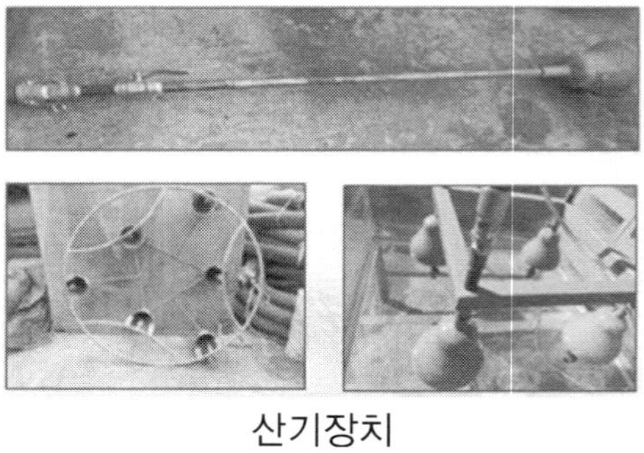

산기장치

그림 3.84 에어젯 원리

실트(silt) 성분이 함유된 모래 속에 침투된 기름은 조석에 따라 잘 부상되지 않고 제거가 쉽지 않았다.

그래서 고압의 미세기포 발생장치를 개발하여 모래 속에서 고압의 미세기포를 발생시켜 보니 기포와 함께 기름입자들이 부상하였고 이를 흡착재를 투하하여 흡착하고 외곽에 미리 설치 해둔 롤형흡착재로 포집제거 했다.

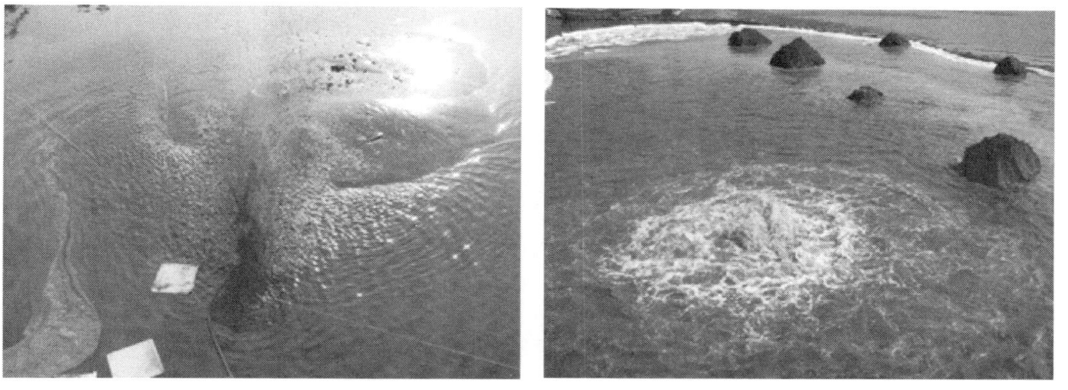

그림 3.85 미세기포로 기름부상

그림 3.86 부상시킨 기름을 롤형 흡착재로 포집 수거

바. 온수세척

자갈 등에 부착된 기름은 갯닦기 등으로 제거하는데 한계가 있었다.

더구나 시간이 경과되어 기름이 말라 붙었을 때는 더더욱 잘 닦이지 않는다.

이러한 자갈 등을 보일러가 설치된 철재탱크에 넣어 온수로 씻어내는 방법이 적용되기도 했다.

이 방법은 갯닦기 작업에 비해서는 효과적이라 할 수 있겠으나 해안에 널려있는 수많은 자갈돌을 일일이 세척해 낸다는 것은 한계가 있고 비효율적이라고 판단하여 이 방법을 중단시키고 파도에 노출시켜 자연방제를 유도하는 방법으로 전환시켰다.

물론 좁은 지역에 한정된 범위 내에서 보다 완벽한 방제를 요구 할 경우 등에서는 온수세척 방법도 고려해 볼 수 있을 것이다.

그림 3.87 온수로 자갈세척

사. 기타 다양한 방법

1) 모래 속에 침투한 기름 흡착제거

기름이 침투된 모래 속에 흡착재, 볏짚, 헝겊 등을 집어넣어 비벼서 기름을 닦아내고 타르입자들은 채로 쳐서 분리하거나 사람들이 직접 주어내는 방법도 사용했다.

그림 3.88 모래 속 기름흡착 제거

그림 3.89 타르입자 걸러내기

2) 골파기로 기름 제거 포집 제거

간조시 포크레인 등으로 골을 파두면 땅속에 침투된 기름이 배어 나오게 된다. 이를 흡착재 등으로 흡착 제거한다.

그림 3.90 골파기로 기름부상시켜 흡착제거

3) 흡착재 사전배치, 부상·유입 기름흡착

간조시 조간대 지역을 굴삭기 등으로 뒤집고 흡착재를 깔아 두거나 조간대의 돌덩이나 바위 사이에 미리 흡착재나 스네어를 로프로 연결하여 끼워 둠으로 해서 밀물 때 부상되거나 유입되는 기름을 흡착시키기도 했다.

그림 3.91 부상·유입 기름 대비 흡착재 설치

4) 솔빗자루로 암반 기름 세척

청소용으로 사용하는 솔빗자루를 이용하여 암반지역에 부착된 기름을 양수기로 물을 흘려가면서 수세하거나 바닷물이 들어올 때 수세하여 기름을 세척했다.

그림 3.92 솔빗자루로 기름세척

3. 도서지역 타르방제

충남지역의 태안군 및 보령시 도서에는 비교적 많은 기름이 유입되었으며 풍화작용을 적게 받은 덩어리 상태의 원유가 암벽 높은 곳까지 부착되었다.

이후 기름군들이 보령해역을 지나 계속 남쪽으로 이동하여 서천해역까지 도달 하였을 때는 타르화 되면서 조각으로 분해되어 대부분 1～10cm 크기의 타르입자 상태로 해안에 말려왔다.

특히, 사고 23일째인 12월 29일 타르 입자군들이 전남 신안군 해역을 지날 무렵 풍랑주의보가 내려질 정도로 강풍이 불면서 12월 30일～1월 1일까지 3일 동안 물속에 잠겨있던 타르 덩어리들이 영광, 신안, 무안, 진도 도서해안에 다양한 크기(1～30cm)의 덩어리 상태로 대량 유입되었다.

가. 도서 암벽에 부착된 타르제거

사고해역에 가까운 도서지역에 유입된 타르에 대한 해안방제작업은 육상해안방제작업과 같은 방법으로 퍼담고, 갯닦기, 고압 및 저압 세척방법이 적용되었으며 암벽 쪽에 덩어리 형태로 부탁된 타르화된 기름들은 군장병, 해경특공대 등을 동원하여 타르덩어리를 1차 제거하고, 갯닦기·고압세척기 등을 사용하여 방제가 이루어졌다.

스네어를 제작하여 암벽 틈틈이 끼워두거나 롤형흡착재를 해안가에 미리 펼쳐두고 재유입되는 타르입자를 흡착제거 하기도 했다.

그림 3.93 도서해안 방제

그림 3.94 암벽틈 고압세척

그림 3.95 도서해안 방제

그림 3.96 불모도 폐로프 부착 타르제거

그림 3.97 외파수도 스네어 설치

그림 3.98 가의도 암석타르 제거

그림 3.99 재유입에 대비한 흡착재 설치

그림 3.100 롤에 헝겊부착 사용

나. 해안에 밀려온 타르 덩어리 제거

해안 모래밭이나 갯벌지역 해안에 올라온 타르 덩어리 들은 지역주민, 군장병 등을 동원해서 쓰레받기, 삽, 모종삽 등으로 수거하거나 자갈밭 등에서는 일일이 주어내는 형태로 제거했다.

그림 3.101 해안에 밀려온 타르

그림 3.102 대광해수욕장 타르 수거

그림 3.103 무안군 닭섬해안 타르수거

그림 3.104 무안군 닭머리해안 타르수거

다. 그물망으로 타르입자 부착제거

신안·무안·진도 등 전남지역 도서에 유입되는 타르입자들의 해안부착을 차단하고 흡착제거하기 위하여 그물을 해안에 설치하기도 했다.

설치된 지역에 유입되는 타르입자는 적었지만 유입된 곳의 차단효과는 좋았던 것으로 평가되었다.

그림 3.105 목포 해제 도리포 그물망

그림 3.106 목포 해제 닭머리 설치 그물망

3절 수집된 폐유·폐기물 처리

1. 대량의 폐유·폐기물 발생

사고 초기 유출된 기름 대부분이 그대로 해안으로 밀려와서 해수욕장 등 넓은 해안에 두꺼운 유층을 이루고 있어서 자원봉사자들이 직접 바께쓰, 바가지, 삽 등으로 퍼담기 쉬웠고 해안가로 밀려와 고여 있는 기름을 유회수기 등으로 흡입·회수 할 수 있어서 대량의 폐유를 회수 할 수 있었다.

이렇게 회수된 기름은 대형 고무통이나 폐유 간이저장조 등에 모았다가 처리했다.

그리고 많은 자원봉사자들이 방제작업에 참여하여 유흡착재나 폐의류 등으로 기름을 흡착하거나 닦아내어 기름 묻은 폐기물들이 대량 발생되었다.

그림 3.107 임시저장 폐유통

그림 3.108 폐유 임시저장용기

또한 자원봉사자들이 착용했던 방제작업복이나 장갑 등 기름 묻은 개인용품과 도시락·간식포장재 등과 같은 폐기물도 전체 폐기물 발생량의 증가 요인이 되기도 했다.

수집된 폐기물은 PP포대 등에 넣어서 해안가에 웅덩이를 파고 비닐을 깔아 만든 임시저장소나 폐기물 수집탱크 등에 임시 저장하였다가 처리했다.

그러나 사고 발생 7일이 지나자 각 해안에는 수거된 폐유와 폐기물이 쌓여 넘쳐나고 2차오염문제가 제기되었다.

각 언론에서는 "애써 수거한 기름 다시 바다로"(내일신문 '07년 12월 14일), "폐기물 갈 곳이 없다."(세계일보 '07년 12월 14일), "산더미 폐기물 2차오염 어쩌나"(경향신문 '07년 12월 19일) 등 수거된 폐유·폐기물이 제때 제대로 처리되지 않아 빗물에 씻겨 토양오염 등을 시키고 있다는 지적이 나왔다.

그림 3.109 임시 폐기물수거장

그림 3.110 비로 인한 폐기물 수거장 누수

2. 수거된 폐유 및 폐기물 처리

방제작업 과정에서 수거된 폐유 및 폐기물은 국가방제기본계획에 따라 환경부가 주관이 되어 처리하도록 업무분담이 되었는데, 폐기물을 운반 처리하는 업체의 적법여부가 논란이 되었다.

이에 환경부는 폐유·폐기물을 적법하게 처리 할 수 있는 업체를 선정하기 위해 정상적인 절차에 따라 업무를 추진하는 과정에서 업무처리가 지연될 수밖에 없었다.

수거된 폐유·폐기물의 처리가 지연되면서 2차오염 등의 문제가 되자 국가재난사태라는 점을 들어 폐기물 운송 처리·절차 등에 예외적으로 적용하기로 하였으며 액상폐유는 해양환경관리공단에서 수집·운반하고 고상폐기물은 환경부가 주관하여 산업폐기물처리공제조합에 위탁하여 처리하기로 했다.

가. 액상폐유 수거처리

회수된 액상폐유 저장용기로는 대형 고무통이나 이동식으로 제작된 간이저장용기를 주로 사용하였는데 500ℓ 용량의 대형 고무통은 시중에서 구하기도 쉽고 설치장소에 크게 구애를 받지 않아 편리했다.

해양환경관리공단에서 회수한 폐유는 초기에 공단 자체적으로 계약한 지정폐기물처리업체인 ㈜신대안정유에 위탁처리 하였으나 환경부의 요청에 따라 현대오일뱅크로 이송하여 임시저장 후 폐유처리업체로 보내서 최종처리했다.

처리가 지연되고 현장에서 임시저장에 한계에 이르고 2차오염 우려 등 문제가 되자 해수부에서 산자부에 요청하여 정유사에서 보유중인 전국의 유조탱크로리 27대가 긴급지원 되었으나 유조탱크로리는 고급 정제유 운반용으로 모래·협잡물 등이 함유된 폐유이송용에는 부적합하여 되돌려 보내고 정유사 슬러지 청소용 탱크로리 4대, 하수오니 탱크로리 8대, 해양환경관리공단 폐유 탱크로리 12대 등이 동원되어 운송처리 했다.

그림 3.111 폐유운송 탱크로리

그림 3.112 폐유 운송 탱크로리

그림 3.113 차량진입불가 지역 폐유이송(고압 펌프차)

나. 고상폐기물 수거처리

환경부는 2007년 12월 11일(사고 7일째) 폐기물처리전담팀을 구성하여 만리포 현장에 임시사무소를 설치하고 21개 지정폐기물처리업체를 투입하여 본격적으로 처리를 시작하였으며 산업폐기물처리공제조합이 맡아 처리하도록 했다.

전남·북 지역 폐기물처리를 위하여 4개의 폐기물처리업체를 추가 투입하였고 기름폐기물은 지정폐기물이나 일부 일반폐기물운반차량을 이용하기도 했다.

자원봉사자 등에 의해서 수거된 고형폐기물들은 주로 이중 PP마대(25kg)나 벌크백(0.5m^3)에 담아 보관하였다가 폐기물수거차량이 접근할 수 있는 곳까지 운반하여 모아두면 폐기물운반차량으로 폐기물처리업체로 운반처리 하였는데 25kg용 이중 PP마대는 사람들이 직접 들고 운반하거나 인간띠를 이어서 운반할 때 매우 편리하였고 포크레인 같은 중장비가 진입 할 수 있는 해안에서는 많은 폐기물을 담을 수 있는 벌크백이 유용했다.

그림 3.114 PP마대 저장 폐기물

그림 3.115 벌크백 저장 폐기물

그림 3.116 수거 폐기물 운반

그림 3.117 폐기물 릴레이 이송

그림 3.118 차량진입지역 이송 폐기물

그림 3.119 폐기물운반차량

다. 해상 및 도서 폐기물 처리

사고초기 해상방제는 유처리제에 의한 분산처리와 흡착재에 의한 흡착제거작업이 주로 이루어졌으며 시간이 경과됨에 따라 에멀젼화되고 타르가 형성된 뒤에는 뜰채 등으로 타르를 직접 회수 했다.

회수된 폐유·폐기물 등 보관은 전용방제선의 경우 폐유저장탱크가 있지만 경비정 등 폐유저장탱크가 없는 선박의 경우 빈 드럼통이나 바께쓰 등 모든 용기를 다 활용하였는데 유처리제 사용 후 빈 유처리제통(18ℓ)을 폐유·폐기물 저장용기 대용으로 사용하니 편리했다.

그림 3.120 유처리제통을 이용한 폐유수거

해상에서 수거된 폐유·폐기물 처리는 신진도항에 인천해경 방제바지선을 고정 배치하여 선박에서 수거해온 폐유·폐기물을 임시로 저장하였다가 폐기물은 일반예인선으로 폐유는 방제업체 유조선으로 육상으로 운송했다.

군산·보령해역에는 해양환경관리공단 바지선 2척을 배치하여 방제선박들이 수거해온 폐유·폐기물을 받아 운송했다.

그림 3.121 해상 수거폐유 육상이송

도서지역 폐기물은 차도선이나 경부선을 이용하였는데 부두안벽이나 차도선 등이 접근이 용이한 지역의 폐유나 폐기물 등의 수거는 대체로 순조롭게 이루어졌으나 선박접근이 어려운 암벽해안에는 어려움이 많았으며 해군·해경의 특수정을 이용하거나 산림청 헬기 등을 이용하기도 했다.

그림 3.122 해상폐기물 양륙

그림 3.123 방제 바지선

그림 3.124 뗏목으로 폐기물 운반

그림 3.125 바지선 폐기물 수집운반

그림 3.126 차도선 폐유·폐기물 운반

그림 3.127 도서암벽 방제지원

그림 3.128 헬기로 도서 폐기물 반출

4 절

국내·외 전문가 방제기술지원

1. 국내 전문가 자문활동

허베이스피리트호 사고 발생 직후 각계 방제전문가로 구성된 해양오염방제기술지원단 회의가 소집되어 방제전략 수립 및 방제방법 선택, 유출유 이동확산 예측, 환경영향 및 오염피해 최소화 방안 등 다각적인 논의가 진행되었다.

또한 기술지원단 외에도 해양환경공학회 회원 등 관련분야 전문가들이 자발적으로 방제대책본부를 찾아 자문하였고 특히 해상유출유 확산예측모델 전문가(해양시스템안전연구소)는 기술자문위원 대표로 방제대책본부에 상주하면서 매일 개최되는 방제전략회의, 언론 인터뷰·브리핑 등에 전문기술분야 자문을 수행한 바 있다.

이러한 전문가들의 적극적인 참여는 방제대책본부의 과학적 의사결정에 크게 도움이 되었다.

가. 유처리제 2차오염 및 타르볼 유해성 문제

유처리제가 독성이 있어 2차오염을 유발하고 타르볼을 생성시켜 기름을 침강시킨다는 주장과 타르볼의 유해성에 대한 언론이나 시민단체 등의 주장에 대해 2017년 12월 12일 방제전문가 자문회의에서 제시된 전문가들 의견은 다음과 같다.

표 3.1 방제전문가자문회의시 제시된 의견들

- 유처리제 독성에 의한 2차오염문제에 대하여
  유처리제는 엄격한 생물독성시험을 거쳐 형식승인된 제품으로 독성이 매우 낮으며 미립자 상태로 해수와 혼합, 확산되어 기름 자체보다 독성이 낮다.
  다만, 유처리제가 저독성이긴 하지만 유처리제를 살포하면 해수표면의 기름을 일정수심으로 분산시키므로 수심이 낮거나 양식장 부근에서의 사용은 억제되어야 한다.
- 유처리제가 타르볼을 생성시켜 기름을 침강시킨다는데 대하여
  유처리제는 기름을 미립자 상태로 만드는 역할을 하며 기름을 응집시켜 타르볼을 생성시키거나 기름을 침강시키지 않는다. 기름을 미립자 상태로 분산시켜 자연산화·분해를 촉진시키는 약제이다.
- 타르볼의 유해성에 대하여
  타르볼은 유출된 기름이 물리적인 풍화과정을 거쳐 아스팔트상으로 변하고 있거나 변한 상태로서 독성이 강한 휘발성탄화수소 성분이 대부분 증발되어 타르볼 자체독성은 거의 없는 상태이다.

이러한 의견 제시는 언론이나 일부 시민단체 등의 문제제기를 이해시키는데 많은 도움이 되었다.

나. 방제방법 및 우선순위 결정

2017년 12월 28일 한국해양환경공학회 회장을 비롯한 해양환경전문가 회의와 12월 31일 방제기술자문단회의에서는 해안방제방법과 방제작업 우선순위에 대한 중점 논의가 있었다.

지역의 특성을 고려한 방제방법의 결정과 지역별 작업우선순위가 결정되어야 한다.

또한 지역의 환경성과 경제성을 고려하여 방제작업 한계도 달라져야 한다고 조언해 주었다.

그 밖에 갯벌에 대한 방제방법은 저압세정방법으로 기름을 갯벌에 분리부상시켜 흡착재로 제거하는 방법과 붐형 흡착재나 스네어를 고정 설치하여 장기적으로 제거하는 방법 등이 제시되었다.

기타 제시된 자문요지는 다음과 같다.

표 3.2 방제방법 및 우선순위 결정에 대한 자문

- 방제작업 우선순위에 따라 지역선정 및 방제작업 순서 결정필요
- 해역의 특성 및 작업의 난이성 등을 고려 군병력의 투입을 적극고려
- ITOPF 매뉴얼 등 국제표준매뉴얼을 참고 가장 적합한 방제방법 선택
- 갯벌에 대한 방제방법은 자연정화가 최우선적으로 고려되어야 함
- 친유성, 지속성 염양염류 투입을 통한 생물학적 분해고려
- 태안지역은 관광지, 수산물 생산 등 경제적 가치가 크므로 주민참여에 의한 방제우선 지역 순위 결정 필요
- 자원봉사자의 연락체제 구축 및 향후 활용방안 등을 강구 노력할 것

다. 미생물제제의 사용에 대한 검토

방제대책본부에는 다양한 방제기술들이 제안되고 현장적용을 요구하는 민원이 많았다.

특히 미생물제제에 대한 제안이 많아 전문가자문위원회를 별도로 12월 31일 개최하여 집중토의를 했다.

관계기관, 전문가, 개발업체 관계자 등 40명이 참여한 가운데 9개 개발업체가 제품설명회를 가지고 미생물제제의 효과성, 사용 필요성과 위해성, 현장적용 가능성 등에 대해서 검토했다.

미생물제제는 신속한 방제효과 보다는 환경의 빠른 회복·복원개념에서 효과성을 인정하지만 현행 법적기준이 마련되지 않았고, 미생물제제 사용에 따른 2차 위해성에 대한 검정이 이루어지지 아니했으므로 바로 현장적용은 어렵고 일부지역에서 주민들의 동의하에 효과성 입증을 위한 현장실험을 제한적으로 할 수 있다고 의견을 모으고 해양경찰청 연구개발센터에서 형식승인제도 마련을 검토하기로 했다.

표 3.3 미생물 정화제제에 대한 전문가 자문

- 기계적, 물리적 방제작업이 제한된 지역에 저농도로 넓게 분포된 기름오염지역 또는 자갈, 잔모래 지역에서는 생물학적 처리가 유리할 수 있음
- 생물정화제제는 현행법상 공인된 제품이 아니므로 지역주민의 적극적 동의 지역에만 제한적 사용이 가능할 것임
- 미생물 제품의 현장 실험여부는 향후 해경청에서 검토할 필요성이 있음
- 해양환경관리법상 생물정화제제 형식승인제도 시행(08년 1월)에 대비하고 조속 승인 후 현장 투입 가능토록 권고

라. 유류오염방제기술 제안 검토

생물제제 이외에도 일반시민과 관련업체, 연구기관 및 대학연구소등에서도 다양한 방제기술에 대한 제안이 방제대책본부로 접수되었다.

머리카락 등 흡착재류, 기름오염 자갈 및 모래세척 방법 등 25종의 제안기술에 대해서 전문가회의 및 방제전략회의를 통해 제안된 기술의 적용가능성, 사용시 현행 법률상 저촉 가능성 등을 검토하여 현장적용이 가능한 창의적인 방제기법과 기술은 현장적용 할 수 있고 현장적용시험이 필요한 부분은 소규모 현장적용을 통해서 도입가능성을 검토하고 생물제제와 같이 법률상 적용이 불가한 기술에 대해서는 향후 연구과제로 수용여부를 검토하기로 했다.

이때 제안된 미세기포 발생장치(일명, 에어젯)를 이용한 모래 등에 침투한 기름을 부상시켜 제거하는 기술은 현장에서 큰 효과를 본 주요사례이다.

표 3.4 민간부문의 유류오염방제기술 제안들

- 흡착 및 생물정화제 : 저온, 내염성 생물정화제, 고발효성 미생물제제, 목화에서 분리한 린트(단섬유)를 가공한 유흡착 생물분해제, 유흡착 겔화제, 흑연 발포제를 이용한 흡착재 등 10 여종의 정화제 제안
- 자갈 및 모래세척기 : 반응지연성 생석회, 고압(350~2,500bar)과 특수노즐 사용, 감귤에서 추출한 리모넨 용액, 나노입자 등을 이용한 모래자갈 세척 등 7 여종 제안
- 기타 : 유수분리장치, 간이오일스키머, 전기분해세척, 오염모래 소각설비 등

마. 각종회의 및 언론 인터뷰 등 참여

해양오염방제기술지원단 전문위원들과 많은 관련 전문가들이 특별수당이나 보수 없이 방제기술자문회의, 외국전문가들 초청간담회, 환경단체·관계기관 간담회나 대책회의 등에 참여하여 전문적 분야에 대한 자문에 임했을 뿐 아니라 각종 언론매체와의 인터뷰와 국가안전보장회의 사고대응 점검 현장지원 등 각종 사정기관의 현장대응 실태점검에도 참여하여 해양오염사고의 양상과 피해최소화를 위한 현실적 방제활동과 그 한계, 방제대책본부의 활동 등을 객관적이고 과학적인 개념으로 국민과 관계기관에 전달하고 홍보하는 역할도 수행했다.

사. 방제전문가 자문회의 결과[34)]

1) 태안원유 유출사고 방제전문가 자문회의

□ 개요

- 일시 : 2007년 12월 12일(수) 17:00~19:00
- 주재 : 해양오염관리국장
- 참석 : 김상진, 오정환, 최혁진, 유재명, 이문진(해양연구원), 박용철(인하대), 고성정(연수원), 김광수(목포해양대), 류승현

□ 결과(의견)

- 유처리제 사용
  - 유처리제가 저독성이지만 저수심, 양식장 부근에 사용은 자제
    - · 다만, 사용하지 않아서 초래되는 피해정도와 사용함으로 발생되는 연안 피해방지, 피해지속 등을 비교 고려하여 사용해야함
- 타르덩어리의 유해성 및 제거
  - 타르볼은 유출된 기름이 물리적인 풍화과정을 거쳐 아스팔트 상으로 변하고 있거나, 변한 상태임
    - · 휘발성 탄화수소(독성이 강함)성분은 증발되어 타르볼 자체 독성은 거의 없는 상태로 변함
- 확산예측
  - 확산예측모델을 정확하게 하기 위하여 선진국은 실시간 해·기상

34) 허베이스피리트호 방제현장 보고서(2008년 11월, 해양경찰청)

측정 부이를 사용하고 있음

- 효율적인 방제방법
  - 자원봉사자들의 안전교육실시 및 안전장치 착용토록 지도해야함

□ 평가

- 씨프린스호 때보다 해안방제가 체계적으로 잘되고 있음
- 폐기물 수거량이 10% 이상 되는 것은 국내외 사고사례 감안 효율적인 방제가 되고 있음

2) 태안원유 유출사고 방제전문가 자문회의

□ 개요

- 일시 : 2007년 12월 28일(금) 14:10～14:45
- 주재 : 해양오염관리국장
- 참석 : 한국해양환공학회 회장 이규형 등 5명

□ 방문목적

- 충남 태안해경 유류오염 사고에 대한 방제방법 선택 및 고려사항 자문

□ 제안의견

- 방제작업 우선순위에 따라 지역선정 및 방제작업 순서를 결정해야함
  - 매뉴얼에 입각한 단계별 조치(두꺼운 기름회수 ⇒ 표착유 제거 ⇒ 세정 등)
- 인적이 드문 곳이나 접근이 어려운 곳은 두꺼운 기름 층을 제거한 후 더 이상 깨끗이 제거할 필요가 있는지를 고려해야함
- 관광지 해수욕장은 기름으로 오염된 해안에 대해서 깨끗한 상태로 되돌려 놓는 것이 제일 중요함
- 자칫 무리한 방제를 하는 경우 기름피해를 막으려고 하다가 더 큰 피해가 우려됨

  ※ 기름유출사고 방제작업시 고압세척기를 사용한 바위에 10년이 지난 지금도 프랑크톤이 붙지 않았음

그림 3.129 방제전문가 자문회의 모습

3) 방제기술 전문가 자문회의

□ 개요

- 일시 : 2007년 12월 31일, 15:00~16:30
- 장소 : 해양연구원 해양시스템안전연구소(대전 소재)
- 참석 : 17명(해양경찰청 5명, 방제기술지원단 위원 12명)

□ 주요 토론내용

- 해역의 특성 및 작업의 난이성으로 군 인력 및 장비 지원 절실
- ITOPF 매뉴얼을 최대한 참고하여 현장 적용 가능한 적합한 방제방법 선택 필요
- 갯벌에 대한 방제방법은 대다수 전문가 의견이 자연정화가 최선이나 필요시 저압세정방법을 선택적으로 적용
- 친유성, 지속성 영양염류를 투입하면 생물학적 분해속도가 증대되므로 투입여부를 검토하여 제시 바람(해양연구원 김상진 박사)
- 기름 제거가 곤란한 특수지역 및 저농도 지역도 영양염류를 살포하여 미생물에 의한 자연정화 촉진 유도
- 갯벌, 무인도 지역은 고정식 흡착재(스네어)를 활용하여 장기적 방제방법 실행
- 태안지역은 관광지, 수산물 생산 등 경제적가치가 크므로 주민 참여에 의한 방제우선지역 순위를 결정하여 민원을 최대한 억제
- 자원봉사자의 연락체제 구축 및 향후 활용방안 등을 강구하는 참여프로그램 운영 필요
- 방제가 마무리단계에 접어들면 수산물 시식회를 개최하여 국민들에게 안전성 강조를 위한 대외홍보 강화 필요

□ 건의사항 반영
- 전문가의 의견을 최대한 반영하여 해안방제요령 지침서를 작성, 방제업체 등 현장에 배부, 활용

4) 미생물제제 현장실험 검토회의

□ 개요
- 일시 : 2007년 12월 31일, 16:30～18:30
- 장소 : 해양연구원 해양시스템안전연구소(대전 소재)
- 참석 : 40명(해양경찰청 5, 방제기술지원단 위원 12, 한국해양연구원3, 바이오세인트 등 20명)

□ 회의 주요내용
- 오염현장 미생물제제 사용의 필요성 및 위해성 논의
- 업체별 미생물 제품의 설명회(9개사)
- 유류제거 효과성 입증을 위한 현장 실험 실시 여부 등

□ 회의 결과
- 기계적, 물리적 방제작업이 매우 어렵거나 저농도로 넓게 분포된 기름오염지역 또는 자갈, 잔모래 지역에는 생물학적 처리가 매우 효과적임을 주장
- 생물정화제제는 현행법상 공인된 제품이 아니므로 지역주민의 적극적 동의지역에만 제한적 사용이 가능한 실정임
- 미생물 제품의 현장 실험여부는 해경청 R&D센터에서 검토할 필요성이 있음
- 해양환경관리법상 생물정화제제 형식승인제도 시행(08.1월)에 대비하고 조속 승인 후 현장 투입 가능토록 권고

□ 향후 검토사항
- 유류오염제거 제품 중 "유흡착 후 미생물 분해 가능한 제품"에 대한 형식승인 제도 마련토록 R&D센터에서 적극 검토
- 미생물제제의 현장 사용시는 적정량을 사용(C:N:P=100:10:3)하여 분해효율성 증대 및 2차 환경 피해 예방
- 오염 현장에서의 실험 여부는 지역선정, 주민동의, 현장관리, 평가기술 및 방법의 난이성 등을 고려하여 R&D센터에서 실시여부 결정토록 조치

그림 3.130 해양오염 방제기술자문단 회의

그림 3.131 미생물제제 검토회의

2. 국제협력 및 방제전문가들의 지원활동

허베이스피리트호 기름유출사고는 1만kℓ가 넘는 국가재난사고로 범정부적 대응에 나섰으며 해양수산부에서는 외교통상부의 협조를 받아 국제기구와 선진 각국의 유류오염전문가를 초청하여 선진 방제기술에 대한 정보제공과 과학적 자문을 요청했다.

가. NOWPAP 회원국의 지원활동

NOWPAP(Northwest Pacific Action Plan : 북서태평양보전실천계획)은 북서태평양 해역의 지속가능한 해양환경자원보호를 위한 한국·중국·러시아 4개국간의 공동협력체로서 유엔환경계획(UNEP)의 권고에 따라 1994년 9월에 출범한 국제기구이다.

NOWPAP은 지역내 해양환경보호를 위한 협력을 논의해 왔는데 특히 지역내 대형기름유출사고에 대비하여 4개 회원국간 상호방제지원을 위한 NOWPAP 지역긴급계획을 2003년 12월에 채택했다.

회원국들은 지역내 해양오염사고 대비·대응을 위한 효과적인 협력을 위하여 한국(해양과학기술원 선박해양플랜트연구소)에 지역방제활동센터(MER RAC)를 설치하고, 대규모 해양오염사고시 회원국간 방제지원, 해양오염관련 정보수집 및 제공을 하도록 하고 있다.

그림 3.132 방제지역활동센터 현판식

그림 3.133 NOWPAP 전문가회의 장면

MARINE POLLUTION INCIDENT INFORMATION

(Initial Information Format)

AA. Date and Time of Incident 7 December 2007, 7:40 AM
BB. Position (Latitude, Longitude) (True Bearing, Distance From a Landmark) 36°56.00'N, 126°02.09'E About 6 miles off from the Taean coastal area, near the port of Incheon, Republic of Korea
CC. Brief Description of Incident An oil spill incident occurred in Taean coastal area, near the port of Incheon, Republic of Korea. It is estimated that the oil tanker *Heibei Spirit* (Hong kong, 146,000 G.T) lost approximately 10,500 kl (8,000 tonnes) of crude oil due to collision with the crane tug ship *Samsung T-5*.
DD. Ship's Particulars (1) (Ship's Name/Port of Registry/Owner/Agent): Hebei Spirit / Hong kong (2) (Ship's Type/G.T/Draft): oil tanker / 146,000 ton (3) (Number of Crew/Nationality): (4) (Type of Cargo/Amount/Owner): crude oil (5) (Type and Quantity of Cargo/Fuel Oil): (6) (P&I/Other Insurance):
EE. Brief Description of Pollution (1) (Type of Spilled Oil): crude oil (2) (Estimate of the Quantity): Approx. 10,500 kl (8,000 ton)
FF. Brief Details of Weather and Sea Condition (at time, date, month) (1) (Weather) : windy and cloudy (2) (Wind Direction/Velocity): Northwest / 10-14 m/s (3) (Current/Wave Height/Swell): Wave Height 3 m (4) (Atmospheric/Water Temperature): (5) (Visibility): 2 nautical mile
GG. Others All available pollution response resources are being mobilized continuously in Korea under the control of Korea Coast Guard (KCG) and Korea Marine Pollution Response Corporation (KMPRC).

그림 3.134 NOWPAP 오염사고 보고서

허베이스피리트호 사고가 발생하자 해양경찰청은 NOWPAP 지역긴급계획에 따라 MERRAC(지역방제활동센터)을 통해 NOWPAP 회원국들에게 오염사고 발생상황을 통보하고 NOWPAP지역방제 긴급계획을 12월 10일 22:00시를 기해 발동했다.

한국은 이 계획에 따라 회원국들에게 방제작업에 부족한 흡착재지원요청을 하게 되었다.

이러한 지원 최종요청 절차는 외교부의 공식채널을 통해 이루어졌다. 이 요청에 따라 중국에서 흡착재 56톤, 일본에서 흡착재 10톤이 지원되었으며 러시아에서도 흡착재 지원의사를 밝혀왔으나 수송거리등을 고려하여 받아들이지 않았다.

또한 NOWPAP 방제실무당국자회의 옵저버로 참가하던 싱가폴 방제회사인 OSRL－EARL소속 방제항공기(C－130)지원이 이루어져 해상에 유처리제 살포작업을 수행했다.

그림 3.135 중국 방제선박

그림 3.136 EARL 방제항공기

나. 각국 방제전문가들의 방제기술지원

해양수산부가 외교부를 통해 각국에 유류오염방제전문가를 지원요청을 하자 2007년 12월 13일 미국전문가 4명(USCG 3, NOAA 1)과 12월 15일 일본 7명(외무성 1, 해상보안청 3, 해상재해방지센터 1, 일본국제협력단 1, 통역 1)이 입국하여 오염현장을 확인 후 전문가토론회, 합동회의 등을 통해서 방제기술분야, 환경에 미치는 영향, 방제제도나 시스템보완 등 다양한 의견들을 제시하고 권고했다.

표 3.5 미국 및 일본 전문가들의 주요자문 내용

- 일본과 한국의 경우, 유처리제의 독성기준은 매우 높은 편으로 독성에 의한 환경피해 우려는 적음.
- 유처리제의 사용 후, 지속적인 모니터링이 필요함.
- 해안방제에 있어 자연정화, 물리적 제거 및 퇴적물 개간, 저압온수세척기사용 등 지역특성 및 오염정도에 따라 적절한 방제방법을 선택
- 가라앉은 기름을 제거하기 위한 snare 방식과 V-sorb 방식 등을 제안
- 오염사고 긴급계획은 사고경험을 통해 지속적인 보완이 필요한 계획이므로, 한국도 금번사고의 문제점을 철저히 분석하여 방제체제를 보완해야 나가야 함

이와 같이 각국에서 온 국제전문가들은 자문회의, 합동토론회 및 언론인터뷰 등을 통해 방제기술 등에 대한 전문적인 자문도 해주었지만 특히, 해양오염사고의 특성과 사고초기 당시상황에서 실질적인 방제는 사실상 불가하고 초기의 혼란은 불가피한 현상이라고 설명하면서, 한국 방제당국의 초동조치를 비롯한 방제활동 전반에 대해서 긍정적으로 평가함으로써 당시 방제대책본부의 방제전략결정 및 방제활동에 대한 비판을 완화시키는데도 많은 도움을 주었다.

또한 현장활동 결과보고서를 통해 해안방제방법과 폐기물처리, 해안오염평가방법 등에 대한 유용한 정보를 제공하여 방제전략결정에 기여했다.

그리고 12월 15일 국제기구(UNEP, UNDP, EU) 전문가 10명이 입국하였는데 이들은 해양오염방제, 환경수산, 생태계 등의 국제적 전문가들로 구성되어 오염지역 전체의 오염상태·방제작업상황등을 확인하고 한국해양연구원(현, 해양과학기술원) 전문가팀과 공동 해양환경평가 및 모니터링을 수행했다.

12월 29일 캐나다 환경부의 해안평가팀(SCAT) 6명이 입국하여 해수부·해경·태안군·환경단체 등과 함께 오염해안을 평가한 후 오염해안 구역별로 오염상태, 방제방법, 방제종료기준 및 절차, 해안오염평가기술 등에 대한 권고 및 제언이 있었다.

표 3.6 EU 및 캐나다 전문가들의 주요자문 내용

- 방제종료 시점은 지형에 따라 각기 다르며, 폭풍 등으로 인해 타르볼의 재차 표착될 수 있음
- 한국 방제장비의 경우, 대형 방제선(800~1,000톤급 이상)과 랜딩크래프트 등 육상에 직접 접안할 수 있는 장비가 필요함
- 국제적 보상에 있어 생물학적 모니터링과 방제활동사항·제출자료 등 세부내역의 증거자료 등 철저한 준비가 필요함.
- 가능하다면 자연적 회복을 기다리는 것이 가장 훌륭한 방제방법이 될 수 있음.
- 방제전략 및 방법결정과 방제종료, 환경영향평가와 연계하여 전문가 및 방제당국 등으로 구성된 해안 방제평가팀의 필요성 강조

그림 3.137 USCG 및 JCG전문가 언론브리핑

그림 3.138 국제기구조사단 인터뷰

그림 3.139 외국 전문가 현장조사

그림 3.140 캐나다, SCAT팀 설명회

표 3.7 방제전문가 자문보고서[35)]

미 해안경비대 기술지원 보고서 요약

< 배경 >

2007년 12월 07일 태안에서 발생한 대규모 해양오염사고에 수년간의 다양한 해양오염 방제경험을 보유한 USCG 및 NOAA 소속 방제전문가를 파견함으로서 효과적이며 과학적인 대응을 위한 기술적인 지원 수행

< 주요내용 >

1. 해상방제
 – 방제선을 이용한 오일붐 전장, 기름 포집 후 제거하는 일반적인 방법은 해경에 의해 잘 수행됨
2. 해안방제
 – 자원봉사자들의 적극적인 참여로 정화작업은 고무적인 결과 보이고 있음
 – 정화방법 결정위하여 체계적인 방식으로 수행되는 현장조사 필요
  ※ 수차례 걸친 중복조사 실시 권고
 – 수작업에 의한 해안방제 다음 추가 작업이 필요
  1) 자연정화
   · 정화를 위한 추가정화 작업 동반하지 않고 주기적인 모니터링 필요
   · 자연생태계 손상을 최소화 시키며 주로 휘발성이 강한 기름의 유출에 적합
  2) 물리적 제거
   · 부유기름의 확산방지를 통한 거동제한 상태에서 기계적 회수 이용
   · 조류 및 해류가 적은 장소에서 사용권고

3) 퇴적물 개간
- 기름이 부착된 퇴적물을 개간시킴으로서 친환경적 정화조건 유도
- 야생동물 서식하는 민감지역에서 사용 자제

4) 저압 온수세척기
- 식물 및 부드러운 물체 등에 부착된 기름 제거에 사용
- 갯벌에서 사용하기 적합

5) 고압 온수세척기
- 딱딱한 물체 등에 부착된 기름 제거에 사용
- 점도가 높은 기름제거에 이용

6) 저압 고온세척기
- 이미 굳어버린 기름 덩어리에 사용
- 조간대 및 갯벌지역에서는 사용억제

7) 고압 고온세척기
- 심하게 굳어버린 기름 덩어리에 사용
- 흡착재, 진공기 등 즉시 사용 가능해야함

8) 스팀 정화
- 고형물의 잔존유 제거에 사용
- 점도가 높은 기름제거에 이용

3. 방제완료 결정
- 정화작업의 종료는 1) 인체에 미치는 위험물질의 최소화, 2) 영향받은 지역의 회복율, 3) 추가 영향 받을 지역의 위험 감소 정도를 감안하여 결정

4. 그 외 방제방법

1) 고형화
- 유출유의 물리적 성질을 이용하여 고형화 시켜 수거
- 폴리머 성질의 화학물질 투여

2) 해안정화제 사용
- 기름의 경화작용이 가해져 더 이상 저압 온수세척기로 제거하기 어려울때 사용

3) 영양물질 부여
- 오염된 토양에 영양물질을 부과함으로서 토착미생물의 활성화를 유도, 기름의 분해작용을 유도시킴
- 생분해의 효율성 검증을 위하여 주기적인 모니터링 실시

4) 기름분해미생물 투여
- 유출된 기름의 친환경적 분해를 유도하기 위하여 많은 수의 미생물을 투여하여 분해 유도

5) 소각
- 수면에 떠있는 유출유를 2～3mm 정도의 두께로 모아 소각

5. 양식

– 기름이 묻은 굴은 재차 기름이 나갈 수 있어 빠른 시일 내에 수거를 해야 하며 유출된 기름이 굴 양식장에 근접할 때 오일붐이나 유흡착재를 사용, 기름의 접근을 차단 후 굴 수거

6. 항공감시

– 항공관찰 방법에 대한 자료는 이미 미 정부에 의해 만들어졌으며 추후 NOAA 및 USCG는 이와 관련된 교육 프로그램을 개설할 계획

7. 확산모델

– 지원이 필요하면 미 NOAA는 조언을 해줄 용의가 있음

8. 폐기물 관리

– 현장에서 폐기물의 적절한 처리는 필수적이며 종류별로 분리하여 장소를 설정하며 신속성을 높이기 위하여 임시저장소 설치도 권고되어짐. 또한 수거한 폐기물의 손쉬운 처리방법은 소각이나 재활용 및 매립 등 다른 처리방법도 고려

9. 가라앉은 기름 대응

– 주로 조류의 영향을 받으며 바닥에서 수cm 위에 존재하며 이동함. 수직분포를 알아내기 위해선 SNARE 방식과 V-SORB 방식을 이용

· Snare는 폴리프로필렌으로 구성되어있는 자재로 만들어져 점성있는 기름이 부착하는데 적격이며 얼마정도의 깊이에 기름이 분포하는지 파악 가능함

· V-SORB 방식은 파이프에 로프가 연결되어 Snare에서 사용하는 재료의 뭉치가 부착되어있어 소형선박의 선미에 매달고 저속으로 운항하면서 조사

– 해변가의 모래 표층은 깨끗해 보이지만 몇 cm 안되는 깊이에 다양한 두께의 기름층이 발견되면 현장에서 간헐적으로 50m 정도 떨어진 장소를 임의로 선정, 그곳에서 0.5m 정도를 파서 오염여부 파악이 권고됨

10. 야생동물 보호

– 이번 태안에서 발생한 오염사고에서 한국 해경청은 조언을 요구하지 않았으나 요구시 야생동물 전문가를 추천해줄 용의 있음

11. 유처리제의 효율성

– 한국 해경은 이번 사고에서 유처리제를 살포하였고 중요한 점은 유처리제 사용시 나타날 효율성을 함께 평가해야 함. 만일 유처리제 살포 후 기름의 분산 작용이 나타나지 않으면 사용 중지함.

– USCG, NOAA는 한국 해경이 원하면 즉시 지원 가능

12. 장기적인 프로젝트 운영

– 이번 사고는 이제 몇 일내 응급상황은 해제되며 곧 장기 프로젝트로서 운영되어 질것임

35) 허베이스피리트호 방제현장 보고서(2008년 11월, 해양경찰청)

일본 전문가팀 활동보고서 요약

I. 사고분석

- 초동조치
  - 사고발생 당일 10～14m/s 북서풍, 파고 3m의 악천후로 인하여 방제선의 도착이 늦었고,
  - 충돌로 생긴 파공에서 휘발성이 높은 원유가 계속 분출, 인화의 위험성 때문에 선박 접근이 어려워 초기 방제작업 등이 계획대로 되지 못했음
- 상황분석
  - 惡조건
    - · 악천우로 오일펜스 효과 저하, 유회수 장치 사용 어려움 발생
    - · 큰 간만차로 인해 연안 특히 암반에 표착된 면적이 광대하였고 조류가 빨라 오일펜스 아래로 기름이 흐름
  - 好조건
    - · 높은 파도와 강한 바람이 원유의 휘발과 확산을 촉진시켰으며, 북서풍이 연안 쪽으로 유출유를 밀어 해상 유출 및 해안 표착 범위가 줄었음
    - · 겨울이라 휘발성 가스 발생이 적고 빨리 확산되었다고 추측
    - · 태안반도는 해변에 기름이 침투되지 않는 경향이며, 간만의 차가 7m로 넓어 표착된 기름이 바다로 재 유출되기 어려웠음

II. 제안사항(해안방제기술서 제공)

1) 해상 부유 기름방제
  - 국제 사회에서도 유출유의 연안표착이 불가피한 사고에 대해서 연안 피해 저감을 위해 유처리제를 사용하고 있으며,
  - 유처리제 사용에 대해서는, 평소 어민이나 지자체 등에 계몽활동 전개하고, 해상조건에 좌우되지 않는 항공 살포 장치 마련 필요

2) 연안표착유 제거

- 자원봉사자와 전문업자
  - 나호드카호의 경우 연안방제에 3개월 걸렸지만, 이번 사고는 주요 해수욕장의 표착유 제거가 1주일 정도에 종료되어 태안의 기적이라 봄
  - 그러나 방제가 어려운 장소가 상당히 남아있어 전문업자의 투입 필요
  - 해안방제의 자원봉사 활동은 전문가에 의한 현장지도가 필요하며 이런 시스템이 갖춰지기 전까지 일반인의 해안 출입을 제한
- 전문성에 바탕을 둔 해안 방제방법 결정
  - 피해의 최소화를 위하여 지역특성에 따라 신속한 연안 방제와 환경보호의 두 측면을 고려해야 하며,
  - 해수욕장 부근 암반 등 특히 신속한 방제가 필요한 지역은 효율적 방제를 위해 유처리제를 박피제로 부분 사용하는 것도 방법임

- 폐기물 처리
  - 폐유나 폐기물은 처리시설 허용량과 처리비용 타당성 문제가 발생할 소지 있음
  - 나호드카호의 경우에도, 피해총액의 대부분은 어업자 등의 보상이 아니라 폐기물 처리비용이었으며, 창구를 일원화하여 폐기물의 소량화 대책과 계획 처리를 진행해야 함
  - 절벽 아래 방치된 회수유의 수송은 어려우나, 일본에서는 강력흡인차를 이용하여 처리한 사례가 있음

3) 향후 체제정비

- 긴급시 계획의 재검토
  - 분야별 전문가나 방제정보에 관한 정보의 일원화 및 각 기관의 구체적 역할분담 명확화 등 종합적 점검 필요
  - 정부와 지방 방제기관이 효율적으로 방제작업을 실시하기 위해서는 종합조정 협의가 필요하므로 비상재해대책본부 등의 설치 검토 필요
  - 평소 종합적·실천적 훈련을 정기적으로 실시, 훈련을 통하여 기자재 및 요원의 동원 계획을 검증해야 함
- 고점도유 대응 기자재 배치
  - 고점도유는 시간이 지남에 따라 유처리제의 효과가 없어지므로 초기단계에서 처리제의 사용이 필요하며,
  - 고점도유 대응책으로 일본에서 개발된 장비는 다음과 같음
    - · 고점도유 전용 포획재, 고점도유 대응 유처리제, 유회수네트(선박 사용타입), 고점도유 대응 유회수장치 등

제 4장
방제현장의 제기된 문제점과 그 실태

1절 파공부위 봉쇄 및 유출차단 지연

사고선박 파공부위로부터 이틀 이상 기름유출이 지속되면서 "7일 정오, 추가유출 없다 발표, 실제상황, 9일 아침까지 유출돼"('07년 12월 10일, 조선일보) 보도 등 "왜, 저걸 못 막느냐"고 언론·여론의 많은 질타를 받았다.

1. 탱크파공 및 적재원유 유출상황

예인선(삼성T－5호)에 의해 예인되어가던 해상크레인선(삼성1호, 11,828톤)의 예인줄이 절단되어 높은 파도와 강풍에 떠밀리면서 정박 중인 허베이스피리트호를 좌현 선수에서부터 선체를 9차례 충격을 가하여 3개의 유류적재탱크에 파공을 내어 적재된 원유가 유출되었다.

1번 탱크 30cm×3cm, 3번 탱크 160cm×10cm, 5번 탱크 160cm×200cm 크기의 파공이 생겼으며 파공규모가 큰 5, 3번 탱크에서는 흰 유증기를 내뿜으면서 폭포수처럼 쏟아져 사고당일 오전에 대부분의 원유가 유출되었고 오후에는 선박이 좌우로 흔들릴 때마다 조금씩 간헐적으로 유출되다가 중단되었다.

파공규모가 적고 탱크상부에 파공이 발생한 1번 탱크에서는 고압호스 물줄기처럼 뿜어져 나왔으며 사고 다음날인 12월 8일 23:40까지 기름이 분출되다가 중단되었다.

그림 4.1 3번탱크 유출상태(12월 7일)

그림 4.2 1번탱크 유출상태(12월 8일)

1번탱크의 유출상황이 40시간 이상 지속되고 현장 유출상황이 텔레비젼으로 계속 보여 지면서 "왜, 저걸 못 막느냐! 쐐기로 막든지, 빈배(바지선) 등으로 유출기름을 받아내면 되지 않느냐!" 등등 비난이 거세졌다.

2. 탱크파공 봉쇄 노력

사고초기(12월 7일~8일) 사고선박 파공부위 봉쇄작업을 위해 인천에 있는 구난전문업체를 동원하여 사고선박에 여러 차례 접근을 시도하였으나 1번탱크의 파공위치가 선수상단 만곡부에 위치하고 원유가 계속 유출되고 있는 상태에서 높은 파도(3~4m)와 강풍으로 작업선의 접근이 어려웠고 상부갑판에서 줄사다리 등으로 접근 또한 만곡부 아래에 위치(수직선 안쪽 3~4m)하여 쐐기작업등이 사실상 어려운 상황이었다.

해상기상이 어느 정도 호전된 12월 9일 07:30분경 예인선을 동원하여 나무쐐기로 응급봉쇄조치 할 수 있었다.

그러나 그때는 이미 유출이 중단된 이후였다.

사고선박의 파공부위로부터 추가유출을 방지하고 선박을 안전한 장소로 이동하기 위하여 예인선과 크레인이 장착된 작업부선을 동원하여 철판으로 봉쇄작업을 12월 17일에야 완료할 수 있었다.

그림 4.3 파공부위(No.3 Port TK)

그림 4.4 파공부위철판봉쇄 (No.3 Port TK)

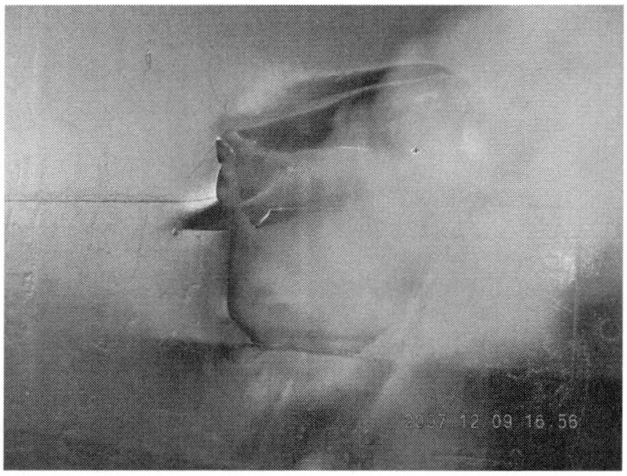

그림 4.5 파공부위(No.5 Port TK)

그림 4.6 파공부위철판봉쇄 (No.5 Port TK)

3. 파공탱크에서 타 탱크로 이송조치

사고선에서는 사고가 발생하자 원유탱크 폭발방지를 위해 탱크에 이너트 가스[36]를 계속 공급하는 조치를 취했다.

해경에서는 통신망으로 사고선박 선장에게 추가 유출방지를 위한 선박내 타탱크로 이송조치 등 최선의 조치지시를 하였으며(12월 7일 07:55경) 현장 탐색을 하던 헬기에 탑승하고 있던 방제전문요원 1명이 유출방지 응급조치를 하기 위해 강풍이 불고 선박위 갑판 전체가 비산하는 원유로 뒤덮힌 상황에서 위험을 무릅쓰고 헬기에서 레펠을 타고 사고선에 하강하여 간신히 선내로 진입하였다(12월 7일 09:30경).

선내로 진입한 방제요원은 선장으로부터 탱크별 원유 적재현황과 타 탱크 이송계획을 확인하고 응급조치를 요구하였으나, 당시 대부분의 화물유 탱크는 95~97%까지 원유가 만재된 상태였고 평형수 탱크는 유류를 이송할 수 없는 분리평형수 탱크구조로 되어 있었다.

파공탱크에서 타 탱크로 최대한 이송조치를 취하였지만 크게 효과를 보지는 못했다.

그림 4.7 사고선 갑판에 비산된 기름

그림 4.8 해경요원 헬기레펠 훈련 모습

36) 이너트가스(inert gas) 유조선의 화물탱크 내에 불활성가스를 공급하므로써 화물창내의 공간을 불활성범위(산소농도 11.5% 이하)로 만들어 폭발을 방지한다.

2절

방제방법에 대한 부적정성 논란

1. 해상유출유 확산방지·회수작업 미흡

당시 언론에서는 "악천후 대비도, 예방책도 무, 방제지침서에도 구멍났다."('07년 12월 11일, 조선일보), "허망한 매뉴얼 정부, 기름유출 초기대응 못해 피해규모 커져"('07년 12월 11일, 동아일보), "어설픈 당국대응 2차오염 부른다."('07년 12월 11일, 국민일보), "유처리제 2차오염 불가피, 흡착포 등으로 제거 바람직"('07년 12월 12일, 경향신문) 등 유출유 확산방지를 위한 초동조치도 미흡했고 해경에서 평상시 훈련하고 연습했던 해상방제기법인 유출유 확산방지·포집·회수하는 방제방법의 기본이나 매뉴얼도 제대로 지켜지지 않았다고 지적했다.

가. 해상방제의 일반적인 절차와 방법

해상에서 유류유출사고가 발생하였을 때의 기본적인 방제절차는 우선 사고선박으로부터 계속 유출되는 기름을 차단하는 등 응급조치를 취하고, 사고선 주변에 오일펜스를 설치하여 유출되는 기름의 확산을 차단한다.

이미 해상에 유출된 기름에 대하여는 오일펜스를 설치하여 더 넓은 해역으로 확산을 방지하고 기름을 포집하여 방제정이나 유회수기를 동원하여 기름을 기계적으로 회수하거나 흡착재로 흡착제거 한다.

그리고 높은 파고·강한 조류 등으로 기계적 회수가 어렵고 넓은 해역으로 광범위하게 확산되었을 경우에는 유처리제를 이용하여 분산처리를 하게 된다. 평상시 방제훈련도 통상적으로 이러한 절차에 따라 이루어지고 있다.

i) 사고선박 주변에 오일펜스를 전장하여 유출되는 기름을 확산 차단하고

ii) 조류와 풍향에 맞추어 오일펜스를 2~3중으로 설치하여 유출된 기름을 포집한다.

iii) 오일펜스 내 포집된 기름을 방제정이나 회수기를 이용하여 회수작업하고

iv) 외해로 확산된 기름에 대한 유처리제 살포작업으로 훈련을 끝낸다.

그러나 실제 사고현장에서 해상방제는 이론적인 절차에 따라 이루어지는 경우는 거의 없다.

특히, 재난적 대형오염사고는 대부분 해상상태가 나쁜 경우에 발생하고 사고초기에는 현장접근이 어려울 뿐만 아니라 현장에 출동했다 해도 초동조치가 불가능한 상태가 대부분이다.

그림 4.9 방제훈련 모습

나. 사고당일 높은 파고와 강풍으로 방제조치 불가

사고당시 기상은 풍랑주의보가 내려진 상태로 높은 파고(3~4m)와 강풍(북서풍 14~16m/s)으로 전 선박이 피항중인 상태였다.

상황접수(12월 7일 07:30경)후 해경의 경비함정, 방제정과 방제조합(현, 해양환경관리공단) 방제선 등 20여척을 출동조치 시켰으나 09:05경에 250톤급 경비함정이 도착하고 11:00경에 방제정(450톤)이 현장에 겨우 도착할 수 있었다.

현장에 도착한 방제정과 유조선 자체보유 오일펜스를 설치하였으나 강한 조류와 바람에 의해 파손되어 버리고 선체에서 기름 유출 및 확산상황만 확인할 뿐 현장조치가 어려운 상황이었다.

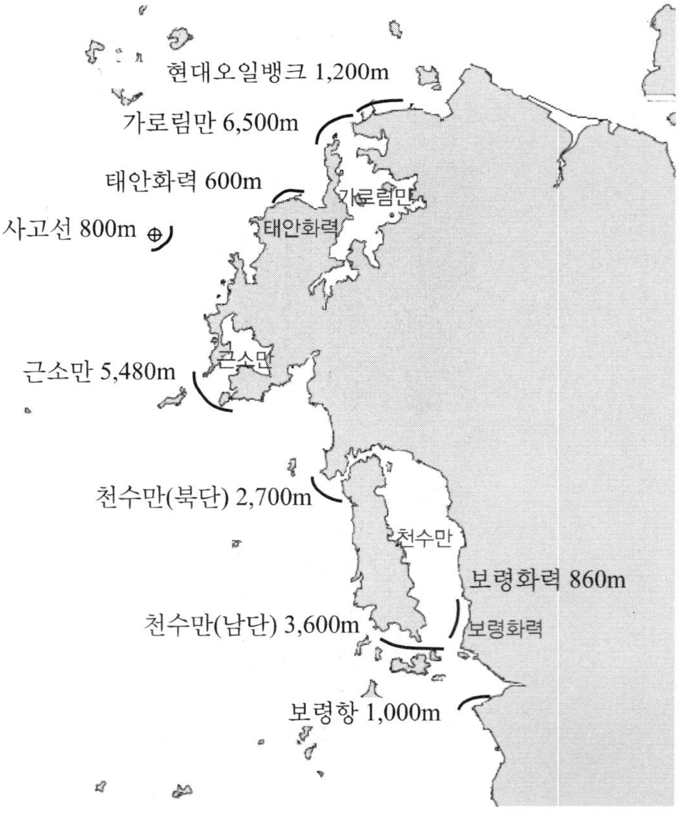

그림 4.10 오일펜스 설치지역

기상상태가 어느 정도 호전된 사고 다음날(12월 8일)에야 방제작업에 임할 수 있었는데 아침 08:00경 헬기를 이용하여 확인결과 해상에 유출된 기름은 이미 남동방향으로 약 18km까지 확산되고, 해안가 약 17km에 검은 기름으로 뒤덮여 있었다.

다. 민감해역 보호, 확산차단 중심의 해상방제

이러한 상황에서 오일펜스로 유출되는 기름의 확산을 차단하고 방제정이나 유회수기로 회수하는 통상적인 방제방법 적용은 사실상 불가능한 상황이었다.

해상상태가 나빠 파공부위 봉쇄가 제때 이루어지지 못해 해상유출이 이틀 이상 지속되었고, 방제정이 늦게 사고현장에 도착하여 오일펜스를 어렵게 설치하였지만 설치 즉시 파손되어 사고선박에서 유출되는 기름확산 차단은 실패했다.

본격적인 방제작업이 시작된 이후에도 유출된 대량의 기름은 강풍과 조류를 따라 이미 광범위하게 확산되어 있어서 오일펜스로 포집하고 방제정이나 유회수기로 회수작업 자체는 효과가 미미하여 무의미한 방제방법이었다.

해상에서의 유회수 작업은 유처리제 살포가 불가한 연안 가까운 해역에서 주로 이루어졌으며 타르가 형성된 이후 방제정·경비정·어선 등을 동원하여 이루어 졌다.

이와 같은 초동조치에 대하여 언론에서는 평상시 훈련하고 연습한 방제기본절차가 하나도 지켜지지 않았다고 꼬집기도 하였다(조선일보 2007년 12월 11일 등).

그래서 취약해역보호와 확산차단에 주력하기로 하고 가로림만, 근소만, 천수만, 화력발전소 취수구 쪽 기름유입을 막기 위해 2~3중으로 오일펜스를 설치하였으며, 광범위하게 확산되고 있는 기름을 분산처리하기 위해 유처리제를 집중살포하게 되었다.

그림 4.11 유처리제 항공살포

그림 4.12 천수만 북단 오일펜스

그림 4.13 소화포로 분산촉진

유처리제 살포작업에는 해경·해군·방제조합의 선박과 해경·산림청 헬기 및 민간회사 항공기, 싱가폴 EARL 소속 항공기까지 지원받는 등 집중적인 분산작업이 이루어졌다.

라. 유처리제 사용 등 방제방법에 대한 갈등

이 과정에서 지역주민, 환경단체 및 언론 등에서 유처리제 살포에 의한 방제방법에 대한 문제를 제기하게 되었다.

환경단체나 언론에서는 유처리제의 독성문제와 2차오염을 유발한다며 유처리제 사용을 억제하여야 한다고 주장했다.

이에 방제당국은 유처리제 사용의 불가피성과 해양연구원(현, 해양과학기술원) 전문가들의 의견을 통하여 유처리제의 효과성, 사고현장 조건에서의 사용시 무해성 등을 설명하였지만 논란이 계속되었다.

환경운동연합은 12월 8일 기자회견을 열어 유리수조에서 실시한 유처리제의 생물독성 실험결과를 발표하면서 유처리제로 인한 독성을 주장하였고 또한 지역주민들은 유처리제를 많이 살포하여 해상의 검은 기름들이 타르로 변하여 해저에 새까맣게 가라앉았다고 주장하기도 했다.

이렇게 논란이 계속되는 과정에서 일부 주민들이 해경과 태안군청을 찾아 유처리제 사용을 중지할 것을 강력히 요구하며 집단항의집회를 하는 등 방제방법에 대한 갈등이 지속되었다.

2. 외국의 경우 해상방제는 어떻게 이루어지고 있는가?[37)]

해상방제작업의 어려움은 외국의 경우에도 크게 다르지 않다.

2010년 4월 20일 미국 멕시코만 약 83km해역에서 시추작업 중이던 딥워터 호라이즌(Deepwater Horizon)호가 폭발하면서 약 5개월간 원유 약 77.8만 톤(허베이스피리트호 사고 약 62배)을 유출시킨 사고가 발생했다.

해양경찰청의 "미국 멕시코만 유류오염 대응사례 연구용역(2013년 12월)" 보고에 의하면 이 사고 당시 해상방제작업은 다양한 방제정 등에 의한 유회수작업과 동시에 유처리제 살포에 의한 분산처리, 해상소각 등이 해역별 구간을 나누어 이루어졌다.

그림 4.14 딥워터 호라이즌 사고모습

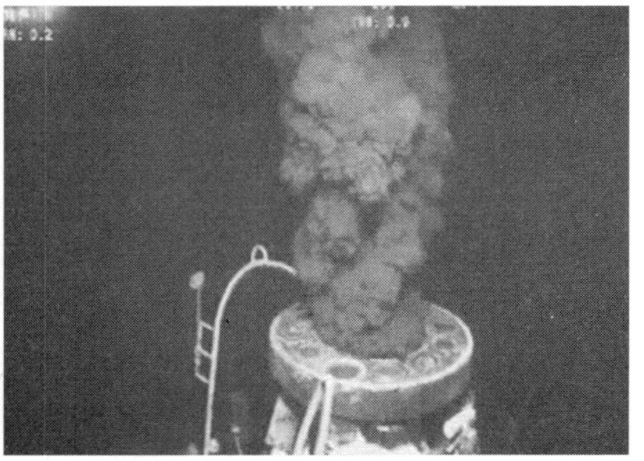

그림 4.15 딥워터 호라이즌 해저유출상태

37) 미국 멕시코만 유류오염 대응사례연구(2013년 12월, 해양경찰청)발췌

가. 유처리제에 의한 분산처리

사고초기에는 사고유정에서 분출되는 원유유출차단에 주력하면서 유출되는 기름에 유처리제를 살포하여 분산처리 했다.

해저분출지점 유처리제 살포 효과분석을 통하여 유처리제 해저살포도 병행했다.

유처리제는 4월 23일(해저는 5월 15일)부터 7월 15일까지 해상기름 분산처리에 약 4천톤, 해저살포에 약 3천톤의 유처리제를 사용하여 전체 유출량의 약 29%를 제거한 것으로 보고되고 있다.

그림 4.16 유처리제 항공 살포I

그림 4.17 유처리제 항공 살포II

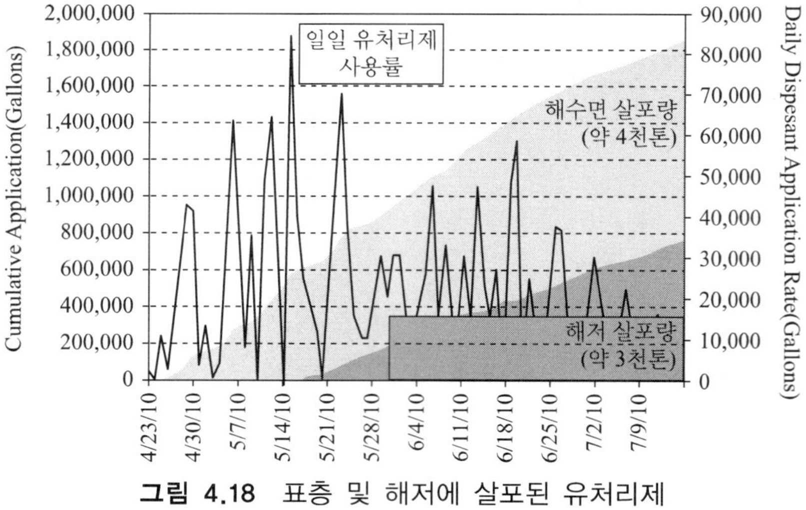

그림 4.18 표층 및 해저에 살포된 유처리제

나. 유회수기 등에 의한 회수작업

방제정등 유회수기를 동원한 해상유출유 회수작업은 사고발생 15일이나 지난 5월 6일부터 시작되었으며 외해역·근해역·연안역으로 나누어 다양한 방제정과 회수장비가 동원되었다.

방제정 6,100척, 임시방제정 3,190척, 유회수기 835대 등이 동원되었으나 유회수기에 의한 기름수거량은 전체유출량의 약 3%에 불과했다.

그림 4.19 원유시추 보조선인 Ella G호

그림 4.20 Ella G호 작업형태

그림 4.21 연안에서의 스키머작업

그림 4.22 민간선박을 활용한 VOO[38]

38) VOO : Vessel Of Opportunity

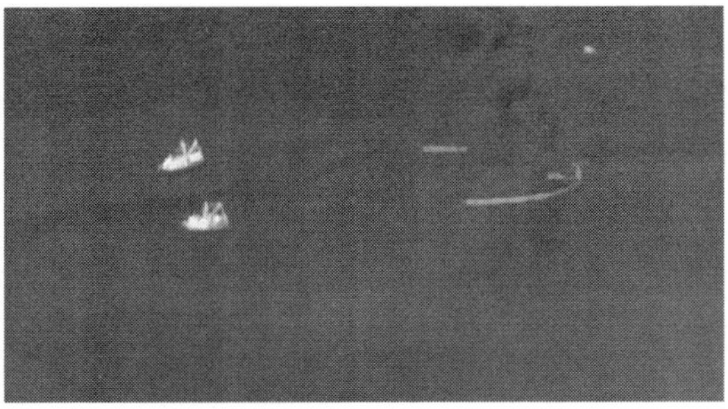

그림 4.23 현장소각 모습I

그림 4.24 현장소각 모습II

다. 현장 해상소각

또한 이 사고 방제작업에는 현장 소각방법이 사용되었는데 유출 24시간 이내의 두꺼운 유층의 기름에 대해 소형선박(어선) 두 척이 내화용 오일펜스를 양쪽에서 끌면서 기름을 포집하여 소각하는 방법으로 이루어졌으며 유출량의 약 5%인 3.9만 톤 정도가 소각처리 되었다고 보고되고 있다.

소각처리나 유처리제에 의한 분산처리는 유출초기의 기름에 적용이 가능한데 원해의 사고시추선으로부터 장시간(85일간) 지속적으로 기름이 유출되고 있었기 때문에 장시간 소각처리와 유처리제에 의한 분산처리가 가능했던 것으로 보여 진다.

라. 해상방제작업의 한계

대형유류오염사고시 해상방제작업은 사고현장 당시의 해상상태, 해역의 특성, 사고형태, 유종 및 유출량 등에 따라 대응전략이나 방제방법이 달라진다.

그러나 대형 오염사고발생시 해상방제에 대한 다양한 대응전략이나 방제방법을 강구하고 있으나 실제 현장에서의 그 효과는 미미한 것으로 분석되고 있다.

외국의 경우 방제지휘체계와 시스템이나 방제장비가 잘 갖추어져 있다는 미국에서도 1989년 3월 24일 알라스카 해역의 액손발데즈호 사고(원유 약

4만 톤 유출)와 멕시코만 딥워터호라이존호 사고시 초기 지휘체계 혼란, 초동대응 미흡 등으로 언론과 정치권으로부터 많은 비난과 지적을 받았으며 해상방제작업으로 유회수기에 의한 수거량은 전체 유출량 3~5%에 불과한 것으로 나타났다.

그 외 외국의 다른 주요 오염사고에서도 방제정 등 유회수기에 의한 해상기름회수량은 유출량의 4~5%로 분석되고 있다.

이와 같이 해상방제작업에는 한계가 있으며 대부분 해안에 표착되어 많은 피해를 가져오고, 해안방제작업이 더 오랜 기간 이루어지고 있다.

대형사고 유출유 수지분석 결과 비교에서 허베이스피리트호 사고시에 유회수기등에 의한 기계적 회수율은 전체 4% 수준으로 외국의 수준과 비슷하나 유처리제에 의한 분산율이 8%로 외국보다 낮다는 것을 알 수 있다.

이는 씨프린스호 오염사고 이후 유처리제 사용에 대한 지역주민들의 부정적인 인식으로 유처리제 사용을 최대한 억제한 요인도 있다고 본다.

표 4.1 대형사고 유출유 수지분석 결과 비교[39] (단위 : %)

사고명	기계적회수	소각	증발/용해	분산	나머지
딥워터 호라이즌	3	5	24	29	22
엑손 발데즈	5		20	20	51
허베이스피리트	4		40	8	49

39) 미국 멕시코만 유류오염 대응 사례연구(2013년, 해양경찰청)

3 절

유처리제에 대한 오해와 진실

1. 유처리제는 2차오염을 유발하고 유류를 침강시킨다.

해상에 대량의 유류가 유출되어 넓은 해역으로 광범위하게 확산될 때 특히 해상상태가 나쁜 상황에서 기름을 포집하여 기계적으로 회수한다는 것은 사실상 어려우므로 대부분의 대형 유류오염사고 발생시 유처리제를 살포하여 유출유를 분산 처리하는 방법이 많이 사용된다.

그러나 유처리제가 화학약제라는 점에서 그 독성에 의한 2차오염문제가 끊임없이 제기되어 왔다.

1967년 3월 영국해안의 Torrey Canyon호40) 사고시 약 3,000톤의 유처리제를 사용하였는데 유류를 분해시키지 않고 침강시켜 도리어 해양오염을 가중시키는 결과를 초래했다.

이때 사용된 유처리제는 유분산제가 아닌 침강제였으며 이 사고 이후 유처리제 2차오염문제가 크게 부각되게 되었다.

우리나라에서도 대형오염 사고시 마다 유처리제 사용의 문제점은 제기되어 왔으며 특히 1995년 7월 여수의 씨프린스호 오염사고시 유처리제가 대량(약 717톤) 살포되면서 유처리제 과다 살포문제가 크게 제기되었다.

일반적으로 유처리제의 효능을 극대화하기 위해서는 유처리제를 분무시킬 수 있는 살포기를 이용하여 제한된 구역에서 규정된 방법으로 살포하여야

40) Torrey Canyon호 사고 : 1967년 3월 18일 Torrey Canyon호(118,285톤, 원유선)가 영국의 Scilly섬 앞 해상에서 암초에 좌초되어 약 12만 톤의 원유를 유출시켜 영국 남서 해안 및 프랑스 북서 해안 일대 약 300km를 오염시킨 사고이다.

하나 당시에는 유처리제 살포기가 충분하지 않아 소방호스나 바가지 등으로 뿌리기도 했다.

이러한 점은 나중에 유처리제의 과다사용 논란으로 비화되기도 하였는데 당시 관련 전문가의 자문이 없이 유처리제 살포를 수행하였던 것은 아쉬운 점이라 할 수 있다.[41)]

씨프린스호 사고가 발생한 1995년 여름에 역대 최대의 피해(약 764억 원)를 본 적조가 발생하였는데 명확한 발생원인 규명이 되지 않았지만 공교롭게도 씨프린스호 오염사고 발생지역인 여수 부근 해역에서 적조 발생이 시작되었다는 보고가 있자 유처리제의 과도한 살포가 적조발생의 원인이 되었다고 주장하는 등 씨프린스호 오염사고 처리 문제점에 대한 국회의 특별감사를 받으면서 유처리제 사용 문제점이 정치적, 사회적인 큰 이슈가 되기도 했다.

이런 과정에서 유처리제는 2차오염을 유발하고 해수표면의 유류를 해저로 침강시켜 오랫동안 해양생태계에 더 나쁜 영향을 끼친다는 인식을 가지게 되었고 유류오염 사고시 마다 지역주민들이나 환경단체, 언론 등에서 유처리제 사용을 무조건 반대하고 잘못된 방제방법으로 주장하고 있다.

41) 씨프린스호 유류오염사고 사후관리방안 연구(2002년 7월, 해양수산부)

2. 유처리제 사용은 불가피한 차선책이다.

대형 해양오염사고는 대부분 해양기상 상태가 나쁜 상황에서 발생하고 있어 사고 발생 초기 육지와는 달리 방제세력이 신속하게 현장까지 출동하는 데는 높은 파고, 강풍(15~20노트) 등 많은 제약이 따른다.

유출유는 이미 광범위하게 확산되어 있고 높은 파고와 강풍으로 오일펜스 전장에 의한 확산방지, 유회수기 등에 의한 기계적회수와 같은 정상적인 방제방법 적용은 사실상 불가능하다.

이런 현장 상황에서 조치할 수 있는 방제방법이 유처리제에 의한 분산처리 방법이다.

유처리제는 해수와 기름 유막간의 표면장력을 감소시켜 기름을 1~수μm 크기의 미세한 방울로 만들어 미생물 작용이나 자연적인 분해과정을 용이하게 하여 보다 빨리 기름성분을 바다에서 제거하는 역할을 한다.

현재 사용하고 있는 유처리제는 생물독성시험을 거쳐 정부의 형식승인을 받은 제품으로 생물독성이 적은 계면활성제와 용제로 구성되어 있는 생물에 저독성인 제품들이다.

다만 유처리제를 사용하여 해면에 유출된 기름을 표층 10m 수중까지 미립자로 분산·확산시킴으로써 수중생물에 까지 기름의 영향을 끼칠 수 있다는 점에서 유처리제가 끼칠 수 있는 잠재적 피해를 최소화하기 위하여 일반적으로 수심이 깊은 개방된 해역이나 기름의 연안유입 또는 어장·양식장 접근방지를 위하여 긴급히 사용할 필요가 있는 경우 또는 유처리제 사용으로 해양환경에 미치는 영향이 적다고 판단되는 경우에만 유처리제가 사용되어야 한다.

반면에 어장·양식장 및 수심이 낮은 해역, 폐쇄해역, 수산자원보호구역 등에서는 유처리제의 사용을 제한하여야 한다.[42)]

42) 씨프린스호 유류오염사고 사후관리방안 연구(2002년 7월, 해양수산부)

3. 허베이스피리트호 사고당시 제기된 유처리제 문제점

가. 유처리제 문제점에 대한 방제대책본부 브리핑

유처리제 문제점에 대해 해양경찰청 방제대책본부에서 기자브리핑을 통해 "생물독성시험을 거쳐 승인받은 제품으로 저독성으로 사용지역도 전문가 자문을 받아 해안에서 2km 넘게 떨어진 수심 10m 이상 바다에만 사용하고 있다.

그림 4.25 기자브리핑 모습

그림 4.26 유처리제 및 겔화제 비교실험

유처리제 사용으로 인한 2차오염문제에 대한 어민들의 우려는 대부분 사실과 다르다.

특히 유류가 광범위하게 확산되거나 유막이 오랫동안 바다에 머물 경우의 피해를 감안하면 유처리제 사용은 불가피한 조치이며 엄격한 사용기준에 따라 사용량과 사용해역을 최소화하고 있다"고 설명했다.

당시 제기된 각 문제점에 대해 전문가 의견을 빌려 다음과 같이 발표했다.

1) 유처리제 살포로 오일볼을 생성하여 물밑에 가라앉아 있다가 수온이 상승하면 해안을 다시 오염시킨다는 주장에 대해

i) 유처리제는 기름을 미립자 상태로 만드는 역할을 하며(재응집도 방지) 직경이 큰 오일볼을 형성하지 않는다.

오일볼은 유처리제에 의해 생성되는 것이 아니라 유출된 기름의 풍화작용 등에 의한 것이다.

ii) 일부 언론보도에서 "물속에서 여기저기 엉겨있는 기름덩어리"와 관련한 진상은 해안으로 유입된 기름이 썰물(간조)시 조간대의 바위·모래 등에 부착되었다가 밀물(만조)시 탈락되어 다시 수면상으로 재부상 되는 것으로 유처리제에 의한 오일볼 현상으로 볼 수 없다.

2) 유처리제는 기름덩어리를 해저에 침강시킨다는 주장에 대해

i) 언론에서 실험을 통하여 "뿌리면 엉겨 붙어 젤리로 변해 가라 앉는다"고 보도했는데 언론에서 보여준 실험은 유처리제가 아닌 유겔화제[43]에 대한 실험이며

ii) 실제 유처리제와 유겔화제를 비교실험을 통해 유처리제는 유출유를 분산시키는 것으로 젤리형태로 변화시키지 않고, 유출유를 젤리화 시키는 것은 유겔화제이다. 따라서 유처리제는 기름을 침강시키지 않는다.

3) 유처리제 자체가 독성이 있어 2차오염이 있다는 주장에 대해

i) 유처리제는 엄격한 생물독성시험을 거친 형식승인 제품으로, 저독성이며 기름을 미립자 상태로 해수와 혼합, 확산이 용이하게 하여 자연정화를 촉진시키는 것으로 덩어리 기름 자체보다는 피해가 적다.
다만, 해수표면의 기름이 일정수심까지 분산된다는 점에서 사용시기, 장소(위치), 살포방법이 고려되어야 한다.
태안지역 적용은 수심 20m 이상, 해안과의 거리가 최소 8km 이상 지역에 사용되었다고 밝혔다.

43) 유겔화제 : 액체상태의 유류를 응겨 붙게하여 젤리상태로 만드는 약제로써 해상에 유출된 유류의 확산방지와 파손탱크내 유류의 계속 유출방지 등에 사용

나. 해저침강유 조사[44)]

1) 조사배경 및 목적

허베이스피리트호 사고 초기부터 가라앉은 기름에 대해 다양한 의견이 제시되었으며 언론을 통해 확대 재생산되었다.

사고초기의 오일볼에서부터, 사고지역 어민들에 의해 침강유의 발견보고에 이르기까지 단순 예측부터 실증적인 자료를 바탕으로 한 실제적인 우려까지 다양한 의견이 관계기관에 접수되었다.

이에 해저 침강유 존재 사실여부를 확인하기 위하여 민관합동으로 조사하게 되었다.

2) 조사내역

본 조사에서 사고해역에 침강유의 존재유무 및 분포특성에 대해 폭 넓게 조사를 진행했다.

표 4.2 사고해역 조하대 침강유 조사내역

구분	조사시기	조사지역	조사내용	비고
초기조사	2007년 12월 18일 ~23일	사고해역 광역조하대지역	– 스미스–매킨타이어 그랩을 이용한 저층 퇴적물 유징확인	– 조하대 퇴적물 시료 화학분석 실시
1차 집중조사	2008년 1월 18일 ~24일	태안반도 주요 10개 정점	– 전문다이버 조하대 육안확인 및 비디오 촬영	– DVD 자료생산
2차 집중조사	2008년 2월 15일	모항, 구름포, 신노루, 신두리	– 전문다이버 육안확인 – 선박양수기 이용 저층퇴적물 양수조사 – 주상퇴적물 시료채취	– 모항, 구름포해상 소형 타르 및 유막 발견

44) 유류오염 환경영향평가 및 환경복원연구(2009년, 국토해양부) 발췌

3차 집중조차	2008년 3월 18일	충남도서 중심 삽시도, 장고도, 고대도 인근	– 전문다이버 조하대 육안확인 및 비디오 촬영	– DVD 자료생산
4차 집중조사	2008년 3월 22일, 2008년 4월 15일	토도, 나치도 해상	– 전문다이버 조하대 육안확인 및 비디오 촬영 – 반빈 그랩 이용 저층 퇴적물 유징확인	– 형망조사결과 유징확인 지역 집중조사 – DVD 자료생산
계절조사	2008년 1월, 4월, 7월, 10월	사고해역 조하대 정점	– 스미스–매킨타이어 그랩을 이용한 저층 퇴적물 유징확인	– 1월 조사시 일부 정점 유막확인 – 조하대 퇴적물 시료 화학분석 실시
5차 집중조사	2009년 6월 17일 ~22일	37개의 조사 구간(구간길이 : 4.5~10.2km)	– 기름흡착예인기구법(V–SORs)과 현장어구법(형망)을 이용하여 구간별 격자방식으로 해저타르 및 채취된 생물시료 내 유류오염을 조사함	– V–SORs에서 구간에 따른 유징확인 – 형망 채취 생물 시료 화학분석 실시

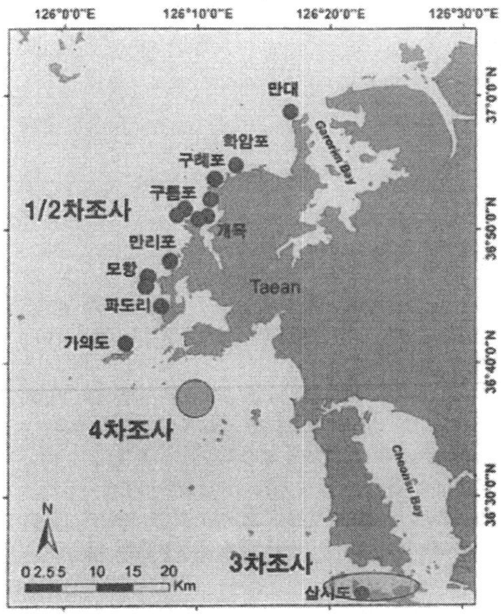

그림 4.27 전문 다이버를 이용한 조하대 가라앉은 기름 육안조사 및 비디오 촬영정점

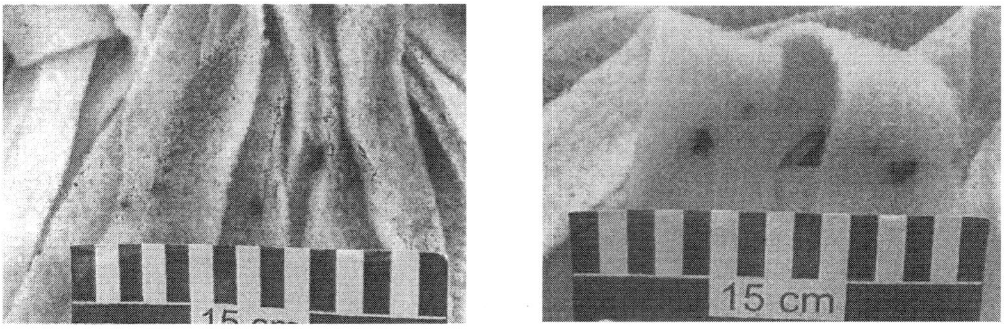

그림 4.28 기름흡착예인기구(V-SORS)의 커튼 모양 흡착포에 흡착된 기름

3) 해저침강유 조사결과

조사기간 동안 총 37개의 조사구간에서 기름흡착 예인기구법과 형망어선을 이용하여 해저침강유를 조사하였는데 조사지역 내에서 기름흡착 예인기구법 조사방식에 의해서만 스팟(SPOT) 형태의 타르가 검출되었으며 형망조사에 의해서는 해저타르가 관찰되지 않았다.

검출된 스팟 형태의 타르는 대부분 1cm 미만의 소형이었다.

이상과 같은 조사결과가 나오자 "해수표면에 부유하던 유류가 유처리제에 의해 타르로 변하여 해저에 새까맣게 가라 앉아 있다"고 주장하던 지역주민들이나 시민단체 등의 여론을 가라앉힐 수 있었다.

4. 유처리제에 대한 이해

가. 유처리제 작용원리

유처리제는 해상에 유출된 유류를 화학적 및 생화학적 방법으로 처리하는 약제로써 해수와 유막간의 표면장력을 감소시켜 유류를 미립자화하여 수중에 분산시킴으로써 미생물분해, 일조에 의한 증발, 산화 등에 의한 자정작용을 촉진시켜 유류를 분해한다.

나. 유처리제의 효과

유처리제는 유류를 유화분산시키는 이외에 일반 분산된 유류입자들이 재결합되는 것을 막아준다.

유출된 유류의 점성이 큰 경우 분산효과가 떨어진다.

점도가 2,000cst를 초과하면 효과가 감소하고 5,000~10,000cSt 범위에서는 효과가 없다.

경질유에는 어떤 형태의 유처리제를 사용해도 무방하다.

점도가 2,000cSt이상의 중질원유나 벙커C유 및 중화된 유류 등에는 고농도의 농축형 유처리제를 사용해도 효과가 감소되며 타르 등은 유처리제로 분산되지 않는다.

따라서 유출된 유류의 종류, 풍화정도에 따라 사용되는 유처리제가 달라야 하며 가급적 유출된 후 경시변화 전에 유처리제를 사용하는 것이 바람직하다.

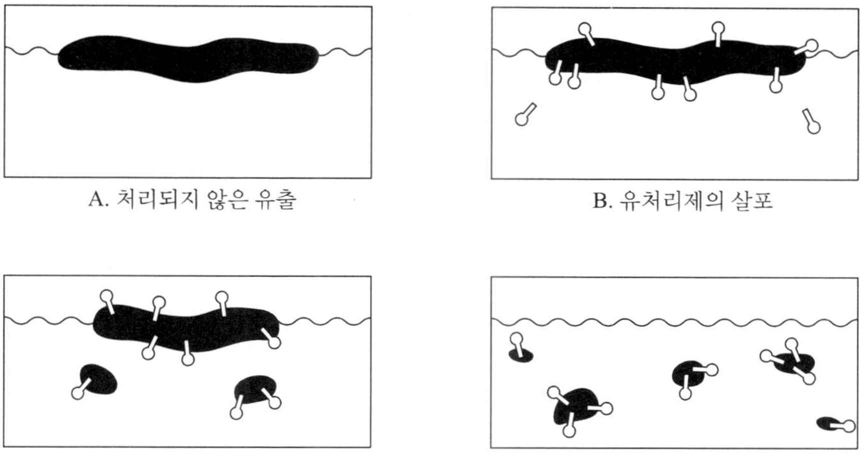

A. 처리되지 않은 유출　B. 유처리제의 살포
C. 작은 기름방울의 형성　D. 분산된 기름의 희석

그림 4.29 유처리제 작용원리

다. 유처리제 구성성분 및 종류

유처리제는 구성성분은 주로 계면활성제(30%)와 용제(70%)로 구성되어 있는데 용제의 종류에 따라서 탄화수소용제형, 농축형, 수용제형으로 유처리제 종류를 구분하고 있다.

탄화수소 용제형은 탄화수소 용제에 15~25%의 계면활성제를 혼합하여 제조하였으며 초기(제1세대 유처리제)에는 유독한 방향족탄화수소를 용제로 사용하여 독성이 있었으나 이후(제2세대 유처리제)에는 해양생물에는 축적성이 없고 생물독성도 거의 없는 노르말 파라핀계 탄화수소 용제를 사용하고 있다.

농축형 유처리제는 알콜 또는 글리콜계 용제를 사용하고 있으며 고농도 계면활성제 성분을 가지고 있어 희석사용이 가능하다.

수용제형 유처리제는 물이 주성분으로 독성이 적어 오염이 예상되는 해안지역에 미리 살포도 가능하다.

라. 유처리제 형식승인 및 검정

무분별한 자재·약제 사용을 통한 해양생태계 피해를 줄이고 방제효율성을 기하기 위하여 해양오염방제에 사용하는 자재·약제에 대해 형식승인 및 검정을 받도록 규정(해양환경관리법 제64조 제6항)하고 있으며 유처리제의 경우 생물독성시험을 거치도록 하여 저독성 유처리제를 생산·사용하도록 하고 있다.

유처리제 생산제조업체에서도 경쟁적으로 저독성 유처리제 개발에 노력하여 유처리제 자체독성은 해양생물에 거의 무해한 제품들이 보급되고 있다.

표 4.3 유처리제 형식승인 제품 현황(2016년 12월 현재)

업체수 \ 제품수		계	일반형	농축형
계	21개	30	10	20
국내	14개	22	15	15
수입	7개	8	5	5

마. 유처리제 사용지침

유처리제 자체 독성은 크게 저하 되었으나 유처리제를 유막위에 살포하면 해수표면의 유류가 미립자로 분산되면서 일정 수심까지는 혼합분산되어 유류성분의 영향을 미치게 된다.

사용하지 않는 경우와 피해정도를 비교해 최종판단은 해안으로 두꺼운 기름이 밀려갈 경우 해안부착 및 양식장 피해 장기체류에 따른 피해 등이 예상되며 유처리제를 사용해 기름을 미립자로 만들 경우 해안부착유 감소와 생물분해촉진, 장기적인 유막형성이 방지된다. 유처리제를 사용 해역기준은 다음과 같이 구분된다.

1) 현장방제책임자 재량으로 살포할 수 있는 해역(ZONE 1)

- 주변해역의 수심이 20m 이상인 경우
- 살포 후 6시간 이내에 수심 10m 이내의 연안, 어장 및 양식장, 산업시설, 위락시설 등에 영향을 미치지 않는 경우
- 물리적 수거가 어렵고, 특정 민감지역으로 이동하는 경우

2) 주변상황을 고려한 후 살포할 수 있는 해역(ZONE 2)

- 주변해역의 수심이 10m~20m인 해역
- 살포 후 3~6시간 이내에 수심 10m 이내의 연안, 어장 및 양식장, 산업시설, 위락시설 등에 영향을 미칠 가능성이 있는 경우

3) 유처리제의 사용을 가능한 제한해야 할 해역 (ZONE 3)

- 주변해역의 수심이 10m 이내인 경우[45)]
- 살포 후 3시간 이내에 수심 10m 이내의 연안, 어장 및 양식장, 산업시설, 위락시설 등에 영향을 미치는 경우
- 어장 및 양식장, 발전소 취수구, 종묘배양장 주변해역 또는 폐쇄성 해역
- 특정해역 중 수자원보호구역으로 지정된 해역

45) 단, 수심이 10m이내이더라도 항만 내 또는 주변해역에 어장·양식장과 같은 민감자원이 없는 경우에는 유처리제를 사용할 수 있다.

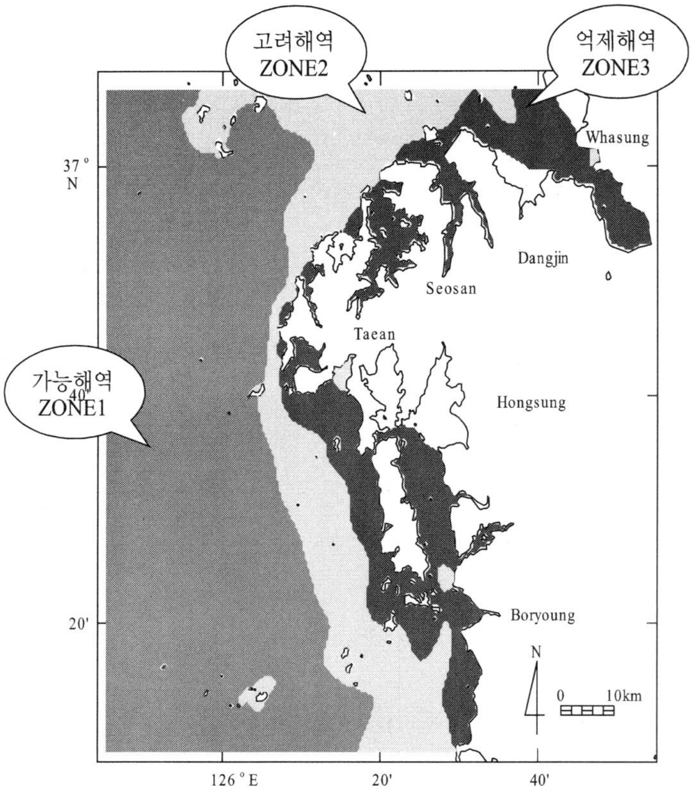

그림 4.30 태안해역 유처리제 사용해역 구분

4절 방제물품 부족과 수급체계 혼란

1. 자원봉사자들 몰려오는데 방제자재도 지휘자도 없다.

유출된 기름은 사고발생 다음날인 8일, 예상보다 빨리 해안에 표착되었고 "우리나라 사상 최대의 기름오염사고가 발생하였다"는 보도가 나가자 8일부터 자원봉사자들이 몰려들기 시작했다.

예상하지 못했던 자원봉사자들이 갑자기 하루 수 만 명이 한꺼번에 몰려들자 태안군에서 긴급하게 현장지휘소를 설치하였으나, 한 번도 이런 사고 경험도 없고 조직도 체계도 잡히지 않는 현장 공무원들은 우왕좌왕 할 수 밖에 없었고, 긴급 확보된 일부 자재·물품들은 금방 동이나버리고, 자재 사용방법 조차 제대로 모르고 밀려오는 기름에 마구집어 넣다보니 효율적인 작업도 못되고 자재낭비결과만 가져오기도 했다.

또한, 밀려드는 차량, 사람통제, 자재달라는 사람들의 아우성, 몰려든 자원봉사자들이 무엇을 해야할지 몰라 불만에 호통치는 사람 등, 사고초기 며칠간은 혼란상태 그대로였다.

이러한 문제점들은 연일 언론의 많은 질타를 받았다.

- "우왕좌왕.....방제현장에 '지휘탑' 없다"(12월 11일, 중앙일보)
- "봉사자들 몰려오는데 방제장비는 태부족"(12월 12일, 조선일보)
- "어디서 뭘 해야죠?, 맨손 봉사자들 발동동"(12월 12일, 한국일보)
- "기름흡착포 재고 바닥, 현장투입인력 일손놔"(12월 12일, 서울경제)

– "악천후에 물자부족....방제차질"(12월 14일, 국민일보)

– "장비없이 봉사자 돌려 보내다니....(12월 14일, 서울신문)

등 거의 모든 언론의 지적이 있었다.

이러한 혼란은 초기 1주일 정도 지속이 되었고 태안군의 현장지휘소 설치와 해경의 방제물품보급기지를 설치운용하면서 점차 안정을 찾아갔다.

2. 지자체 현장지휘소 설치운영

태안군은 사고발생당일 군청내에 재난대책본부를 설치하고 재난종합상황실을 운영하였으며 군수가 본부장이 되어 해안방제작업 및 어민피해 저감대책에 필요한 방제자재·물품 수급 및 인력지원, 자원봉사자관리 등 모든 행정조치 및 지원을 총괄했다.

현장방제작업지원을 위해 현장지휘소를 설치 운영하였는데 사고초기에는 오염이 심한 해수욕장 중심으로 4개 지역에 설치하였다가 뒤에(12월 17일 이후)는 24개 지역(240명)으로 확대하여 운영했다.

현장지휘소에서는 자원봉사자 접수·배치, 방제방법안내, 방제자재·물품지급·관리 등 행정지원을 하였으며, 해경에서는 현장지휘소에 방제전문요원들을 각 2명씩 파견하여 방제기술지도·지원을 했다.

그림 4.31 천리포 현장지휘소

3. 방제물품보급 지원

국내 최대의 재난적 대형 유류유출사고로 판단되자 방제대책본부는 전국의 방제장비·자재의 총동원령을 내렸다.

해양경찰청에서 보유하고 있는 것은 물론 해양환경관리공단(당시 해양오염방제조합), 민간방제업체, 정유회사, 수협 등 단·업체 등에서 보유하고 있는 동원 가능한 모든 장비와 자재를 동원토록 했다.

해양경찰청에서는 전국에 배치된 방제기자재·물품들의 원활한 수집·운반·보급하기 위하여 태안 신진도 해경부두 및 대산항 물류부두에 해상보급기지를 설치 운영하고, 만리포해수욕장에 방제물품 현장보급기지를 설치하여 운영했다.

그림 4.32 신진도 해경전용부두의 방제자재

그림 4.33 대산항 보급기지 하역모습

그림 4.34 현장으로 보내지는 물품

그림 4.35 전국에서 수송된 방제물품

유흡착재, 유처리제, 오일펜스 등 방제자재 뿐 아니라 방제복, 작업화, 고무장화, 장갑, 마스크, 갈고리, 뜰채, 삽, 수거포대, 저장용기, 걸레 등 다양한 방제물품도 동원되었다.

이와 같이 전국에서 방제자재와 물품을 비상수급 하는 등 최선을 다했으나 사고초기 하루 수 만 명씩 밀려드는 자원봉사자들에게 공급할 방제물품이 부족했다.

특히 유흡착재가 1일 20~30톤 씩 대량 소비(일부 낭비성 소모도 있었음)되어 크게 부족하였으며 기존 국내 보유분 수집 뿐 아니라 생산업체로 하여금 비상가동시켜 최대한 생산량을 늘려 공급받기도 했다.

해경에서는 12월 16일까지 긴급방제자금 약 30억원을 집행하여 유흡착재 134톤, 유처리제 38kℓ, 방제복 106,000벌, 마스크 89,000매, 마대 250,000매, 고무장화, 고무장갑, 바가지, 바께쓰 등 구입하여 보급하였으며 이후 12월 19일부터 지자체에서 방제물품을 구입하여 동원되는 주민, 자원봉사자 등에 지급하게 되었다.

표 4.4 방제자재 동원현황(현장도착 기준)46)

구분	유흡착재(kg)			유처리제(L)			오일펜스(m)		
	계	육상	해상	계	육상	해상	계	육상	해상
'07년 12월 17일	157,787	135,587	22,200	397,240	254,254	142,986	88,540	69,428	19,112

표 4.5 방제자재 사용현황46)

구분	오일펜스(km)	유흡착재(kg)	유처리제(L)	걸레(kg) 등
'08년 1월 8일	42.31	334,565	297,652	388,084
10월 10일	46.77	493,127	297,922	736,329

그림 4.36 붐형흡착재

그림 4.37 유흡착재 포장적재

46) 허베이스피리트호 기름유출사고 방제 현장 보고서(2008년 11월, 해양경찰청)

그림 4.38 만리포에 모아둔 유처리제

그림 4.39 기름제거에 사용한 밀대

그림 4.40 재활용되는 장화

그림 4.41 수거용 작은 기름통

한편 대형유류오염사고에 대비한 인접국가간의 협력체인 한국·중국·일본·러시아 4개국이 참여하는 북서태평양보전실천계획(NOWPAP)에 따라 사고초기 회원국에 부족한 흡착재 지원요청을 하였고 중국에서 56톤, 일본에서 10톤의 흡착재가 지원되었다.

러시아에서도 지원의사를 밝혔으나 거리가 멀어서 받아들이지 않았다.

이외에도 싱가폴 EARL사에서 방제항공기를 지원받아 해상방제에 투입하였으며 해양오염방제에 관한 국제협력의 좋은 선례를 만들기도 했다.

제 5장 반성과 개선, 향후과제

1 절

허베이스피리트호 사고 방제조치 평가와 반성

1. 제기된 문제점과 순간에 놓친 것들

가. 초동조치 미흡으로 피해확산, 많은 언론 질타

사고 당시 3개의 유류적재 탱크에 파공이 생겨 기름이 유출되었으며 파공이 크게 생긴 2개의 탱크는 사고초기 대부분 유출되었으나 파공이 적은 1개의 탱크에서는 거의 40시간 가까이 유출이 지속되었지만 파공봉쇄 등 응급조치를 취하지 못했다.

또한 유출된 기름에 대한 오일펜스 설치 등 어떠한 확산차단조치도 취하지 못한 채 만 하루가 지난 다음날 아침에 유출된 기름은 남북으로 약 18km까지 확산되고, 태안해안 약 17km에 걸쳐 검은 기름으로 뒤덮여 있었다.

물론 사고당일 해상상태(3~4m 높은 파고, 14~16m/s 강풍) 악화로 당시 여건에서는 어쩔 수 없는 상황이었다고 하지만 평상시 해상상태 불량시 사고대응방안에 대한 충분한 대비를 하지 못했다는 언론과 국민들의 비난과 질타를 받을 수밖에 없었다.

나. 사고초기 현장방제 지휘·통제 혼란

재난적 대형 오염사고가 발생하자 해양수산부는 중앙사고수습본부, 해양경찰청은 현장에 방제대책본부를 설치하여 각각 사고수습에 들어갔으나 대책본부 설립초기 구성원들의 임무와 역할이 정착되기 전까지 우왕좌왕 하였고, 현장과 중앙의 서로 다른 언론브리핑 등 지휘체계 이원화에 따른 혼란을 초래하게 되었다.

또한, 해안가에 표착된 기름에 대한 방제조치 법적의무가 행위자와 지자체에 주어져 있으나 태안군 등 지자체에서는 유류오염사고에 대한 경험이 없었고 해양경찰청도 지금까지 해상방제에 주력하면서 해안에 표착된 기름에 대한 방제작업에는 기술적인 지원을 해주는 정도로 해안방제대책에는 소홀했던 것이 사실이었다.

사고규모가 그동안 경험하고 예상했던 사고보다 훨씬 크고 곧바로 많은 기름이 일시에 해안으로 밀려들다보니 모두들 당황하고 혼란스러울 수밖에 없었다.

이에 국가방제기본계획에서 정하고 있는 방제대책본부의 조직·기능을 긴급보강 하여 해양경찰청 전 기능이 동원되었으며 해안표착유 방제대책도 해양경찰청이 주도하고 충청남도·태안군 등 지자체에서 행정지원 하는 체제로 변경하여 해양경찰청 방제대책본부에서 방제작업을 총괄 지휘·통제하고 태안군 재난대책본부에서 인력·물자·제반행정지원 업무를 맡으면서 점차 방제현장의 안정을 찾아갔다.

다. 자원봉사자 관리·통제 체제 미흡

예상치 못했던 대형오염사고를 당하여 우왕좌왕하고 있는 상황에서 자원봉사자들이 하루에 수 만 명씩 몰려든 만리포 해수욕장 주변 사고현장에는 차량과 사람들로 뒤엉켜 아수라장 같았다.

빈손으로 몰려온 사람들은 장비 달라, 자재 달라 아우성인데 준비된 장비도 자재도 이를 안내 관리·지도하는 현장관리자도 제대로 없었다.

태안군에 재난대책본부가 구성되고 현장지휘소가 설치되어 자원봉사자 접수·관리, 교통통제, 자재, 물품 등이 지원되면서 차츰 질서를 유지해 갔다.

해경에서는 방제물품 현장보급기지를 만들고 전국에 산재되어 있던 방제 장비와 자재를 동원하여 지원했다.

라. 광범위한 해역에 확산된 기름 방제대응 미흡

사고 초기 환경민감해역인 가로림만, 천수만, 근소만과 발전소 취수구 등 보호에 주력하고 광범위 확산되고 있는 기름은 유처리제를 살포, 분산처리를 중심으로 조치하였으나 해상상태가 어느 정도 회복된 후에는 해경과 공단에서 보유하고 있는 각종 방제정, 경비함정 등과 어민들이 동원한 어선에서 각 선박에서 가능한 방제방법을 동원하여 각자 열심히 최선을 다해 작업을 하였으나 유처리제 살포, 흡착재 투하, 유회수기 작업 등이 한 지역에 동시에 이루어지다 보니 상호 방해되고 효율성 저하를 가져왔다는 지적을 받았다.

특히 오픈된 해역에서 흡착재를 투하하면 회수에 어려움이 있고 회수하지 못한 흡착재는 새로운 오염원이 되는 지적을 받았다.

또한 트롤식 기법 등 여러 선박의 특성을 조합한 광역해역 방제기법 등이 시도되지 못한 점이나 타르 형성이후 수면 하에 침하된 채로 이동하는 타르회수방안이 미흡했던 아쉬움도 있었다.

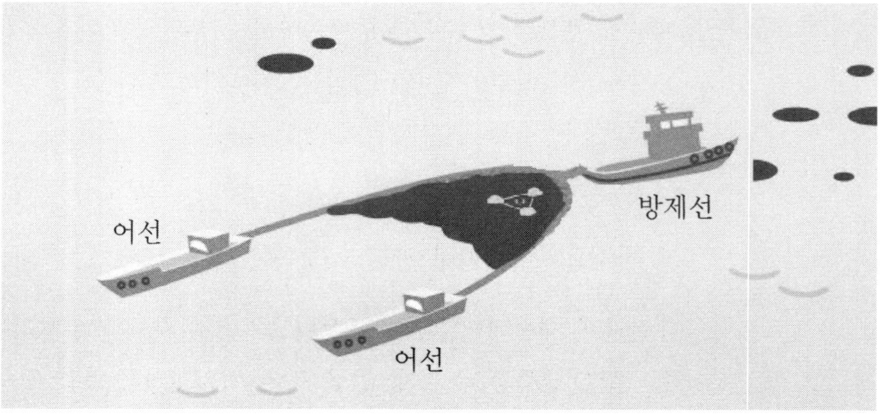

그림 5.1 광역해역 방제기법 예시

마. 유처리제 사용방법 및 2차오염 논란

유처리제는 기름이 유출초기에 효과적이고 반드시 유막위에 살포하여야 하나 타르가 형성된 후에도 유처리제를 살포하고 살포방법이 제대로 지켜지지 않았다는 국제기구 전문가들의 지적이 있었으며 유처리제 사용에 대한 환경단체나 지역주민들의 극심한 반대가 있었다.

유처리제 사용에 따른 2차오염문제는 오염사고시 마다 매번 제기되고 있는 문제이지만 유처리제 사용의 불가피성과 2차오염예방을 위해 저독성 유처리제 개발, 사용방법에 대한 엄격한 규제등 방제당국의 노력을 주민들에게 사전에 충분히 이해시킬 필요가 있다.

바. 해안방제방법, 방제종료시점에 대한 주민과의 갈등

사고해역의 지역주민들은 방제작업을 생계수단으로 인식하고 있으며 방제작업 방법을 가급적 인력중심으로 작업 기간을 연장시켜 나가기를 원했다.

잔류기름이 주변 환경에 영향이 없고 조석이나 파고에 의한 자연방제가 가능한 지역도 방제작업을 요구하고 사람들이 접근하기 어려운 지역까지 중장비를 동원하여 길을 만들고 바위를 깨뜨려 가면서까지 방제작업을 요구하고 있어 과도한 방제로 자연훼손과 경관파괴 논란까지 초래하고 있었다.

이렇다 보니 타르 한 조각, 기름흔적까지도 완전제거 해야 된다는 지역주민들의 요구로 방제작업종료시점에 대한 갈등이 심했다.

사. 사고초기 언론대응 미숙으로 정부방제대응 불신초래

해양경찰청의 방제대책본부 현장브리핑과 해양수산부의 중앙사고수습본부의 상황브리핑 이원화로 혼란을 초래했으며 사고발생 현장 담당자의 성급한 낙관성 상황판단 인터뷰가 정부 방제당국 판단으로 왜곡보도 빌미를 제공하게 되었다.

유처리제 2차오염, 유처리제가 타르를 형성시켜 침강, 기름의 생태계영향 30년 이상 지속 등 일부 전문가들의 왜곡된 인터뷰 등이 정부발표를 불신하게 만들기도 했다.

사실 위주의 신속·정확한 상황브리핑, 보도자료 배포 등으로 언론, 환경단체 등과 정보공유를 하는 등 적극적인 소통이 필요한 것은 물론이고 사고가 발생하면 정부당국의 발표보다 외부전문가들의 의견을 더 신뢰한다는 점을 감안 전문가 그룹을 활용한 현장상황에 대한 국민들의 정확한 인식, 이해와 공감을 유도하는 노력이 필요할 것이다.

아. 해안으로 밀려오는 대량기름에 속수무책

사고초기 기름파도가 해안으로 밀려왔다. 해안은 두꺼운 기름층으로 뒤덮였고 해안선을 따라 기름파도가 넘실거리고 있었지만 동원 할 수 있는 해안방제장비는 비치크리너 등 소형 해안표착유 회수장비와 소형 유회수기 등이 전부였다.

자원봉사자들이 인간띠를 형성하여 바께쓰, 바가지 등으로 퍼담고, 밀대·삽 등으로 퍼담는 원시적 방법을 동원 할 수밖에 없었고, 흡착재를 해안에 과다투입하여 자재낭비, 폐기물 과다발생 등으로 국제기구 전문가들의 지적이 나오기도 했다.

그림 5.2 해안으로 밀려오는 기름

그동안 해양경찰청의 방제대책은 사고선박에 대한 초동조치, 해상방제에 중심이 있었고 해안표착유에 대한 법적 방제책임이 지자체에 있으나 지자체별로 방제능력을 확보하기는 사실상 어려워 해양경찰청에서 해안방제대책이 강화되어야 한다고 문제점으로 지적되었다.

2. 국제전문가가 본 방제조치에 대한 평가

유조선에 의한 유류오염사고시 피해 배·보상은 1차적으로 유조선 선주가 가입한 P&I 보험에서 담보하고 유조선주 책임을 초과하는 손해는 해상수송을 연간 15만 톤 이상의 유류를 수령하는 회원국 수령량을 기준으로 조성한 국제기금(IOPC Fund)[47]에서 배상하고 있는데 유조선 선주들의 모임인 국제유조선선주오염방지연맹(ITOPF : International Tanker Owners Pollution Federation)에서는 대형 유류오염사고가 발생하면 방제전문가를 현지에 파견하여 방제기술지도와 함께 현장방제상황을 보고하게 하고 있다.

이때 작성된 방제상황보고서는 피해배상의 중요한 자료로 활용된다.

허베이스피리트호 사고당시 파견되었던 ITOPF 방제전문가(Mr. Alex Hunt)가 지난 2017년 3월 29일~3월 20일 해양경찰청 주관 "국제전문가 방제기술 워크숍"에 참석하여 발표한 내용을 중심으로 정리해 보았다(발표 내용은 필자 주관적으로 정리한 부분이 있음).

47) 국제유류오염손해보상기금(IOPC Fund)은 유조선에 의한 유류오염사고 피해액이 민사책임협약(92 CLC)의 선주책임제한액을 초과하는 경우 추가배보상을 위해 국제기금협약(92FC)에 의해 조성된 기금 및 이를 관장하는 정부간 국제기구를 의미한다. 국제기금은 113개국(12년기준)의 회원국이 가입되어 있으며 국제기금의 분담금 대상자는 연간 15만 톤 이상의 지속성탄화수소 광물유를 해상으로부터 수령한 자로 우리나라에서는 SK에너지, GS칼텍스, S-OIL, 현대오일뱅크, 한국전력공사, 한국석유공사 등 6개 회사가 있다.

그림 5.3 국제전문가 방제기술 워크숍

가. 긍정적이고 바람직했던 점

1) 한국의 현장방제지휘체계는 세계최고 수준이다.

한국의 방제지휘체계는 정부주도적 방제체제로 해경의 계층이 구분되는 일사분란한 명령구조로 되어있으며 조직원들은 매우 헌신적이었다.

해상과 해안방제로 역할을 분담하고 항공기·함정장비가 즉시 투입되는 등 명령이행이 바로바로 이루어지는 이런 현장지휘체계는 세계적으로도 흔치 않다.

2) 매일 방제진행사항보고 및 대책회의

매일 저녁 대책본부·관계기관·전문가·방제업체 등 관계자 및 현장방제팀장들이 함께 참가하는 대책회의에서 각 현장방제팀(8~12개팀), 기관별 당일 방제작업상황 및 명일작업계획, 방제기법 등을 보고하고, 전문가 의견수렴, 정보공유하고 소통하면서 의사결정방법은 매우 바람직했다

3) 해안오염상태를 평가하여 방제방법 선택

해안오염상태에 따른 최적의 방제방법을 선택하기 위해 오염지역 전 해안에 대한 구간별 지질의 종류, 오염범위, 분포상태, 침투상태 등 3차에 걸쳐 조사하고, 방제방법 등을 제시하는 방제정보지도를 발간 활용하였는데 책자까지 발간한 것은 대단히 좋았다.

그림 5.4 대책본부 회의 장면

그림 5.5 해안·도서오염방제정보지도

그림 5.6 3차 보고서 표지

4) 100만이 넘는 자원봉사자들의 자발적 참여

16주 만에 100만이 넘는(최종 약 123만) 자원봉사자들이 몰려와 인간띠를 이루어 기름을 퍼내고, 닦아내는 등 자원봉사자의 활동에 큰 감명을 받았다.

나. 아쉬웠고 미흡했던 점

1) 방제인력 및 자원의 체계적 동원관리 필요

하루 수 만 명의 자원봉사 및 방제작업 인력이 동원되었으나 체계적이고 효율적인 관리가 미흡했다.

갯닦기 등 노동집약적 비효율적 방제작업이 많았으며 흡착재의 무분별한 사용과 보호복 폐기 등 폐기물이 다량 발생했다.

2) 유처리제의 효과적인 사용방안 강구 필요

유출유에 대한 해상방제는 매우 어렵다. 특히 사고 초기 해상상태가 나쁜 상황에서 방제정 등 유회수기에 의한 회수작업은 제한(최대 회수율 10~15%)된다.

광범위한 해역에 확산되어 있거나 해상상태가 나쁠 때는 유처리제 사용이 불가피하다.

유처리제는 가급적 유출 초기에 사용하고 유출된 기름이 시간이 경과되어 경시변화를 받았거나 중유 등의 경우에는 분산효과가 떨어지므로 사용하지 않아야 한다.

이번 사고에서는 사고 초기에 유처리제를 적극 사용하였다면 효과적이었을 것이라고 보나 타르가 형성된 이후의 사용은 부적절했다고 본다.

3) 비효율적 흡착재 사용

해상에서 흡착재 사용은 기름을 흡착시킨 후 반드시 수거처리하여야 한다. 투하된 흡착재를 수거하지 않으면 기름 묻은 흡착재가 떠다니면서 새로운 오염원이 되기 때문이다.

따라서 흡착재는 외부로 확산되지 않는 해역이나 펜스 등으로 차단되어 회수가능한 곳에서 사용했어야 하나 오픈된 해역에 사용하여 회수되지 못하고 외해로 떠나가거나 유회수기로 회수작업하는 방제작업에 방해가 되는 사례도 있었다.

또한 해안에 밀려온 두터운 기름에 흡착재를 대량으로 투하하여 흡착재를 낭비하거나 폐기물 발생량을 증가시키는 문제도 발생했다.

2. 국무총리실 주관 해양오염사고관리체계 평가48)

가. 평가배경

허베이스피리트호 오염사고를 계기로 2008년 7월 정부업무평가위원회와 국무총리실에서는 해상교통량의 증가, 선박의 대형화·고속화 등으로 대규모 해양오염사고 발생 가능성이 높아짐에 따라 해양재난관리의 중요성이 대두되고 선박에 의한 유류오염사고를 중심으로 사고방지조치, 초기대응 및 복구시스템 등 해양오염사고 관리체계 전반에 대한 종합적 분석이 필요하다고 판단하여 해양오염사고 관리체계에 대한 종합적 개선방안을 마련했다.

나. 평가대상 및 방법

평가대상을 해양재난 중 인적재난의 하나인 선박으로 인한 해양오염사고 관리체계 현행제도 및 운영 실태를 종합적으로 분석하기로 하고 총리실·해경청 등 관련부처 담당자, 민간전문가 등으로 평가 TF를 구성('08년 3월 25일)하여 관련부처 자료협조, 언론기사, 시민단체 보고서, 해외자료 및 각종 인터넷자료 등을 수집했다.

또한 허베이스피리트호 사고 관련 기관인 충남도·해양환경관리공단·태안해양경찰서 등을 직접 방문하고 방제현장을 방문하는 등 현장을 점검(4월 1일

48) 해양오염사고 관리체계 평가(2008년 7월, 정부업무평가위원회·국무총리실)

~4월 3일)했다 이렇게 취합한 자료를 토대로 전문가 간담회(3월 28일~5월 1일) 및 관련부처 및 관계기관협의(4월 18일~6월 12일)를 거쳐 국무총리실장 주재 관계부처차관회의(6월 4일)에서 평가개선안을 최종확정했다.

다. 평가기준

현행법령에 의한 관리체계, 태안사고 당시 대응실태 등을 토대로 하여 미국의 재난대응력량평가(CAR : Capability Assessment for Readiness)지표 등을 참고하여 해양오염사고의 ① 사고예방조치 ② 사고수습 및 방제활동 ③ 주민지원 및 피해보상의 각 단계별로 세부항목을 설정하고, 항목별 평가기준에 따라 평가를 실시했다.

표 5.1 평가항목 및 평가기준

구분	평가 항목	평가 기준
사고 예방	사고방지조치	– 사고예측 및 관리를 위한 해상교통관제시스템이 적절히 운영되었는가?
	원인요소제거	– 사고예방을 위한 위험선박 관리 등이 적절히 이루어졌는가?
사고 수습 · 방제 활동	사고수습 지휘체계	– 사고발생시 신속하고 효율적인 대응이 가능한 사고지휘체계를 갖추고 있는가? – 사고발생시 현장적용이 가능한 매뉴얼을 갖추고 있는가?
	방제활동 및 방제역량	– 사고대응을 위한 인력, 장비 등을 충분히 구비하였는가? – 사고 초기 상황전파 및 방제작업 등이 적절히 이루어졌는가?
	협력지원체계	– 사고대응·수습을 위한 국제협력, 민간협력 등이 적절히 이루어졌는가? – 사고대응·수습을 위한 홍보가 적절히 이루어졌는가?
주민 지원	피해주민지원	– 피해주민지원을 위한 대책이 주민의견을 충분히 수렴하여 적절히 수립·실시되었는가?
	피해보상지원	– 피해조사, 보상 및 배상을 위한 지원체계가 적절히 구성·운영되고 있는가?

라. 평가결과 제기된 문제점

1) 위험선박에 대한 안전관리 미흡

사고선 허베이스피리트호는 정박지에 정박하여야 하나 관제실에 통보 후 항계 외 임시정박지에 있었는데 이 지역은 선박운항이 빈번한 지역으로 위험선박에 대한 정박지 관리가 미흡했다.

또한 허베이스피리트호는 국제협약[49]상 2015년에 운항이 금지되는 단일선체 유조선이었다.

2) 해상교통관제 미흡

해상교통관제시스템(VTS)[50]은 지방해양항만청에서 운영하고 있으나 항만청 관제센터에서는 사고위험을 인지하더라도 현장확인 및 즉각적인 대응조치에 어려움이 있고, 관제업무의 범위가 항계 내 및 부근항로 등으로 한정되어 있어 연안위험지역에 대한 안전관리 및 사고예방조치에 어려움이 있었다.

3) 사고 지휘체계의 혼란

해수부의 중앙사고수습본부와 해경의 방제대책본부간의 역할분담이 법령상 구체적으로 명시되지 않아 사고 초기 현장지휘 등에 일부 혼선을 초래하였고 방제작업에 참여하는 해양환경관리공단에 대한 지휘권한이 해수부에 있어 해경의 효율적인 방제업무 지휘에 한계가 있었다.

또한 해안방제를 책임지는 지자체의 방제능력이 부족하고 방제대책본부와의 지휘체계도 불명확하여 자원봉사자 관리 등 초기혼란을 초래했다.

---

49) 국제협약(MARPOL)규정은 단일선체 유조선의 운항을 2010년까지 허용하되, 2010년에 선령이 25년이 되지 않는 선박의 경우 선령 25년과 2011년 중 빠른 시기에 운항금지

50) 해상교통관제시스템(VTS : Vessel Traffic Service) : 레이더, 초단파(VHF), 선박위치자동발신장치(AIS)등 첨단 감시장비를 이용하여 통항선박을 관찰, 항행안전에 필요한 정보를 제공하는 서비스

4) 사고 초기 상황파악 및 초동대응 지연

악천후로 방제세력 현장도착 지연(헬기 약 2시간 후 도착)으로 상황파악보고가 다소 지연되었고 악천후에서 초동조치를 할 수 있는 방제장비 부족으로 초기 유출유 확산방지 및 회수에 실패했다.

또한 유출유의 해안표착시간, 전남지역 타르볼 확산예측 미흡 등 부정확한 상황예측으로 신뢰저하 및 지역방제대책 마련에 지연했다는 지적을 받았다.

5) 해상 및 해안방제활동 평가

해상·해안방제 모두 피해규모에 비해 빠른 복구가 이루어지고 있다고 평가하고 특히 해안별 현장지휘소 운영, 방제지도에 의한 맞춤형 방제[51] 등을 수범사례로 들었다.

그러나 방제기술지원단의 비상설운영으로 구성원의 자발적인 참여에만 의존할 수밖에 없어 실질적인 방제기술지원에 한계가 있었고, 방제종료기준과 방제종료 주관기관 부재 등으로 방제종료가 지연되었다고 지적했다.

6) 국제협력·지원의 실효성 문제

외교통상부에서 사고대응 국제협력 TF를 구성·운영('07년 12월 9일)하는 등 신속한 국제협력 지원이 이루어졌으나 긴급 도입한 중국산 유흡착재의 질 저하로 현장사용이 곤란하였고 고가의 방제항공기의 늦은 지원으로 실효성에 의문(유처리제 살포는 사고 초기에만 실효성)이 제기되는 등 문제가 발생하기도 했다.

51) 캐나다 해안방제평가팀(SCAT)은 해안, 도서오염방제정보지도 작성·활용을 높이 평가하였다.

7) 자원봉사자의 체계적 관리 미흡

자원봉사자들의 헌신적인 노력으로 빠른 시간 내 응급복구로 태안의 기적은 이루었다고 평가하고 있으나 자원봉사자가 특정지역에 집중되고 안전사고대책 및 체계적 사후관리가 미흡했다.

8) 피해주민 지원 실효성 미흡

긴급생계안정자금 지원으로 피해주민들의 생계불안이 일부 해소되었으나, 지급지연 등으로 지원효과가 반감되고 정부차원의 다양한 지원대책을 수립하여 추진한 점은 긍정적으로 평가되었으나 현지여건을 감안하지 않은 일부지원대책의 실효성이 미흡했다.

또한 피해보상에는 최소 1년 이상이 소요되나 영세피해주민들은 별다른 생계수단이 없어 생활곤란이 지속되는 문제점이 있었다.

9) 피해조사 및 보상지원의 한계

주민체감 피해규모(1조~3조원)와 선주보험사·국제기금의 피해사정액(3,520억 원~4,200억 원 추정)이 큰 차이가 나 사회적 파장이 우려되고 당시 피해조사를 실시중인 감정평가업체(17개)간의 정보공유가 이루어지지 않아 감정우수사례 등의 공유·전파가 미흡했으며 피해조사지원단 활동이 피해신고·보상절차설명에 그치고 있어 전문적인 조사나 보상지원에는 한계가 있었다.

마. 개선과제별 이행조치 계획

개선과제를 6개과제로 분류하여 조치계획, 주관부처, 협조기관 등으로 세분화하여 구체적 이행조치계획을 마련했다.

담당부서는 당시의 기관명칭을 그대로 표기했다.

표 5.2 과제별 이행조치 계획

<table>
<tr><th>개선과제명</th><th colspan="2">조치계획</th><th>주관부처</th><th>협조기관</th></tr>
<tr><td rowspan="4">1) 사고예방조치 강화</td><td rowspan="3">– 해상교통관제 시스템(VTS) 개선
* 해상교통안전법 등 개정</td><td>– 전국항만 VTS 해경합동근무 실시</td><td>국토부
해경청</td><td>행안부</td></tr>
<tr><td>– 연안VTS 구축 및 신규연안 VTS 해경이관</td><td>국토부
해경청</td><td>행안부
기재부</td></tr>
<tr><td>– 진도 연안 VTS 해경이관
* ’09 상반기 관계법령 개정</td><td>국토부
해경청</td><td>행안부</td></tr>
<tr><td colspan="2">– 선박 호출시스템 개선</td><td>국토부</td><td>기재부</td></tr>
<tr><td rowspan="2">2) 사고원인요소 감축</td><td colspan="2">– 위험선박의 정박지관리 강화 및 근접호송 확대 실시</td><td>국토부
해경청</td><td></td></tr>
<tr><td colspan="2">– 단일선체 유조선 운항금지 목표 상향조정 추진
* 정유사와 협의 추진</td><td>국토부
지경부</td><td></td></tr>
<tr><td rowspan="4">3) 사고수습 지휘 체계 명확화</td><td colspan="2">– 중앙사고수습본부(국토부)와 방제대책본부(해경)간 역할분담 명확화
* 해양환경관리법 개정</td><td>국토부</td><td>해경청</td></tr>
<tr><td colspan="2">– 해양환경관리공단의 방제업무 지도감독권을 해경에 부여
* 해양환경관리법 등 개정</td><td>국토부</td><td>해경청</td></tr>
<tr><td colspan="2">– 해안방제를 위한 지자체의 대응역량 강화 및 지자체–해경청 업무분담 명확화
* 해양환경관리법 개정</td><td>해경청
행안부</td><td>국토부</td></tr>
<tr><td colspan="2">– 해양오염사고 대응 매뉴얼 통합
* 국가기본방제계획, (구)NSC 위기대응 매뉴얼</td><td>국토부
해경청</td><td></td></tr>
</table>

개선과제명	조치계획	주관부처	협조기관
4) 국가방제역량 및 방제지원 시스템 강화	– 대형방제정(1－3천 톤급), 오일펜스 등 방제 장비 확충	해경청	국토부 기재부
	– 거점별 비축기지 설치	해경청	국토부 기재부
	– 유출유 확산예측시스템 고도화	국토부 해경청	기재부
	– 방제기술지원단 활용제고방안 마련	해경청	국토부
	– 예비비 등을 활용하는 방제비용 선지급 체계 구축 * 국가기본방제계획 등 관련 매뉴얼 개정	국토부 해경청	기재부
	– 방제종료기준 관련 협의체 구성 및 지역별 방제작업 종료 추진	국토부 해경청	
5) 대형 해양 재난관리체계 강화	– 자원봉사관리 온라인 포탈 구축	행안부	
	– 대형재난발생 대비 응급의료지원 매뉴얼 수립	복지부	행안부
	– 대규모 해양환경오염 사고시 폐유·폐기물 응급처리 시스템 구축	해경청	환경부
6) 피해주민 지원 강화	– 긴급생계지원 근거 및 기준 등 지원체계 마련 * 재난 및 안전관리기본법 시행규칙 등 개정	행안부	국토부
	– 금융 등 피해주민지원대책 실효성 제고 방안 마련	금융위	국토부
	– 피해보상 지원 상설기구 마련	국토부	
	– 해양사고시 손해배상율 제고방안 수립 및 주민 교육 실시	국토부	농식품부
	– IOPC 추가기금 가입 추진 * 정유사 지원대책 수립	국토부	지경부

※ 개선과제별 이행사항은 '2절 허베이스피리트사고 이후 개선사항에 포함

2절

허베이스피리트호 사고이후 개선사항

1. 해양오염사고예방시스템 강화

가. 해상교통관제시스템(VTS) 운영체계 개선

허베이스피리트 사고 이후 안전관리기능을 강화하는 방향으로 해상교통관제시스템으로 개선이 추진되어 유조선 등 위험선박 운항이 많은 연안지역에 VTS를 단계적으로 구축하되, 연안VTS운영은 경비정 등 현장대응력을 갖춘 해양경찰청에서 주관하도록 했다.

항만VTS는 현행대로 항만청에서 운영하되 7개 항만관제센터에서 실시중인 항만청－해경 합동근무를 14개 전체 항만관제센터로 확대실시하게 되어 항만VTS(해양수산부)와 연안VTS(해양경찰청)으로 이원화되어 운영되어 왔다.

세월호 사고 이후 그 동안 이원화 되어 있던 해상교통관제시스템(VTS)을 해양경찰청으로 일원화하여 해양사고 예방과 구조업무를 더욱 효율적이고 신속하게 대응할 수 있는 체계를 갖추고 있다.

현재 운영되고 있는 해상교통관제시스템은 항만 VTS 15개소, 연안 VTS 3개소이다.

나. 단일선체 유조선의 조기퇴출

허베이스피리트호 유류유출 사고를 계기로 단일선체(single hull) 유조선에 의한 대형재난을 미연에 방지하기 위하여 국제해양오염방지협약(MARPOL 73/78)에서 정한 시기보다 5년 앞당긴 2011년 1월 1일부터 단일선체유조선의 운항을 전면 금지했다.

단일선체 유조선은 선체외판을 한 겹으로 만든 재래식 유조선으로 사고시 기름이 유출될 가능성이 매우 높은 선박이다.

허베이스피리트호, 씨프린스호(95년), 액손발데즈호(89년), 프레스티지호(02년) 등 국내외 주요 유류오염사고를 일으킨 선박은 모두 선체의 기름탱크 외벽이 한 겹인 단일선체유조선이었다.

이에 따라 재화중량톤수(DWT) 5천 톤 이상의 외국적 단일선체 유조선은 2011년 1월 1일부터 국내항에 입항이 전면 금지되고 있으며 우리나라 선적 단일선체 유조선은 국내외 수역에서 운항이 전면 금지되고 있어 이중선체(double hull)유조선으로 교체되었다.

단일선체(Single hull tanker)
충돌이나 좌초로 파공이 생기면 유류가 해상으로 직접유출

이중선체(Double hull tanker)
충돌 또는 좌초로 외부선체에 파공이 발생한다면 내부선체가 유류를 선체 내에 안전하게 보관

그림 5.7 단일선체와 이중선체 비교[52)]

52) Australian Maritime Safety Authority and the Oil Companies International Marine Forum

다. 유조선등 위험선박 안전운항시스템 강화[53)]

해양수산부는 2014년 1월 31일 발생한 우이산호 사고와 2월 15일 부산앞바다에서 발생한 캡틴반젤리스L호 유류오염사고를 계기로 유류오염사고 재발방지를 위해 도선과 해상급유에 대한 안전관리를 강화하고 유류부두의 안전성을 대폭 보완하고 안전사각지대를 없애기 위한 각종 방안을 마련하여 추진하고 있다.

그간 해양수산부에서는 씨프린스호('95년)와 허베이스피리트호 사고('07년) 이후 해양시설에 방제선·방제장비 구비의 의무화, 단일선체유조선의 이중선체로 의무화, 해상교통안전진단제도도입 등 유조선의 안전성과 방제역량 강화를 위한 다양한 대책을 추진해 왔다.

그러나 유조선이 접안중에 부두를 들이받고 해상급유중 급유선과 화물선이 부딪혀 기름이 유출되는 국내에서는 전례 없는 사고가 발생함에 따라, 해양수산부에서는 도선과 해상급유 중에 발생할 수 있는 사고를 근본적으로 차단하고 유류부두 송유시설의 안전성 보완에 초점을 맞춰 대책을 마련했다.

우선 도선과정에서의 인적과실을 최소화하기 위해 정부는 선박 이동경로와 속도 등 안전기준을 반영한 항만별 도선표준매뉴얼을 제정하여 도선사별 편차를 해소하고, 항만 입출항 전 도선계획을 사전에 선장에게 제출해 선장이 도선사의 비정상적인 운항을 통제할 수 있도록 도선절차를 개선했다.

또한 도선면허 유효기간을 5년으로 한정하고 면허등급을 현행 2단계에서 4단계로 세분화하는 등 면허체계도 개편된다.

주기적 교육과 면허갱신 시 적격여부평가제도를 도입, 도선사의 전문성도 강화했다.

유류부두의 안전성도 강화돼 선박이 유류부두에 충돌하면 사고사실이 관계 기관에 자동으로 통보될 수 있도록 자동경보시스템이 구축된다.

53) 보도자료(2014년 2월 17일, 해양수산부)

해상 송유관에 일정 간격으로 자동차단밸브와 비상전원을 설치해 송유관 파손시에도 기름유출이 즉각 차단될 수 있도록 할 계획이다.

주요 유류부두에 유조선이 접·이안할 때 안전관리자를 의무적으로 배치하도록하고 송유관을 해저에 매설하는 설계방식도 검토하기로 했다.

또 위험물하역시설 운영전반에 대한 안전성을 주기적으로 검증하는 인증체계 도입도 추진한다.

선박통항량이 많은 항만 인근에서의 선박사고를 막기 위해 23개 무역항의 관제 범위를 대폭확대하여 전국의 관제구역이 5,524km^{2}에서 8369km^{2}로 지금보다 절반 이상(52%, 2,845km^2)이 넓어진다.

또한, 해사안전감독관제도를 도입해 선박·사업장 안전관리를 사전예방체계로 전환한다. 해양재난대응능력강화방안도 대책에 포함되었다.

선박항법시스템을 자동화·표준화시키고 육·해상간 통신환경을 구축하여 육상의 관제를 통해 선박안전운항을 원격지원하는 체계인 한국형 e－내비게이션 등 정보통신기술(ICT)을 활용한 해양재난 예측 및 예방 역량도 높아진다.

라. 해난사고시 오염방지구난조치 역량강화

대형해양오염사고는 선박의 충돌·좌초·침몰 등 해난사고로 발생하며 2007년 허베이스피리트호 사고, 2016년 오션탱고호 사고를 계기로 "사전유출방지조치"가 "유출 후 방제"보다 환경피해저감에 더 효과적임을 인식하게 되었다.

2017년 2월, 해양경찰청 내 사전유출방지조치 업무를 체계적으로 수행할 전담부서(특수방제계)를 신설하고, 해양환경관리법 제65조의 규정에 따라 비상예인, 화재진화, 파공봉쇄, 유류이적 등 해양오염방지긴급구난역량을 강화하는 종합계획을 수립(2017년 4월 19일) 시행하고 있다.

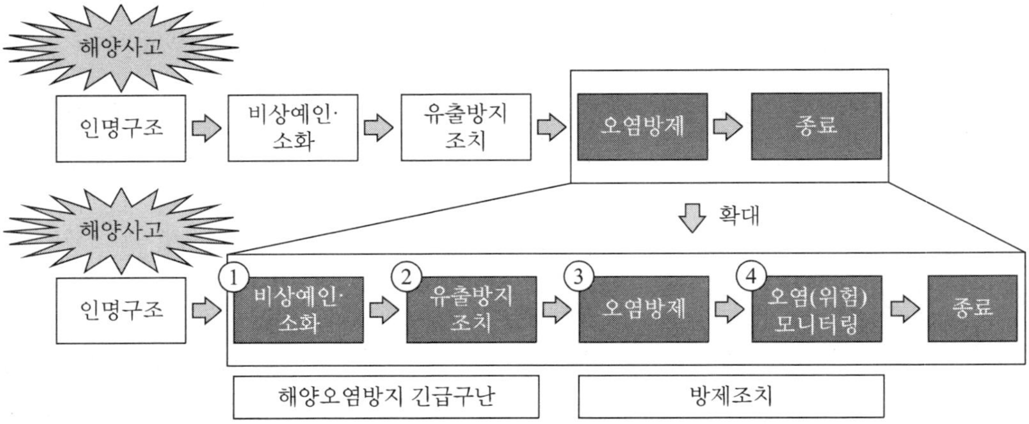

그림 5.8 해양오염방지 구난조치 절차도

이 계획에는 국가긴급방제계획·매뉴얼의 개정·보완, 전문가 자문단의 구성·운영, 해양경찰교육원에 「해양오염방지 긴급구난」 전문교육 과정을 운영하는 내용이 포함되어 있다.

또한, 2018년 화재진화·예인기능을 갖춘 다목적 화학방제정 2척을 울산·여수해역에 배치하고 전문인력·장비도 지속적으로 확보하며, 선박파공봉쇄장비 연구·개발 등 관련 R&D 사업도 중장기 과제로 수립되어 있다.

또한 해양사고시 오염물질 유출을 방지하고 해양오염방지 긴급구난 역량을 강화하기 위한 국제전문가 워크숍을 2017년 6월에 개최했다.

이 워크숍에서는 좌초, 충돌, 침몰 등 해난에 처한 선박으로부터 기름, 유해화학물질 등의 오염물질 유출방지를 위한 긴급구난 업무를 적극 시행하기 위한 것으로 해양경찰청, 해양수산부, 해양환경관리공단, 한국해운조합, 선주협회, 검수검정회사, 보험사, 해운선사, 국내외 구난업체 등 50개 기관 업체 총 170여명이 참석했다.

그림 5.9 해양오염방지 긴급구난 역량을 강화하기 위한 국제전문가 워크숍

해양경찰청은 대형 해양오염사고는 주로 선박의 해난사고로 발생하기 때문에 해난사고시 오염물질 유출을 최소화하기 위한 긴급구난 추진정책을 설명하였고 스미트샐비지, 아던트샐비지, 니폰샐비지 등 세계 5대 글로벌 구난업체가 참여하여 민간과 정부가 함께 긴급구난 조치를 효율적으로 수행하기 위한 방안이 활발하게 논의되었다.

2. 국가방제지휘체제 재정립

가. 방제지휘체계 일원화, 임무와 역할 명확화

재난적 오염사고가 발생한 경우 해양수산부에 중앙사고수습본부, 해양경찰청에 방제대책본부가 설치·운영된다.

2007년 12월에 발생한 허베이스피리트호 오염사고시 이 두 본부장의 업무한계가 명확하지 못하고 중앙사고수습본부에서 현장 방제대책까지 챙기다 보니 방제현장에서 여러 가지 혼선이 초래되었다.

이에 2011년 6월 해양경찰청장이 해양오염사고 발생시 긴급방제를 총괄지휘토록 해양환경관리법을 정비했다.

나. 국가방제기본계획 보완 개정

지난 1995년 씨프린스호 사고 이후 재난적 대형 해양오염사고에 대비하기 위해 우리나라의 국가방제체계를 규정하는 국가방제기본계획(2000년 1월 11일, 국무회의 심의·확정)이 수립·시행되었고, 2007년 태안에서 발생한 허베이스피리트호 사고 이후 재난적인 해양오염사고 수습과정에서 나타난 지휘체계 및 관계기관 간 임무·역할의 불명확한 부분 등을 개선하여, 2009년 4월 1일 해양환경관리위원회(위원장은 해양수산부장관이며 현재는 해양수산발전위원회로 변경)에서 심의·통과되어 전면 개정된 국가긴급방제계획(NCP : National Contingency Plan)이 시행되기에 이르렀다.

이 계획은 방제대책본부장(해양경찰청장)이 방제업무를 총괄·지휘하고, 중앙사고수습본부장(해양수산부장관)은 부처간 협조와 복구 및 피해보상 등을 총괄하도록 하여 해양오염방제에 관한 지휘·통제 권한을 방제대책본부(해양경찰청장)로 일원화 하고 관계 중앙행정기관과 지방자치단체에 책임과 의무를 부여함으로써 상호협조하는 긴급 대응체제를 구축하고 국내·외 인력이나 장비 등의 긴급동원·지원 및 국제협력을 강화하는 등 재난적 대형 해양오염사고에 범 국가차원에서 신속하고 효율적으로 대비·대응하기 위한 사항들을 체계적으로 규정한 종합적인 집행계획이다.

다. 국가방제지휘체계

해양환경관리법 제62조에 따라 해양경찰청장은 해양오염사고로 인한 긴급방제를 총괄지휘하며 이를 위하여 방제대책본부를 설치 할 수 있다.

'방제대책본부 운영규칙'에는 해양경찰청장을 본부장으로 지속성 기름 1,000㎘ 이상이 유출되거나 유출될 우려가 있는 해양오염사고로서 국가적 또는 국제적 차원의 대응이 요구되는 사고시 방제대책본부를 설치하도록 규정하고 있으며 한국형 재난현장 대응·수습 표준체계에 맞추어 방제대책본부조직을 대응계획부, 현장대응부, 자원지원부, 긴급복구부 등 4개의 집행기능으로 개정하였고, 공보관 및 지원기관과의 의사소통을 위한 연락관을 신설하여 현장지휘권을 강화하는 한편, 현장방제 관련 주요의사결정을 방제대책본부장은 오염사고 분석·평가 및 방제총괄 지휘, 인접국가간 방제지원 및 협력, 오염물질 유출 및 확산의 방지, 방제인력·장비 등 동원범위 결정과 현장 지휘·통제, 방제전략의 수립 및 방제방법 결정의 임무가 주어진다.

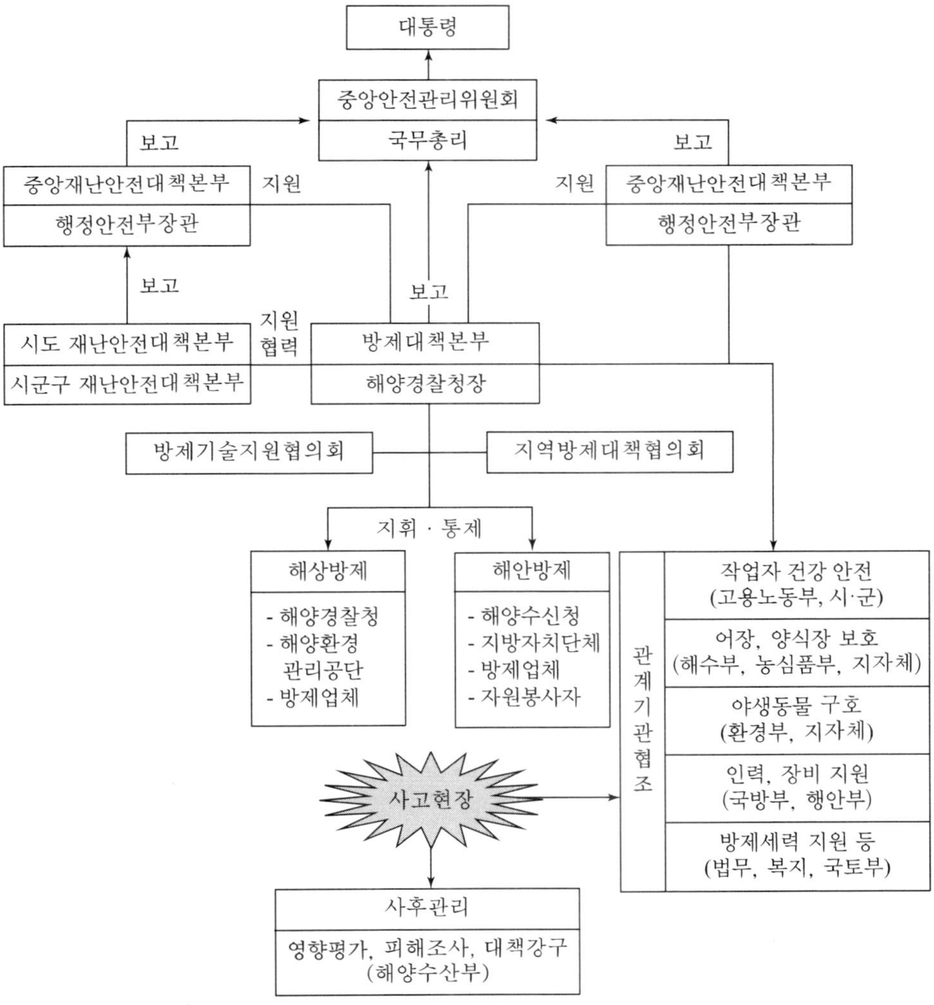

그림 5.10 대형 해양오염사고 지휘체계

3. 해안오염 방제체제 정비 및 대응능력 강화

가. 지자체 등의 해안방제 역할과 책임정착

허베이스피리트호 사고 이후 해안방제 책임기관을 기름이 하나의 시장·군수 또는 구청장 관할 해안에만 영향을 미치는 경우에는 해당 시장·군수 또는 구청장이, 기름이 둘 이상의 시장·군수 또는 구청장 관할 해안에 영향을 미치는 경우에는 해당 시·도지사가 방제조치를 하도록 구체화하고 지방자치단체의 장이 해안방제조치를 하는 경우에 해양경찰청장은 해안방제에 사용되는 자재·약제, 방제장비, 인력 및 기술을 지원하도록 해양환경관리법이 개정되어 지자체의 해안방제 역할을 명확히 했다.

국가어항이 있는 45개 지자체에 대해서는 해양환경관리법에 따라, 기타 해안을 끼고 있는 27개 지자체에 대해서는 재난 및 안전관리기본법에 따라 방제자재비축기준을 만들어서 오일펜스 및 유흡착재를 갖추도록 했다.

11개 지방해양수산청 및 45개 지자체는 위험도에 따라 「해양환경관리법」 시행규칙 <별표 12> 및 <별표 13>에 따라 방제자재 비축·보관시설 운영해야 하며 설치항만과 지자체의 비치대상은 [표 5.3]과 같다.

해안을 끼고 있는 28개 지자체는 해양환경관리법에 의한 '저위험도 항만' 비치기준을 반영하고 재난 및 안전관리기본법에 따라 [표 5.4]와 같이 방제자재를 비축해야 한다.

나. 지자체의 해안방제 역량강화를 위한 중앙정부의 지원

해양경찰청은 해안을 관할하고 있는 72개 지방자치단체에서 스스로 해안방제 역량을 강화할 수 있도록 예산 및 교육훈련을 지원하고 있다.

해양경찰교육원에 해안오염조사·평가 교육과정을 개설하여 매년 2회 지자체 해안방제담당자들을 대상으로 해안방제기술, 해안오염조사방법, 해안방제통합포털시스템 운용 및 현장실습 등을 실시하고 있다.

중앙정부는 2017년부터 지자체의 해안방제 자원 확충을 위해 교부세를 지원하고 있는데 해안방제비축기지 신축을 위한 재난안전특별교부세를 행정안전부에서 화성시, 군산시, 울산시, 남해군, 부안군 등 5개 지자체에 약 14.2억을 지원하였고, 소방안전교부세 지원대상 사업에 해안방제 자원 분야를 지정하여 해안방제 물품 확충이 필요한 지자체를 지원하고 있다.

표 5.3 위험도에 따른 방제자재 비치량

비축기관	설치항만	오일펜스 (m)	유흡착재 (kg)
지방해양수산청 (무역항 및 연안항)	최고위험도 항만(광양, 대산, 울산)	1,000	2,000
	고위험도 항만(부산, 인천, 군산)	800	1,000
	중위험도 항만 (평택·당진, 포항, 태안, 목포, 고현, 마산, 옥포, 제주, 동해·묵호, 옥계, 보령, 삼천포, 호산, 장항, 여수, 진해, 완도, 통영, 서귀포, 속초, 장승포, 삼척, 하동)	500	500
	저위험도 항만 (경인, 서울, 급유선 입출항 연안항)	200	200
지자체 (45개)	저위험도 항만(국가어항)	200	200

표 5.4 해안 인접 지자체의 방제자재 비치량

비축기관	지자체명	오일펜스 (m)	유흡착재 (kg)
지자체 (28개)	부산중구·동구·서구·남구·영도·수영·해운대, 인천중구·동구·서구·연수구·남동구, 목포, 광양, 순천, 보성, 영암, 함평, 동해, 진해구, 마산합포구, 안산, 무안, 시흥, 평택, 김포, 아산, 울주	200	200

다. 해안방제지원체계 및 능력강화

해상 및 해안의 방제의무자는 오염행위자 및 선박 또는 해양시설의 관리자이다.

하지만 직접 방제조치를 할 능력이나 경험이 없어 방제의무자의 방제조치만으로 곤란하다고 인정되는 경우 또는 긴급한 방제조치가 필요하다고 인정되는 경우 해상방제는 해양경찰청장 그리고 해안방제는 지방자치단체장이 방제조치를 하여야 한다.

해상에서 유류오염사고가 발생하면 해안에 기름이 부착될 가능성이 매우 높으며, 해안오염방제는 해상오염방제와 특성, 기술, 장비 등 모든 면에서 상이하고, 최근 일반국민의 해양환경에 대한 의식증대로 자원봉사자의 참여가 증가됨에 따라 신속하고 효율적인 해안방제를 위한 제도의 개선과 실질적 해안방제능력의 제고가 요구된다.

해양경찰청장은 지자체의 방제역량 강화를 위해 다양한 지원방안을 마련하고 있는데 특히 소방안전교부세 및 재난안전특별교부세를 활용하여 지자체의 해안방제자원 확충을 지원하고 있다.

또한 지자체별 보유해야할 최소한의 방제 장비·자재 비축기준 부재로 자원 확보가 어려워 신속한 초동대응이 곤란한 점을 고려하여 전국 지자체별 해안방제 장비·자재 최소 비축기준을 마련하여 대응역량을 강화하고 있다.

이와 더불어, 오염발생 지자체가 인근 유관기관의 방제자원을 신속히 지원받도록 해경 등 유관기관간 방제자원 현황을 실시간 제공받을 수 있는 해안방제통합포털시스템을 구축·운영하고 있다.

기존 해양경찰청 중심의 방제훈련을 진행해 왔으나 해안방제훈련의 경우 지자체가 중심이 되고 해경이 지원하는 방식으로 개선하여 시행 중에 있다.

라. 해안오염평가제도 도입 및 활용

우리나라의 해양오염방제정책은 해상방제 위주로 추진되어 왔으며 해상방제 위주의 정책추진으로 해안방제를 위한 전문인력, 방제자원, 방제기술 등이 확보되지 않아 허베이스피리트호 오염사고시 캐나다 SCAT팀이 해안 구역에 대한 조사를 지원한바 있다.

미국, 캐나다 등에서는 효율적인 해안방제를 위해 해안오염 평가제도를 도입하고 있으며 해안지역은 다양한 이해관계인과 해안의 특성상 과학적이고 객관적인 해안오염평가후 해안방제방법을 선정하여 방제를 실시하고 방제종료를 선언하는 등 과학적이고 체계적인 해안오염평가가 중요하게 되었다.

2007년 태안 허베이스피리트 오염사고 이후 해안오염평가제도의 중요성을 인식하고 지자체의 해안방제 지원을 위한 방제기술, 전문인력, 방제자원에 대한 정책을 추진하고 있다.

지자체의 해안방제 기술력 향상을 위하여 해경주관 해안방제 전문교육과목을 개설·운영하고 있으며, 과학적이고 체계적인 해안오염평가를 위하여 전국 연안 및 도서지역에 대한 해안방제 정보 DB를 구축, 지자체에 실시간 제공하고 있다.

해안오염방제에 능통한 해안오염조사평가팀을 구성·운영하여 사고현장에 투입하여 방제 우선순위 결정, 사고해안의 지리적 특성에 따른 효율적 방제방법 및 종료기준 등을 지원하고 있다.

해안오염조사평가팀은 해경서 별로 구성되어 총 18개팀 216명(해경 54명, 유관기관, 83명, 공단·업체 26명, 전문가 53명)이 구성되어 활동 중에 있다.

표 5.5 전국 해안오염조사평가팀 구성현황

계	중부청				동해청			남해청				서해청					제주청	
	인천	평택	태안	보령	속초	동해	포항	울산	부산	창원	통영	여수	완도	목포	군산	부안	제주	서귀
18	1	1	1	1	1	1	1	1	1	1	1	1	1	1	1	1	1	1
216	19	10	9	11	12	10	11	12	10	14	15	17	11	16	14	8	10	7

마. 효율적인 방제종료기준 도입

해안방제에서 방제종료기준이란 오염해안의 일정 구획에 대해 기름제거 작업을 할 때 '어느 정도 깨끗이 할 것인가' 기준을 정하는 것이다.

그러나 깨끗하다(clean)라는 개념은 매우 주관적이고 추상적이어서 오염피해자인 지역주민·어업인들과 오염행위자인 선주·보험사, 환경단체 그리고 정부기관 등 이해당사자들의 견해차가 크다.

따라서 기름 한 방울 보이지 않을 때까지 계속 방제를 하여야 된다는 주장과 과하면 오히려 해양생태계를 파괴한다는 주장이 대립되어 쉽게 합의에 도달하지 못할 경우가 많다.

이런 경우에 대비해서 방제종료기준을 사전에 설정하여 두고 있는데 환경의 민감정도, 해안의 이용 빈도, 지질학적 특성 등에 따라 종료기준이 다르며, 같은 오염지역 내에서도 해안의 특성 및 시기에 따라 방제종료기준과 수준이 다르다.

따라서 해안의 방제종료를 결정하기 위해서 해안오염평가팀(SCAT)을 이해당사자(지자체, 해양경찰, 환경단체, 지역주민, 방제업체, 오염행위자 및 보험사)들로 구성하여 해안의 오염상태를 주기적으로 평가하고 방제여건 및 방제종료기준 등을 고려하여 합의를 도출하는 것이 바람직하다.

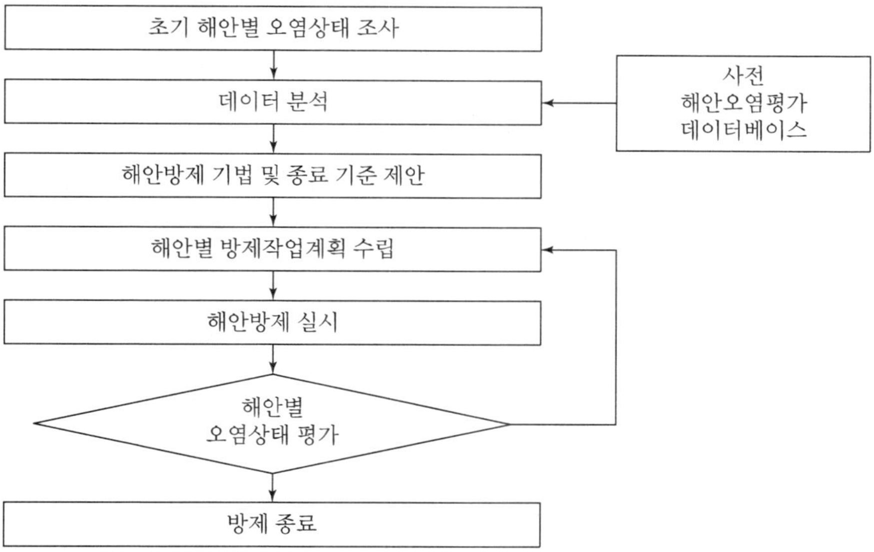

그림 5.11 해안오염평가 의사결정 과정

국가긴급방제계획에는 해양경찰청장, 지방자치단체장 또는 시설관리 행정기관의 장은 관할 해상 또는 해안에 대하여 방제종료를 판단하여 결정 할 수 있으며 이 경우 관계기관, 전문가, 비정부기구(NGO), 지역주민 등이 참여하는 현장조사팀 또는 의사결정협의체를 구성·운영할 수 있도록 명시하고 있다.

바. 자원봉사자 관리체계 정립·운용 시스템 보완

허베이스피리트호 사고 방제과정에서 전국 자원봉사자 120여만 명이 자발적으로 방제활동에 참여하였으나 국가긴급방제계획서상의 규정에도 불구하고 행정안전부, 해양경찰청, 지방자치단체의 각 소관별 해양오염방제 자원봉사자에 대한 관리방안이 수립되어 있지 않아 자원봉사자 관리에 혼란을 초래 할 수밖에 없었다.

특히 예상치 못한 자원봉사자들이 하루 최대 36,000명까지 방제현장에 참여하던 시기에는 이들을 적재적소에 배치하고 통제·관리하기에는 지자체

인력이 크게 부족하였으며, 현장에 투입된 공무원들은 자원봉사자들을 안내하고 지원하느라 방제작업에 지장을 받기도 했다.

또한, 단시간에 대규모의 자원봉사자가 참여하게 되자 교통·음식·위생·방제물품 지급, 수거 폐기물 이송처리 등이 적기적소에 이루어지지 못하는 부작용도 드러났다.

해양경찰청에서는 방제자원봉사자의 모집, 현장배치 및 방제교육·안전관리를 위하여 지자체의 자원봉사센터와 협업을 통한 운영체계를 마련하는 한편, 해양오염방제 자원봉사자 제도를 운영하여 해양오염사고시 자원봉사자에 대한 방제현장교육 및 안전관리를 강화하고 있다.

그림 5.12 자원봉사자 교육용 책자

자원봉사자가 방제에 대한 이해도를 높이고 방제활동 중 스스로의 안전관리 능력을 배양하는데 도움이 될 수 있도록 자원봉사운영길잡이 책자를 제작하고 해양오염방제 자원봉사 리더교육과정 등을 운영하고 있다.

2016년 12월 현재 해양오염방제 자원봉사자는 1,378명을 모집 운영 중이다.

사. 해안방제통합포탈시스템 구축운영

해양경찰청은 해안방제에 필요한 해안오염평가, 방제자원 및 방제상황관리 등을 체계적으로 지원하는 해안방제통합포털시스템(RIMS)[54]을 구축했다.

54) 해안방제통합포털시스템(RIMS : Response Integrated Management System)

이는 우리나라 해안의 복잡한 구조와 어장·양식장 현황, 산업시설, 생태학적 및 경제적 가치 등의 해안정보를 DB화 시켜 기관별 방제자원을 관리하고 해양오염 사고시 해양환경 피해 및 경제적 손실을 최소화할 수 있도록 했다.

2016년까지 동해안, 서해안, 남해안 및 제주 등 전국 해안의 데이터베이스 구축이 완료된 상태이며, 2017년까지 도서지역 해안에 대한 정보를 조사·입력해 나갈 예정이다.

표 5.6 해안방제통합 포털 시스템 구축 진행 계획

구분	'11년	'12년	'13년	'14년	'15년	'16년	'17년
시스템 구축(완료)	해안오염 평가시스템	방제자원 관리시스템	해안방제 통합포털 시스템	–	–	–	–
방제 DB 구축	여수 울산	부산 통영	인천 평택	태안 군산	완도 목포	동해안, 제주	유인도서 (20개)

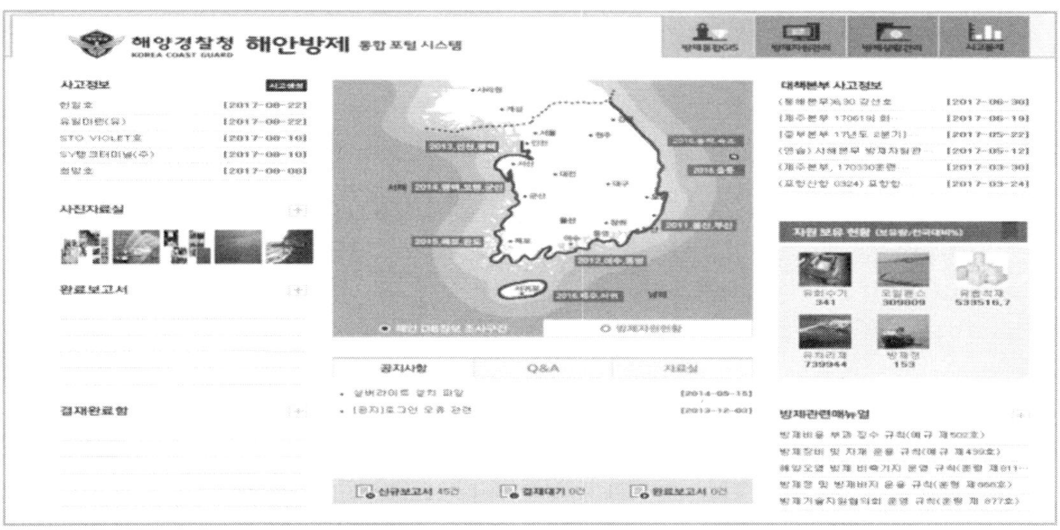

그림 5.13 해안방제통합포털시스템 모습

4. 국가방제기능 및 방제능력 보강

가. 해양오염사고 초동대응 중심의 해경 기능보강

1) 방제의 중점을 유출 후 방제에서 사전유출방지 긴급구난조치로 전환

대형 해양오염사고는 주로 선박의 충돌·좌초·침몰·화재 등 해난사고로 인하여 발생한다.

따라서 해난사고가 발생하여 기름이 유출되고 있거나 유출 우려가 있는 경우에 기름을 다른 선박으로 이적, 파공부위 봉쇄, 화재 소화작업 등 기름의 유출을 방지하기 위한 긴급구난 조치를 적극적으로 시행하기 위해 2017년 2월에 해양경찰청에 특수방제계를 신설했다.

또한 해난선박의 구난작업은 매우 전문적이고 고난도 기술과 경험이 요구되기 때문에 해양경찰청은 기름유출방지를 위한 긴급구난 방법과 결정을 위한 자문을 받기 위해 많은 전문가들로 구성된 기술자문단을 운영하고 있다.

2) 초동조치 중심의 최일선 조직·인력 보강

2014년 2월 부산 남외항 앞바다에서 급유 중이던 화물선 캡틴반젤리스엘호와 급유선 그린플러스 호가 충돌하여 중질성 연료유 약 237톤이 유출되는 사고가 발생했다.

동 사고는 캡틴반젤리스엘호 측면에 파공이 발생하여 기름이 지속적으로 유출되는 상황이었으나 해양경찰특수구조대의 신속한 파공봉쇄로 해상유출유를 대폭 감소시킬 수 있었으며, 동 사고를 계기로 해양사고시 해양오염방지를 위한 초동조치의 필요성이 증가하여 초동조치를 직접 수행하는 최일선 조직과 인력을 보강하게 되었다.

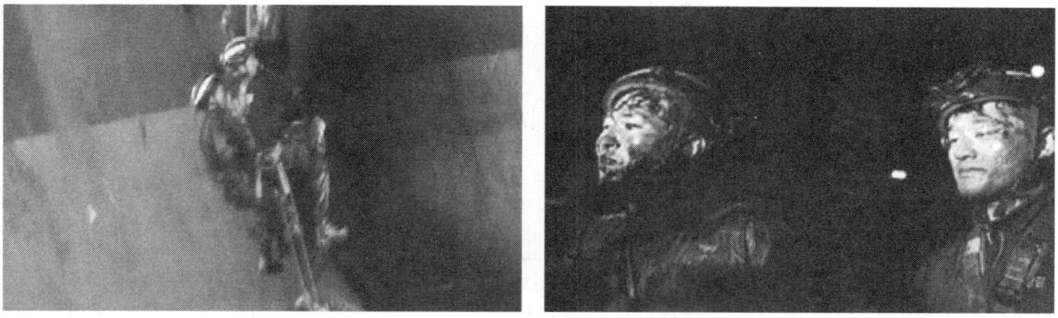

그림 5.14 캡틴반젤리스 엘호 파공부위를 봉쇄하는 특구대원 모습

이에 따라 사고선 파공봉쇄, 긴급 유류이적 등과 같은 해양오염방지를 위한 긴급구난을 전문으로 수행하는 긴급방제팀을 남해(중앙해양특수구조단), 서해(서해해양특수구조대) 및 동해(동해해양특수구조대)에 배치하였고, 해역별 위험도를 감안하여 기존 방제정이 2척이 배치된 해경서를 기존 3개 해경서에서 8개로 확대토록 추진하여 해상에서 발생하는 오염사고시 방제정의 사고대응 역량을 향상시키고 있다.

뿐만 아니라 2012년도에 부산 앞 해상에서 발생한 화학운반선 화재사고인 마리타임메이지호 사고 이후 해상화학사고에 대한 대응역량의 필요성을 확인하고, 화학방제정을 2척 건조하고 있으며, 1500톤급 대형화학방제정의 도입을 추진하고 있다.

해양오염방제조직은 1978년 해양오염방제국이 89명으로 설립된 이후 지속적으로 증가하여 현재 해양경찰청, 지방해양경찰청, 해양경찰서 및 방제정을 포함하여 2017년 8월 현재 413명으로 구성되어 있고, 이중 방제정책을 담당하는 본청에 34명이 배치되어 있고, 현장 대응을 담당하는 지방해양경찰청 및 해양경찰서에 273명이 업무를 수행하고, 최일선 현장 대응을 수행하는 긴급방제팀 및 방제정은 106명이 배치되어 있다.

3) 중앙해양특수구조단 긴급방제팀 신설

해양경찰청은 해난사고시 긴급구조 등 신속한 초동조치를 위해서 2014년 12월 23일 부산에 중앙해양특수구조단이 창설되었다.

이어서 2015년에는 동해에 동해해양특수구조대와 목포에 서해해양특수구조대가 추가로 설치되었다.

해양특수구조대의 주요 임무는 선박 및 항공기 등의 침몰·화재 등 대형 해양사고 발생시 국민의 소중한 생명과 재산을 지키는 업무를 하고 있으며 전문방제요원이 해양특수구조대에 배속되어 있다.

사고초기 기름유출예방조치, 유출차단, 응급방제조치를 취할 수 있도록 24시간 대비하고 있다.

특히 각 해양특수구조대에는 긴급방제를 위해 전문방제요원 6~8명으로 구성된 긴급방제팀이 배속되어 해양오염사고 시 즉시 현장에 투입되어 기름이적, 파공부위 봉쇄 및 유출유 확산방지 등 해양오염방지를 위한 긴급구난 업무도 수행하고 있다.

나. 국가방제능력 확보 목표 재설정·확보 추진[55)]

1) 신개념의 국가방제능력 기준 도입

우리나라에서 방제장비 확보기준 설정 등 국가 방제정책 목표를 계량화하기 위하여 도입된 기존의 국가방제능력 개념은 오염사고가 발생할 지역적 특성이 고려되지 않고, 단순히 대형오염사고에 대비해서 확보해야 할 총 방제장비 능력을 국가적 차원으로 접근하고 있음으로 인해 방제효율성 극대화를 위한 필수요소인 지역별 소요 방제자원 및 동원방법 등이 다루어지지 않고 있었다.

55) 해양오염방제장비 중장기 확보계획(2016년 1월, 해양경찰청) 발췌

따라서 이 같은 결점을 보완하고 오염사고시 신속·효율적으로 대응하기 위해 지역방제능력 개념을 도입했다.

그리고 방제능력이란 해상에서 회수할 수 있는 기름회수용량을 말하는 것으로 선진해양국에서와 같이 해상기름회수용량으로 정의했다.

우리나라에서도 국가방제능력 목표를 선진 해양국과 같이 해상에서 유회수기를 이용하여 기름을 회수 할 수 있는 총량의 의미로 "해상기름회수목표량"을 사용하고 있다.

2) 해상기름 회수목표량 설정·관리

"해상기름 회수목표량"은 30만 톤급 이중선체 원유운반선이 충돌하여 원유탱크 3개가 파공되었을 때 최대 45,000kℓ가 유출되는 것을 가정하고 유출량의 1/3인 15,000kℓ를 해상에서 회수하는 목표를 설정했다.

이에 따라 방제장비확보 목표량을 정유공장이 있는 울산·여수·대산항을 중심으로 동·남·서해 3개 권역으로 나누어 각 7,500kℓ씩, 전국 총 22,500 kℓ로 설정했다.

이는 해상에서 15,000kℓ를 회수하는데 사고 발생 권역에서 1/2인 7,500kℓ를 다른 2개 권역에서 7,500kℓ를 회수할 수 방제장비를 동원한다는 개념이다.

전국 방제장비확보목표량 22,500kℓ을 다시 국가 9,000kℓ와 해양환경관리공단 등 민간 13,500kℓ으로 나누어 확보목표를 설정하고 있다.

22,500kl (전체)		9,000kl (국가)		13,500kl (민간)
최대 유출량 45,000kℓ의 1/3 해상회수 3개 해역에 각 7,500kℓ 보유	=	해양경찰청 해양항만청 지자체 등	+	방제의무자 해양환경관리공단 방제업체

그림 5.15 해상기름회수 목표량 산정기준

3) 중장기 장비확보 목표 재설정·해역별 방제자원 배치 조정

중장기 장비확보 목표를 설정하기 위해 해상기름 회수 목표량 22,500kℓ와 허베이스피리트호 오염사고 방제작업의 시뮬레이션을 통하여 필요한 방제장비 종류 및 소요량을 분석하여 중장기 방제장비 확보목표를 설정하고 과거 30년간 발생한 오염사고 9,854건 중 중질유 오염사고 3,478건의 사고 빈도와 규모를 분석하고 선박 입·출항 및 기름 물동량을 사고 위험인자로 반영하여 17개 해경서의 해양오염사고 위험도를 최상·상·중·하 4개 그룹으로 분류하여 해역별 방제장비 배치기준을 설정했다.

해양경찰청의 방제장비 30종에 대한 확보목표를 설정하고 해양경찰서별로 해양오염사고 위험도에 따라 배치기준을 설정했다.

방제정의 경우 총 확보목표는 26척이며 위험도가 최상 및 상 해경서는 2척, 그 외 해경서는 1척씩이며 유회수기의 총 확보목표는 총 86대이며 배치기준은 최상 7대, 상 5대, 중·하 3대씩이며 3개 방제비축기지에 4대씩이다.

표 5.7 위험도에 따른 방제장비 배치 계획

상대적 위험도	해양경찰서	방제정(척)		유회수기(대)	
		각서별	계	각서별	계
계		26		86 (비축기지 12)*	
최상(10% 이상)	여수, 울산, 부산 (3)	2	6	7	21
상(5～10%)	인천, 평택, 포항, 통영 (4)	2	8	5	20
중(2.5～5%)	태안, 목포**, 창원 (3)	1	4	3	9
하 (2.5% 미만)	동해, 군산, 제주, 완도, 서귀포, 보령, 속초 (8)	1	8	3	24

* 유회수기 : 3개비축기지 별 각 4대

** 목포 : 인근해경서 모두 1척 배치로 공백해소 1척 추가

4) 허베이스피리트호 사고 시뮬레이션을 통해 방제장비 중장기 확보목표 설정

2007년에 발생한 허베이스피리트호 사고가 다시 발생할 경우를 가정하여 장비측면에서 개선이 필요한 부분을 도출하는 시뮬레이션을 통하여 장비 개선 소요를 산정하고 이를 바탕으로 [표 5.8]과 같이 방제장비 확보목표를 설정했다.

전용방제선의 경우 해양오염으로 인한 긴급 상황에 대비하기 위하여 해경서 별로 1척 배치를 원칙으로 하되, 상대적 해양오염 위험도가 높은 해경서는 2척을 배치했다.

여수·울산·부산해경서의 경우 위험도가 최상이지만 공단지사, 방제업체 등의 방제세력이 다수 배치된 점을 고려했다.

표 5.8 방제장비 중장기 확보목표

구분	확보목표	산정기준
전용 방제정	26척	• (원칙) 안전서 각 1척(초동 긴급방제용) – 해양오염 위험도가 上 이상인 해경서 각 2척
파공봉쇄키트	218세트	• 방제정 및 경비함정 각 1세트 • 해경서(해양오염방제과) 각 1세트
파공봉쇄장치	25세트	• 중특단(긴급방제팀), 항공대 각 1세트 • 해경서(해양오염방제과) 각 1세트
유회수기	86대	• (이동용) (원칙) 해경서 각 3대(초동 방제용) – 해양오염 위험도 上 5대, 最上 7대 • (선박 장착용) 방제비축기지별 각 4대
수륙양용 회수장치	9대	• 방제비축기지별 각 3대
소형선박용 회수네트	600세트	• 2007년 허베이스피리트호 사고 1일 최대 어선 동원척수(1,687척)의 약 1/3

또한 전용 방제정 임에도 불구하고 선박과 유회수장치를 단순 결합하는 방식으로 건조됨에 따라 서해·남해의 빠른 조류에 회수한계를 노출되는 문제점을 해결하기 위해 우리나라 해역특성에 적합한 '한국형 방제정 표준모델'을 개발하기로 했다.

이 표준모델 방제정은 포집－회수－유수분리－저장 등의 기능을 모두 구현 할 수 있고 빠른 조류에서 회수효율이 유지되도록 유효회수 속도를 4노트 이상 유지가 가능하며, 저속으로 안정적인 운항이 가능하도록 최저속도 등을 요구조건으로 하고 있다.

파공봉쇄장치(키트) 확보는 허베이스피리트호 사고시 유출봉쇄 실패로 최장 40시간 30분간 유출이 지속되어 많은 비난과 지탄을 받은 사례가 있어 파공부위를 봉쇄할 수 있는 장비를 확보하여 사고현장에 가장 먼저 도착할 수 있는 세력에 배치하는 것을 목표로 하고 있다.

파공봉쇄키트는 누구나 쉽게 운용할 수 있는 패치형 봉쇄키트를 말하여 파공봉쇄장치는 장착에 전문적이 기술이 필요하고 작업에 위험을 수반하는 것을 말한다.

그리고 수륙양용회수장비 확보는 허베이스피리트호 사고 당시 해안으로 밀려오는 기름에 속수무책이었으며 표착된 두터운 유층을 신속하게 제거하지 못해 해안오염이 확대되었다.

비치크리너 등 일부 해안표착유 회수장비 등이 동원되었으나 그 효과가 미미하였고, 자원봉사자들에 의해 직접 퍼담은 원시적인 방제방법에 의존했다.

두꺼운 유층이 해상과 해안의 경계면을 넘나드는 특성을 감안할 때 기존의 방제장비나 방제선으로는 접근과 회수에 한계가 있다.

이에 해상과 해안경계를 자유롭게 이동하며 두터운 유층을 신속하게 회수할 수 있는 장비를 개발 보급할 계획이다.

그림 5.16 수륙양용 방제장비

그림 5.17 연안해역 기름회수 작업

다. 허베이스피리트호 사고 이후 방제자원 변화

1) 방제비축기지 신축

허베이스피리트호 오염사고 초기 방제작업자와 자원봉사자 등 하루 2~3만 명이 몰려들어 방제작업복, 유흡착재 등 기본적인 방제물품이 부족했다.

해양경찰은 전국에 있는 모든 방제물품들을 긴급 동원하고 구매하여 보급하였으나 부족했다.

이런 경험을 바탕으로 재난적 해양오염사고에 필요한 방제 물품을 안정적으로 보급하기 위해서는 적절한 방제물품의 비축이 필수적이기 때문에 정유공장이 있는 울산, 여수, 대산에 방제비축기지를 신축하고 사고 초기 7일간 사용가능한 방제물품을 확보목표로 비축해 나가고 있다.

표 5.9 방제비축기지 현황

구분	대산비축기지(태안서)	광양비축기지(여수서)	울산비축기지(울산서)
위치	대산항	광양항	온산항
준공	’09년 11월	‘09년 9월	‘11년 4월
연면적	$1,731m^2$	$2,424m^2$	$1,767m^2$
공사비	20억 원	35억 원	20억 원

시설형태	단층 철골구조	3층 철골구조	2층 철골구조
외관			
내부 모습			

표 5.10 방제비축기기 기자재 비축량(17년 7월 현재)

구 분		개인보호구 (세트)	작업도구 (세트)	오일펜스 (m)	유흡착재 (톤)	저장용기 (m^3)	수거포대 (장)
확보목표량		90,000	2,100	9,000	150	1,500	60,000
확보량	소계	55,360	1,049	9,110	133.86	1,119.5	51,351
	광양	6,708	382	2,850	41.6	320	5,665
	대산	26,166	396	2,440	52.2	354.9	32,000
	울산	22,486	271	3,820	40.06	444.6	13,686

표 5.11 주요 해안방제장비 보유현황(17년 7월 현재)

해안운반차	비치크리너	고압세척기	저압세척기	동력분무기	이송펌프
29대	6대	50대	50대	29대	42대

2) 지자체 방제지원을 위한 해안방제장비 확충

허베이스피리트호 오염사고 이후, 해안 방제에 사용되는 자재·약제, 방제장비, 인력 및 기술을 해양경찰청장이 지원하도록 해양환경관리법이 개정되어 해양경찰청은 해안방제장비를 대폭 확충했다.

해안에서 방제물품을 운반하는 다목적 운반차량, 비치크리너, 해안세척기, 이송펌프 및 그 외 작업도구 등 다양한 방제물품을 확보했다.

3) 유해화학물질(HNS) 사고 대응장비 확충

해상으로 운송되는 유해화학물질은 2016년 기준 27,900만 톤으로 전체 물동량 대비 약 19%이며 매년 지속적으로 증가하고 있다.

유해화학물질 유출사고도 매년 2~3건씩 발생되고 있는데 최근 주요 유해화학물질 유출사고 사례는 아래와 같다.

표 5.14 유해화학물질 관련 해양사고

일시	장소	선명	개요
'13년 12월 29일	부산 태종대 근해	Maritime Maisie호 (케미칼선, 29,111톤)	항해 중 충돌로 화재발생 18일 10시간 만에 진화
'14년 7월 17일	울산항 4부두	한양에이스호 (케미칼선, 1,553톤)	혼산(황산+질산) 하역 중 갑판상에 누출
'14년 10월 16일	부산 신항부두	Maersk Cunene호 (컨테이너선, 50869톤)	컨테이너에 적재된 불산이 용기 파손으로 유출
'15년 3월 14일	일본 해역 (울산동방 62마일)	선윙호 (케미칼선, 2,243톤)	혼산이 기관실로 유입 화재 발생, 침몰

표 5.12 최근 5년간 HNS 해상 물동량 (단위 : 백만톤)

구분	'12년	'13년	'14년	'15년	'16년
전체	1,339	1,359	1,416	1,463	1,509
기름	322	312	319	340	360
HNS	252	260	260	268	279

표 5.13 10kl 이상 유해화학물질 유출 사고

일시	장소	선명	원인	오염물질
'02년 5월 13일	군산 어청도 근해	2대산파이오니아호 (케미칼선, 1,597톤)	충돌	자일렌 203.8kℓ
'04년 12월 24일	울산 관공선 부두	정일스톨트해븐(주) (해양시설)	부주의	T－자일렌 10.2kℓ
'07년 12월 7일	온산항 북방파제	포센져호 (케미칼선, 22,637톤)	충돌	메탄올 954.6kℓ
'07년 12월 25일	여수 백도 근해	이스턴브라이트호 (케미컬선, 1,323톤)	침몰	질산 1,466kℓ 벙커C등 86.6kℓ
'11년 3월 16일	완도 장도 근해	스톨트 디스트리뷰티호 (케미칼선, 2,700톤)	충돌	벤젠 75.3kℓ
'15년 1월 11일	울산항 4부두	한양에이스호 (케미칼선, 1,553톤)	파손	혼산 198kℓ

그림 5.18 Maritime Maisie호 화재사고

그림 5.19 한양에이스호 혼산누출사고

표 5.15 해상유해화학물질 사고 대응 자재보유 현황

개인보호장비				가스 탐지기	제독기	열화상 카메라
화학보호복 (A, B급)	공기호흡기	무전기	냉방조끼			
252벌	170대	135대	162벌	111대	36대	11대

해양경찰은 유해화학물질사고에 대비하기 위해 화학보호복, 가스탐지기 등 화학사고 대응장비 및 내화학 흡착재, 알콜형포소화약제 등 대응약제 확보하고 있으며 유독가스가 덮여있는 사고현장에 접근할 수 있는 300톤급 화학방제정 2척을 건조중이며 2018년에 완공되면 울산과 여수에 배치할 예정이다.

4) 방제자원(인력·장비 등) 변화

허베이스피리트호 오염사고 이후 가장 두드러지는 방제자원의 변화는 크게 두 가지이다.

사고 당시 태안군의 방제장비는 유흡착재 147박스에 불과하여 초기 해안방제작업을 해경 주도로 실시하게 되었다.

지자체의 해안방제능력을 개선하기 위한 비치크리너, 저압·고압세척기 등 해안방제장비와 해경서별 로 1척씩 총 17대의 소형방제작업정을 확보했다.

또한 대규모 사고를 대비한 방제비축기지 3개소를 신축하여 사고 초기 소요량 7일분을 비축하고 있다.

대규모 오염사고시 사고선박에 긴급투입되어 유출유 차단 등 긴급조치를 취할 수 있도록 3개 해양특수구조단내에 긴급방제팀을 신설했다.

표 5.16 허베이스피리트 사고 당시와 현재의 방제장비 보유현황

구분	사고 당시	현재(17년 8월)	비고
방제전문인력	181명	321명	해양오염방제국
대형 방제정	–	1척	훈련함(3,000톤급) 겸용
중형 방제정	19척	20척	100～300톤급
소형방제작업정	–	17척	10톤급
유회수기	74대	86대	
오일펜스	15km	33km	
방제비축기지	–	3개소	방제기자재 비축
해안방제장비	60대	198대	비치크리너, 운반차량 등

라. 방제기술 개발을 위한 국가연구개발(R&D)사업 추진

국내·외 유류오염방제기술이나 방제장비가 꾸준히 발전되어 왔으나 대형 오염사고는 대부분 해상기상이 나쁜 상태에서 발생하고 있어 초기 해상방제작업에는 여전히 한계가 있다.

특히, 조류가 빠르고 해역의 특성이 다양한 우리나라에서 기름이 유출되면 오일펜스를 설치하여 기름을 포집하고 유회수기로 기름을 회수하는 전통적인 방제방법의 적용이 어려울 때가 많았다.

이에 다양한 상황에서 현장 적용이 가능한 방제기술을 개발하기 위해 2015년부터 국가연구개발(R&D)사업으로 6개 과제(2017년까지 사업비 360억)를 추진하는 등 방제기술연구개발사업을 추진하고 있다.

표 5.17 국가연구개발(R&D)사업 내역

과제명	총예산 (17년)	기간	과제내용
HNS 유출사고 현장 대응기술 및 장비개발	77억 (17.4억)	'15~ '18년	– HNS사고 초동대응 전략 시스템 구축 – 현장 탐지 및 분석기술 개발 – 내화학성 보호복 개발
나노 구조체를 이용한 방제기술 기발	100억 (20억)	'16~ '20년	– 나노구조체 기반 기름뜰채, 분리 필터 및 기름포집네트 개발
외부 투입형 선박파공 봉쇄장치 개발	50억 (6.6억)	'16~ '19년	– 선박 탱크 파공으로 기름유출시 신속히 차단하는 파공봉쇄장치 개발
위험물질 확산방지 긴급대응기술 개발	29억 (4.1억)	'16~ '19년	– 항공운송용 오일펜스 및 전장기술 개발
빅데이터 분석 해역별 해양사고 위험도 평가 및 지원시스템 개발	74억 (13.4억)	'16~ '20년	– 기름오염 민감자원 위해도 평가 및 방제대응전략 수립 – 유출유 확산 예측모델 개발 및 방제 지원시스템 구축
유지문 감식 선진화 기법 개발	30억 (4.5억)	'17~ '20년	– 유지문 감식 핵심기술 개발 – 유지문 감식 프로그램 개발

5. 방제조합의 공단승격과 방제능력 보강

가. 해양환경관리공단 설립

1995년 7월 여수에서 발생한 씨프린스호 오염사고 이후 재난적인 대형 유류오염사고에 대비한 국가방제능력 보강을 위하여 방제전문기관으로 설립('97년 11월 13일)된 한국해양오염방제조합이 해양환경관리법 제정('07년 1월 19일 제정, 해양오염방지법 대치)으로 허베이스피리트호 사고 방제작업이 한창이던 2008년 1월 20일 해양환경관리공단으로 승격되었다.

나. 공단의 방제능력 강화

공단으로 승격되면서 기존의 해양오염방제중심의 업무에서 해양환경의 보전·관리·개선업무가 추가되면서 해양환경관리에 주력하고 해양오염방제 업무에 소홀히 할 수 있다는 일부 우려의 시선도 있으나 허베이스피리트호 사고 이후 공단도 당시의 문제점을 보완하는 노력을 지속하여 방제능력도 크게 보강해 왔다.

1) 기름회수능력 확대

허베이스피리트호 사고 당시 공단의 방제능력은 유회수기 149대 회수능력 10,817kℓ 이었으나 현재('17년 7월) 유회수기 208대 회수능력 13,750kℓ로 27%나 증가되어 국가방제능력 확보 목표 민간 13,500kℓ를 초과 확보하고 있다.

표 5.18 공단 방제장비 보유현황('17년 7월 현재)

유회수기(용량)	오일펜스(km)	유흡착재(톤)	유처리제(kl)
208대 (8,981kℓ/h)	50.16	74,611	73,018

※ 방제능력(회수용량 kℓ) = 8,981kℓ/hr × 3일 × 8시간/일 × 효율(0.2) × 동원율(0.33)
= 13,750kℓ

표 5.19 공단 방제선박 현황('17년 7월 현재)

합계(척)	방제선(척)			방제보조선(척)		
	전용 방제선	청방선	예방선	방제부선	작업선	환경 조사선
75	8	19	31	3	11	3

2) 다목적 대형방제선 건조 추진

허베이스피리트호 사고 당시 제기되었던 기상악화(높은 파고, 강한 조류시 초동방제문제를 해결하고 외해 방제조치 업무를 안정적으로 수행할 수 있는 대형 방제선의 필요성에 따라 5,000톤급 다목적 대형 방제선 건조를 추진 중에 있다.

2017년 준설겸용 대형 방제선 건조 타당성 조사를 마치고 2018년~2019년 2년차에 걸쳐 건조예정이다.

그림 5.20 다목적 대형방제선(예)

3) 방제대응센터 건립·방제장비·물품비축

방제기자재의 효율적 관리와 오염사고 발생시 신속한 방제자원동원을 위해 전국 주요항만에 방제대응센터를 건립하고 있다.

2017년 7월 현재 전국 12개 지사 중 9개 지사는 건립완료 하였고 3개 지사는 추진 중에 있다.

또한 어촌계 등 취약지역에서의 해양오염사고 초동방제조치를 위한 어촌계 현장 방제대응센터 설치를 추진하여 2016년 현재 30개소를 완료하고 향후 전국 150개소까지 확대해 나갈 예정이다.

그림 5.21 포항지사 대응센타

그림 5.22 어촌계 대응센터

4) 방제기술 연구개발 강화

공단은 허베이스피리트호 사고 이후 사고 당시 문제점 해소를 위한 방제기술연구개발 사업도 적극 추진하고 있다.

갯닦기 작업의 효율성 제고를 위해 자갈세척기 개발, 고형식 오일펜스 인양기 개발 등 현장실용화에 주력하고 있다.

그림 5.23 자갈세척기 활용 방제작업

그림 5.24 고형식 오일펜스 인양기

그림 5.25 교육원 전경

그림 5.26 조파수조

그림 5.27 인공해안(자갈)

그림 5.28 테트라포드

5) 해양환경교육원 설립, 교육·훈련 강화

공단은 방제교육전문기관으로 해양환경교육원을 설립('11년 1월 개원)하여 다양한 전문방제교육 및 대국민 해양환경교육 등 해양환경 보전의식 고취를 위한 다양한 교육프로그램을 운용하고 있다.

6. 현장대응실행력 보강을 위한 방제훈련 강화

해양경찰서에서 자체적으로 실시하던 해양오염 방제훈련은 1995년 여수 씨프린스호 사고를 계기로 방제조합이 신설되고 방제업체가 새롭게 등장함에 따라 이들과 함께 년 1회의 민·관합동훈련으로 전환되었다.

그러나 2007년 허베이스피리트호 사고 수습과정에서 그동안 실시해온 방제훈련이 관계기관 및 지역주민 등을 초청하여 참관시키는 형태의 보여주기식 시범훈련은 사고 발생시 현장에 적용되지 못한다고 문제점으로 지적되었다.

이러한 문제점을 개선하고자 2009년에 우리나라 실정에 맞는 선진훈련모델과 훈련프로그램을 도출하기 위한 연구용역을 실시하고 방제능력의 개선을 위해 기술훈련, 팀워크훈련 및 합동훈련으로 구분했다 이후 해양오염 방제훈련규칙을 제정하고 기술훈련, 도상훈련 및 현장훈련으로 변경되었으며 이들을 반영한 방제훈련 매뉴얼을 마련함으로써 체계적으로 훈련을 실시하고 있다.

가. 기술훈련

기술훈련은 방제정에 탑재된 방제장비와 방제창고에 보관중인 방제장비의 운용 숙달을 위한 훈련으로 오일펜스 설치훈련, 유회수기 운용 훈련 및 유처리제 살포훈련으로 각 훈련종목별로 매월 실시하고 있다.

나. 도상훈련

도상훈련에는 방제전략수립훈련과 방제대책본부 운영 훈련이 있다.

방제전략수립훈련은 기름 및 유해화학물질 유출사고에 대비하여 가상의 해양오염사고 상황을 설정하고 선박상태, 기름특성 및 확산예측, 민감자원

등 위험성을 평가하여 사고 초기 및 사고 2~3일차에 대한 방제조치계획을 수립하는 훈련으로 해양경찰서 주관으로 해양환경관리공단과 함께 실시하다가 2016년에 방제대책본부 운영훈련과 통합되었다.

방제대책본부 운영 훈련은 허베이스피리트호 사고 이후 신설된 대표적인 훈련으로 2009년도에 처음으로 실시했다.

그림 5.29 오염사고 설명

그림 5.30 방제전략 수립 논의

해양경찰서 주관으로 해양경찰서별로 연1회 실시하고 있으며 해양수산청, 지방자치단체, 해양환경관리공단 및 방제업체가 참여하여 지역긴급방제실행계획에 의한 관계기관의 임무와 역할을 점검하는 훈련이다.

본 훈련은 지역긴급방제실행계획 및 매뉴얼의 조치절차에 따라 상황보고서 등을 이용하여 조치결과를 직접 작성하고 보고·전파하고 이외에도 훈련팀 편성, 방제대책회의, 언론 인터뷰 및 VIP 브리핑 등 방제대책본부 운영에 필요한 거의 모든 과정을 훈련한다.

최근의 정부시책에 맞도록 해양오염에 대한 원인자의 책임의식을 강화하기 위하여 방제대책본부에 오염원인자가 참여하도록 방제대책본부 운영규칙을 2015년도에 개정하면서부터 2016년부터는 선사(선주) 또는 선박대리점 등이 훈련에 참여하고 있다.

다. 현장훈련

현장훈련에는 해상방제훈련, 해안방제훈련, 유해화학물질사고대응훈련 및 방제기자재 긴급동원훈련 등 4종을 실시하고 있다.

1) 해상방제훈련

선박사고로 인한 오염물질 방지를 위한 구난조치와 유출된 기름의 효율적 제거를 훈련목표로 설정하고 해양경찰서 주관으로 매년 1회씩 실시하고 있다.

훈련에는 해양수산청, 지방자치단체, 군부대, 해양환경관리공단, 방제업체 및 국민방제대 등이 참여하는 민·관합동훈련으로 실시하며 일선 해양경찰서장이 방제세력을 지휘한다.

허베이스피리트호 사고 이후에는 보여주기식 훈련을 지양하고자 특별한 경우를 제외하고는 지역주민 등의 참관을 없앴다.

훈련의 주요내용으로는 오일펜스 설치, 파공부위 봉쇄 및 적재유 이적, 유회수시스템을 이용한 유출유 회수 등이며 훈련의 효율성과 현실감을 높이기 위하여 가상오염물질을 개발하여 2014년부터 훈련에 적용하고 있다.

2017년에는 해양오염 사각지대 해소를 위해 섬 지역에서 훈련을 실시하고 대규모 오염사고에는 해안오염이 동반되므로 인접 해양경찰서와의 합동훈련, 해상 및 해안 합동훈련 등 다양한 형태로 훈련방식을 개선해 추진하고 있다.

그림 5.31 사고선 포위전장

그림 5.32 방제정 VOSS 운용

2) 해안방제훈련

허베이스피리트호 사고 때 해상방제는 사고발생 33일 만에 끝난 반면, 해안방제는 213일, 도서지역 방제는 310일간 이어지면서 해안방제의 중요성이 대두됨에 따라 이후 신설된 훈련종목이다.

해안방제훈련에서는 해안에 부착된 기름의 신속하고 효율적인 제거를 목표로, 사전에 구성된 해안오염조사평가팀(SCAT)의 전문적인 조사결과를 바탕으로 과학적인 방제방법을 선택하고 이를 실행한다.

원래 해안방제는 책임기관인 지방자치단체가 주관하여 실시하여나 하나 지자체의 방제역량이 부족하여 초기 해양경찰서 주관으로 지자체에 방제기술을 이전하는 형태로 이루어졌다.

2017년부터는 해양경찰서와 지방자치단체가 공동주관하여 해양경찰서별 연1회 이상 실시하고 있으며 해안을 끼고 있는 72개 지방자치단체를 대상으로 점차 지방자치단체에서 주관하도록 유도하기 위하여 순환 실시하고 있다.

그림 5.33 SCAT 해안오염평가

그림 5.34 해안방제

그림 5.35 HNS 탐지 활동

그림 5.36 현장 제독 실시

3) 유해화학물질 대응훈련

2005년 울산에서 최초로 시범훈련이 실시된 이후 현재는 해양경찰서별로 연1회씩 실시하고 있다.

동 훈련에는 사고현장통제, 사고물질 탐지 측정 및 대응정보 확인, 피해예측 및 경계구역 선정, 오염물질 수거 및 제독, 사후관리 및 폐기물처리의 6단계로 진행하고 있으며 육상에서 사용하던 화학사고대응정보시스템(CARIS)을 활용하여 해상뿐만 아니라 대기확산까지 고려함으로서 전문성을 높여가고 있다.

한편, 유해화학물질 사고는 다른 사고보다 전문 지식과 기술이 요구되기 때문에 화학사고대응전문기관과의 협업을 강화하기 위하여 화학재난합동방재센터와 합동으로 실시하고 환경청, 소방서 등이 훈련에 참여하고 있다.

4) 방제기자재 긴급동원훈련

해양오염사고 발생시 방제창고 또는 방제비축기지에 보관되어 있는 방제기자재를 신속하게 사고발생해역까지 동원하는 훈련으로 지방해양경찰청 주관으로 반기별 1회씩 실시하고 있다.

각 해양경찰서별로 구축되어 있는 책임동원업체 등과의 동원태세를 점검하거나 초동대응태세를 점검하기 위하여 방제세력을 신속하게 사고현장에 출동조치하는 훈련으로 주로 불시에 실시하여 불시훈련이라 부르기도 한다.

라. 방제교육시설 현대화 및 교육·훈련 체계화

해양경찰청에서는 과학적이고 체계적인 전문방제기술·교육·훈련을 위하여 해양경찰교육원에 세계적 수준의 해양오염방제훈련장을 설치하였다(2013년 11월 12일 준공).

방제훈련장에는 조파수조, 인공해안의 해안수조 등 다양한 시설·장비를 갖춘 훈련실습장과 방제프로그램 운용과 방제전략 수립훈련을 위한 해양오염방제 시뮬레이션장 등을 갖추고 있다.

최근('15년 12월 21일) 파공봉쇄 및 유류이적 훈련시설을 갖추고 유출유 차단훈련, 장비실험시설로 활용하고 있다.

방제교육과정에는 신임교육, 실무전문과정, 자원봉사자, 선박·시설오염방지관리인, KOICA교육 등 다양한 교육과정을 개설하여 이론교육과 실습을 통한 방제전략과 기술을 습득하게 하고 있다.

그림 5.37 수조에서 방제훈련

그림 5.38 파공부위 봉쇄 훈련

7. 방제지원세력 협력체제 강화

가. 지역방제대책협의회 운영 활성화

1) 지역방제대책협의회 구성

해양오염사고 발생시 원활한 방제협력과 지원 등을 위하여 해양경찰서장은 해당 지역을 관할하는 관계기관의 소속 공무원, 유관단체·업체의 임직원 및 주민대표 등으로 지역방제대책협의회를 구성·운영하고 있다.

위원은 서장인 위원장을 포함하여 20인 이내로 구성되어지고 있다.

대책협의회의 주요 기능은 해양오염사고에 대비한 방제실행 계획의 심의, 방제조치에 필요한 인력, 물자, 장비, 처리시설의 지원에 관한 업무조정, 해양오염방제에 관한 기술적 자문 및 기타 해양오염방제대책에 필요한 사항 등을 심의하고 있다.

2) 운영실적

지역방제대책협의회 정기회와 임시회 그리고 간담회 등을 개최하고 있으며 지자체 해안긴급방제실행계획 체제 정착을 위한 협조사항, 방제장비 및 자재의 동원협조, 비상연락망 점검과 그 밖에 해양환경관련 의견을 교환한다.

표 5.20 지역해양오염 방제대책협의회 운영 실적

구분	'05	'06	'07	'08	'09	'10	'11	'12	'13	'14	'15	'16
계(회)	53	17	31	16	14	14	15	18	16	50	17	19
정기회	13	13	13	13	13	14	15	15	16	15	17	18
임시회	40		14	1	1			3		35		1
간담회		4	4	2								

표 5.21 방제기술지원협의회 구성현황

계(명)	방제일반	유류확산 예측	환경보건 안전	선체구난	보험법률	HNS
29	6	5	5	3	5	5

표 5.22 연도별 기술지원 및 자문실적

계	11년	12년	13년	14년	15년	16년	17년 8월
70건178회 (182명)	11건19회 (19명)	14건20회 (18명)	14건26회 (26명)	13건32회 (35명)	9건34회 (34명)	8건46회 (46명)	1건1회 (4명)

나. 방제기술지원협의회 운영

방제기술지원협의회는 「해양환경관리법 시행령」 제45조에 따라 해양오염 방제에 필요한 기술적인 지원 및 자문을 받기 위한 비상설 조직으로, 정부 기관·대학교·연구소 등 해양관련 6개 분야 전문가 29명으로 구성되어 있으며, 해양오염사고 발생시 각 분야별 전문적인 지식과 경험에 기초한 설명이나 의견을 자문 받아 문제 해결에 많은 도움을 받고 있다.

주요 자문 및 기술지원 사항으로는 방제전략 수립 및 방제방법 선택에 관한 사항, 사고선박의 선체안전 및 처리, 사고 진행예측, 기름·유해액체물질의 특성규명·피해감소 방안, 유출유 이동확산 예측에 관한사항, 환경영

향 및 오염피해 추정에 관한 사항 및 해양오염방제와 관련된 법률적 문제에 관한 사항 등이다.

다. 국민방제대 운영

국민방제대는 2010년 7월부터 지역어민이 중심이 되는 어촌계 자율방제대를 2014년에 어촌계와 자원봉사단체가 참여토록 확대·개편하여 민간의 방제역량을 강화하고 있다.

그림 5.39 국민방제대 방제작업 모습

주요역할은 원거리 소규모 어항 등에 해양오염 방제체제 기반을 조성하고 어촌계 단위로 해양오염사고에 대한 자율적 방제조치를 하는데 있다.

현재 전국 63개 지역 어촌계에서 선박 324척, 인원 897명으로 구성되어 있다.

해경·수협·지자체에서 오일펜스 및 유흡착재 등의 방제자재를 지원하여 국민방제대별로 오일펜스 20∼100m, 유흡착재 20∼130kg을 보유하고 있으며, 전국적으로 방제작업, 방제교육, 방제훈련 등의 활동을 하고 있다.

라. 해양환경관리공단과의 협력체제 강화

허베이스피리트호 사고 당시 한국해양오염방제조합은 방제전문기관으로서 유류오염사고의 대응에 있어 해양경찰청, 지자체 및 민간방제업체와 함께 해상방제 및 해안방제를 주도적으로 수행하였으며 환경부와 함께 방제작업에서 수거된 폐기물 처리에 있어서도 주도적인 역할을 했다.

허베이스피리트호 사고대응을 위하여 공단은 사고 당일인 2007년 12월 7일 전국 12개 지역에 분산 배치된 방제선 및 방제기자재를 태안해역으로 총 동원했다 동원된 선박은 즉시 해상방제를 실시하였으며 특히 가로림만 사수를 위하여 전력을 기울여 가로림만으로 기름이 유입되는 것을 성공적으로 차단하기도 했다.

그림 5.40 업무공유회의

그림 5.41 해경-공단 워크숍

허베이스피리트호 사고 방제실행과정에서 해양오염사고시 해양경찰청장이 방제업무를 총괄지휘하나 평상시 공단에 대한 지도·감독권이 없어 긴급방제시 효과적인 대응이 미흡하다는 국무총리실의 문제점 제기에 따라 사고 이후 해양환경관리법과 국가긴급방제계획을 보완하여 해양수산부장관이 해양환경관리공단의 업무에 대한 전반적인 지도·감독을 실시하고 공단의 해양오염방제사업중 긴급방제에 필요한 업무에 대하여 해양경찰청장이 지도·감독 권한을 가지는 것으로 정리되었다.

또한 2016년에는 해양경찰청과 공단 간 평상시 이해와 소통 부족을 인식하고 양 기관이 협업·공유 할 수 있는 협의체 구성을 합의했다.

기관간 상호업무 이해를 높이기 위해 연간업무 공유회의, 실무회의, 워크숍 등을 개최하고 소통과 협업을 추진 중에 있다.

기관 간 업무협업을 위해 2017년부터 실무협의회를 구성·운영하고 방제업무 발전을 위한 18개 협업과제를 발굴·추진하는 등 가시적인 성과를 나타내고 있다.

표 5.23 해경－공단 간 협업과제 목록

연번	제목
1	방제비용 선지급제도 도입
2	소형선 기름 넘침 방지용 비닐팩 공동 제작홍보
3	어선 윤활유 구매 실명제 및 오염물질 수거 활성화
4	오일펜스 전개판 테스트 지원 및 구매 협조
5	해경－공단 업무협업을 위한 실무협의회 정례화
6	방제인력의 전문자격 부여·인정 기준 마련
7	어촌계별 방제물품 보관소 공동 설치·활용
8	해양오염 예방 경진대회 우수사례 공유
9	해양재난대응 국제컨퍼런스 추진
10	해양오염사고 사례집 발간
11	해양오염 방제훈련 참여 확대
12	방제장비운용매뉴얼(편람) 공동제작 활용
13	해경·공단 간 SCAT 시기 및 역할정립
14	기관별 역할에 맞는 방제자원 확보·배치
15	해양오염사고시 공단의 선출동·후계약 체계확행
16	해상화학사고 시 공익차원에서 예인임무 수행
17	해경 유해화학물질 교육에 공단 실무자 참여 확대
18	유류이송 중 넘침사고 방지 홍보물 공동 제작

8. 해양오염방제 국제협력 강화

가. 국제협력 사업개요

해양오염사고를 유발할 수 있는 선박은 그 특성상 해상을 통해 국가간 이동을 하게 되고, 해양오염사고로 인해 유출된 오염물질은 여러 국가에 영향을 미치기 때문에, 해양오염사고 예방과, 사후 신속하고 효과적인 사고대응을 위해서는 국가간 협력 및 지원 시스템을 구축하는 것이 매우 중요하다.

이를 위해 해양오염방제국에서는 인접국가와 긴밀한 협조체계를 구축하여 정기적인 훈련을 통해 해양오염사고 대응 실행력을 강화해 나가고 있다.

나. NOWPAP(북서태평양보전실천계획) 지역협력

해양오염방제국에서는 매년 NOWPAP 지역의 해양오염 대비·대응 및 지역협력체계 발전을 위해서 한국·일본·중국·러시아 4개국 해양오염방제 책임기관의 전문가들이 함께하는 국가방제책임기관회의에 한국의 정부대표로 참석하고 있다.

이 회의에는 해양경찰청, 일본 해상보안청, 중국 해사국, 러시아 운송부 등 각국의 방제실무책임자들과 국제해사기구, NOWPAP 사무국 등 40여명의 관계자들이 참가하여 기름 및 HNS 유출사고에 대비한 긴급계획의 원활한 이행방안을 논의하고, NOWPAP 훈련 및 교육 수행에 대한 최근 동향에 대한 발표와 토론을 실시한다.

2년에 1회씩 한－중, 러－일 순번제로 실제 각 국의 방제선이 참여하는 국제방제훈련을 시행하고, 년 1회 가상 시나리오에 따른 통신훈련과 도상훈련을 시행하고 있다.

특히, 한·중·일·러 4개국은 NOWPAP의 체계를 활용하여 해양오염사고 정보를 신속히 공유하고, 필요한 경우, 해양오염 방제자원 및 각 국에서 요구되는 현안을 상호 지원하기 위한 다양한 논의를 진행하고 있다.

2011년 중국 보하이만 오염사고시 해양오염사고정보가 원활히 공유되지 않아, 해양오염 대비·대응에 대한 미흡함을 인지하고, 인접국가에서 해양오염 사고가 발생한 경우, 그 오염피해를 입을 수 있는 국가에서는 사고가 발생한 국가에 적극적으로 사고정보를 요청할 수 있도록 합동방제계획을 개정했다 뿐만 아니라 2014년 캡틴반젤리스엘호 오염사고시 유출된 기름이 일본 해역으로까지 유입되자 일본 측에서 피해보상 및 방제명령 등을 위해 사고발생국가에 시료를 요청하였으나 관계절차가 미비하여 양국간 의사소통이 다소 지연된 사례를 계기로 한국에서는 NOWPAP 방제기관회의를 통해서 4개국이 공통으로 활용할 수 있는 시료교환 가이드라인을 채택할 것을 제안하여, 현재 논의가 진행되고 있다.

한·중·일·러 4개국은 NOWPAP 지역협력체계를 활용하여 대규모 해양오염사고가 발생한 경우, 실제 해양오염방제자원을 교환하고 있다.

대표적인 사례로 2007년 허베이스피리트호 오염사고가 발생하였을 때, 한국은 대규모 오염사고 정보와 함께 전문인력 및 장비에 대한 지원을 요청하였고, 이러한 요청에 따라 중국에서는 유흡착재 56톤을 지원하였고, 일본에서는 유흡착재 10톤과 방제전문가를 지원했다.

그리고 러시아에서는 필요시 방제자원 및 전문가 지원의사를 표시했다 그리고 이렇게 지원받은 자재와 전문인력은 NOWPAP 국제협력 체계를 통해서 미국, 유럽 및 UNEP 등 국제전문가들과 함께 방제방법 및 오염상황 평가 자문 등을 수행했다

그림 5.42 NOWPAP 회의사진

다. 유류오염사고 추가기금협약 가입 보상 한도액 증액

허베이스피리트호 유류오염사고의 경우 국제유류오염보상기금(IOPC Fund)이 추정한 피해액이 최대 5,770억 원에 달하나 기존 국제기금의 보상한도액은 3,216억 원에 불과해 추가기금협약 가입 필요성이 제기되었다.

기존의 국제유류오염보상체계는 민사책임협약에 따라 선주가 최대 1,400억 원까지 배상하고 국제기금협약에 따라 국제기금 회원국의 정유업계로 부터 조성하는 분담금을 통해 최대 약 3,216억 원까지만 보상받을 수 있었다.

유류오염사고 피해보상을 위한 추가기금협약 가입 비준안이 2010년 4월 28일 제289회 국회(임시)본회의를 통과함에 따라 대형 해양오염사고 발생시 피해주민에게 최대 1조2,000억 원(750,000,000 SDR[56]))까지 받을 수 있는 제도적 기반이 마련되었다.

우리나라는 국제기금협약 회원국 114개 중 유류수령량 4위[57])로 유류수송에 따른 사고 발생가능성이 크고 수송선박의 대형화로 사고 발생시 피

---

56) SDR(Special Drawing Right : 특별인출권) 각 통화 대비 환율은 수시변동되어 국제통화기금(IMF)에서 매일 고시하고 있다. 허베이 스피리트호 사고 관련 국제기금 보상한도액인 3,216억원이 정해진 날('08년 3월 13일)의 환율이 1SDR=1,584원이었다.

57) 2014년 기준으로 우리나라의 분담유는 126,060,318톤으로 일본(14.36%), 인디아(12.83%), 네덜란드(8.75%)에 이어 8.50%로 4위를 차지하고 있다.

해규모 또한 커질 것으로 예상되어 허베이스피리트 사고 이후 추가기금협약 가입이 추진되어 왔었다.

2017년 현재 추가기금협약 가입국은 31개 나라이고 우리나라는 2010년 5월 6일 협약가입서를 기탁하고 3개월 후인 2010년 8월 6일부터 협약이 발효되었다.

라. 선진방제기술정보 수집·활용 강화

허베이스피리트호 사고 이후 해상·해안방제기술, 방제종료기준, 해양오염조사·평가 등 해양오염방제분야 선진기술도입·최신정보교류 등의 필요성을 인식하여 외국의 국제워크숍, 방제기술·장비 전시 등 적극 참가, 외국전문가 초청포럼을 통한 정보교류, 수집을 강화해 나가고 있으며, 수집된 정보자료를 현장에 적극 활용해 나가고 있다.

해양오염방제장비 중장기 확보계획수립을 위한 국가회수목표량 설정 및 해역별 해양오염 위험도 분석, 해양오염위험도 분석, 해양오염방지를 위한 긴급구난기술 등에 대한 전문가 의견을 수렴하고 있으며 IMO, ITOPF 등 외국의 선진방제 기술서 및 매뉴얼의 국문번역을 꾸준히 추진했다 그에 따라서 총 38권의 방제기술 매뉴얼을 국문으로 번역했다.

이러한 방제기술 매뉴얼의 번역을 통해서 해상 유출유 회수기술, 해안기름제거 기술 등과 같은 현장에서 필요한 방제방법 뿐만 아니라 국가방제총괄기관으로서 필히 갖추어야 하는 역량인 사고지휘체계, 야생동물 구호, 자원봉사자 관리, 방제비용 보상 등과 같은 폭넓은 분야에 대한 선진 방제시스템을 국내로 도입하는 계기가 되었다.

표 5.24 해양오염 방제기술서 발간 현황

매뉴얼 종류	수량
IMO 방제기술 가이드라인	12권
ITOPF 방제기술정보집	17권
IPIECA 가이드라인	6권
기타 국제기구 방제기술서	3권

그림 5.43 ITOPF 해양오염방제기술 가이드라인

3절

향후과제 및 제언

허베이스피리트호 사고는 유류오염사고 피해가 얼마나 심각하다는 것을 우리 모두에게 생생하게 보여주었다.

대형 유류오염사고는 자연환경 및 생태계 파괴, 경제적 피해뿐만 아니라 지역사회 공동체 붕괴와 가정파괴까지 가져온다는 사실을 직접 경험했으며 이러한 심각한 피해를 가져오는 유류오염사고의 사전예방과 신속하고 효율적인 대응조치가 얼마나 중요하다는 것을 재인식하게 되었다.

1만 톤이 넘는 대형 유류오염사고를 불과 10개월 만에 방제작업을 끝낼 수 있었던 것은 123만의 자원봉사자들의 적극적인 참여와 범정부적인 재난대응, 민·관·군의 결집된 마음과 노력으로 이룬 기적으로 현장을 방문한 외국전문가들도 높이 평가하고 있다.

그러나 그 성공 이면에는 사고현장의 지형적 특성, 계절적인 시기, 정치·사회적인 분위기, 매스컴을 통한 전 국민들의 마음 결집, 곳곳에 숨은 공로자등 이 모든 것이 성공적인 방제가 이루어질 수 있도록 여건이 맞아 떨어졌기 때문에 가능했다고 본다.

앞으로 유사사고 발생시 허베이스피리트호 사고와 같이 성공적인 방제를 반드시 장담할 수는 없을 것이다.

그러나 국민들은 허베이스피리트호 사고처리 경험이 있으니까 그보다 더 잘 대응할 것으로 기대하게 될 것이다. 따라서 더 철저한 대비가 필요하다고 본다.

정부(해양경찰청)에서는 허베이스피리트호 사고 이후 10년 동안, 사고 당시 제기되었던 문제점을 중심으로 해양오염사고 예방시스템 강화, 국가방제지휘체제 재정립, 해안오염방제체제 정비 및 대응능력 강화, 국가방제기능 및 방제능력 보강, 현장대응실행력 보강을 위한 방제훈련 강화, 방제지원세력과의 협력체제 강화, 해양오염방제 국제협력 강화 등 재난적 대형오염사고에 대응하기 위한 방제제도와 체제를 보완하고 국가방제능력을 크게 개선 보강해 왔다.

그러나 아무리 제도와 체제를 갖추고 방제능력을 확보해 두고 있다 하더라고 사고현장에 적용되지 못하면 무용지물이 되고 말 것이다.

이에 재난적인 해양오염사고 발생시 효율적인 현장대응을 위한 몇 가지 제언을 하고자 한다.

1. 현장지휘관 중심의 방제지휘체계 확립

가. 현장 방제지휘·통제는 전문가에게 맡겨라

해상에 기름이 유출되었을 때 방제조치는 유출된 기름의 종류와 유출량, 확산상태, 해역의 특성, 해상상태 등에 따라 방제방법을 달리하며 동원가능한 방제장비·자재 및 방제세력 등을 고려하여 최적의 방제방법을 선택하여 하는 전문적 판단을 요구하고 있다.

해양환경관리법(제62조)에서 해양경찰청장이 해양오염사고로 인한 긴급방제를 총괄지휘하며 방제대책본부를 설치운영 할 수 있게 정하고 있고, 국가긴급방제계획에 방제대책본부장(해양경찰청장)이 방제업무를 총괄·지휘하도록 정하고 있다.

그러나 과거 국내·외 사례에서 상급자 또는 상급기관의 정치적이나 정무적 판단에 의한 일방적인 지시에 의한 조치가 실효를 못 거두거나 실패한 사례들을 종종 경험한 바가 있다.

따라서 현장을 방문하는 상급자나 상급기관에서는 현장 방제전략이나 방제방법에 대해서는 전문적인 영역으로 방제대책본부장의 고유한 권한으로 인정해 주어야 하며 "~을 해라"가 아닌 "무엇이 필요하냐? 무엇을 도와주어야 하나?"하고 적극적인 지원과 협력자가 되어야 하겠다.

방제대책본부장은 현장 전문가들의 조언을 적극적으로 수용하여 효율적이고 합리적인 방제전략과 방제방법을 선택하여야 할 것이다.

나. 중앙사고수습본부는 정부차원의 지원협력에 주력

허베이스피리트호 사고 초기 중앙사고수습본부(해양수산부장관)와 방제대책본부(해양경찰청장)의 서로 다른 내용의 언론 브리핑으로 혼란을 초래하였으며 방제대책본부의 지시를 받고 현장 출동하던 해양환경관리공단의 방제선박들이 중앙사고수습본부의 지시에 따라 반대방향으로 회항하여 독자적인 임무를 수행함에 따라 지휘체계의 혼란을 초래한 사례도 있었다.

허베이스피리트호 사고 이후 해양환경관리법과 국가긴급방제계획을 개정하여 방제대책본부장(해양경찰청장)이 방제업무를 총괄지휘하고 중앙사고수습본부장(해양수산부장관)은 부처간 협조와 복구 및 피해보상 등을 총괄하도록 하여 두 기관의 임무와 역할을 명확히 했다.

해양수산부가 상급기관이란 명분으로 방제정책이나 방제방법 등에 관여하려고 하면 또다시 혼란을 초래 할 수 있으므로 업무한계를 분명히 지켜야 할 것이다.

다. 골든타임을 놓치지 말라

모든 사고처리에는 골든타임이 있듯이 대형유류오염사고 처리에도 추가 유출방지와 확산차단과 같은 응급조치가 이루어져야 하는 골든타임의 초동대응이 중요하다.

재난적 대형오염사고는 대부분이 기상악화시 해상상태가 나쁜 상황에서 발생되고 있어 응급조치를 위한 초동대응이 어렵고 방제세력의 출동조차 어려운 경우가 많다.

그러나 언론이나 국민들은 당시의 해상상황이나 현지 여건을 잘 모르며 설명을 해도 이해하려 들지 않는다.

다만 조치결과 여부만 따지게 되고 문제점을 제기하는 것이 언론의 속성이다.

그동안 해양경찰청에서 방제업무의 중심을 기름이 해상에 유출된 후의 유출유 방제에서 유출전 오염방지 구난조치로 전환하고 오염현장 최일선의 조직과 인력보강 등 해양오염사고 초동대응 중심의 업무수행 기반을 마련해 왔다.

초동조치에 대한 신속한 의사결정 및 출동시스템을 갖추고 해난사고 발생시 최악의 상황을 가정한 방제세력의 선출동 후 상황에 따라 배치조정하는 등 적극적인 대응에 나서야겠다.

기상악화시 초동대응 할 수 있는 대형 방제정 등 대양용 방제세력 확보도 지속적으로 추진해 나가야 할 것이다.

2. 국가방제정책에 대한 국민신뢰 조성

가. 해양오염사고에 대한 대국민 정보공유 및 소통

재난적 대형오염사고 방제조치에는 허베이스피리트호 사고에서 경험했듯이 국민들의 적극적인 참여와 지원 없이는 사실상 불가능하다.

이를 위해서는 정부당국의 적극적인 조치와 함께 현장 상황에 대한 정확한 정보를 국민들에게 알리고 이해와 협조를 구해야 한다.

사고 현장에 대한 정확하고 신속한 상황전달을 위해 현장상황을 확인할 수 있는 동영상이나 사진을 촬영하고 기록하여 전달해 주는 채증팀 운영이 필요하다.

채증팀은 항공기·선박·육상 등 입체적이고 지속적으로 운영되어야 효율적일 것이다.

초동대응팀이 현장에 출동할 때 현장채증팀이 함께 출동하는 것이 원칙이지만 현장 초동대응팀 누군가가 현장채증임무를 맡아 수행하여야 한다.

현장 채증내용·현장상황을 중심으로 신속하고 가급적이면 자세하게 언론브리핑을 통하여 국민들에게 현장상황을 정확하고 솔직하게 알리고 이해와 협조를 구함으로써 정부의 방제정책이나 방제조치에 대한 신뢰를 받을 수 있다고 본다.

언론 브리핑은 정해진 창구와 절차에 따라 이루어져야 하며 현장실무자등 인터뷰를 통하여 개인의 임의적인 판단이나 의견을 제시하여 혼란을 초래해서는 아니 되며 이는 정부 방제정책 전체에 대한 불신을 초래하게 된다.

나. 유처리제 사용의 정당성 확보 노력

해상기상상태가 나쁜 상황에서 발생된 기름오염 사고나 이미 광범위하게 확산되어 있는 기름을 제거하기 위해서는 유처리제에 의한 분산처리가 가장 효과적인 방제방법이며 2차오염에 대한 우려에도 불구하고 피해 최소화를 위해 불가피하게 사용할 수밖에 없는 방제방법이다.

다만 2차오염을 최소화하고 효율성을 높이기 위해 사용시기, 사용위치·장소, 살포방법 및 사용절차 등에 대한 유처리제 사용지침을 준수하고 과학적인 현장 효과성 분석을 통한 유처리제 사용의 효율성과 합리성을 확보해 나가야 한다.

유처리제 사용에 따른 2차오염문제는 실제보다도 더 부정적으로 알려져 있으며 정부발표를 불신하고 있다.

환경이나 해양분야 전문가들조차도 유처리제에 대한 정확한 이해나 인식 없이 화학약제로 당연히 유해할 것이라고 판단하고 있는 사람들이 대부분이다. 유처리제 독성문제가 지속적으로 제기되면서 저독성 유처리제를 생산·사용하도록 형식승인 및 검정절차를 강화하고 있으며 생산제조업체에서도 경쟁적으로 저독성 유처리제를 개발하여 현재 유처리제 자체독성은 해양생물에 거의 무해한 제품들이 보급되고 있다.

다만 유처리제를 사용하면 해수표면에 분포하던 기름이 일정 수심까지 분산되면서 기름성분에 의한 2차오염을 유발할 수 있다.

이에 따라 유처리제를 살포 할 수 있는 해역의 수심·장소·살포방법 등 유처리제 사용지침을 정하여 2차오염을 사전에 차단하고 있다.

이와 같은 유처리제의 구성성분이나 규제관련규정, 사용지침, 사용방법에 대해서 알고 있는 전문가들은 그리 많지 않다.

앞으로도 대형 오염사고가 발생하면 유처리제 사용에 대한 문제점이 제기될 것이고 정부당국의 어떠한 설명이나 발표도 지역주민들은 믿으려 들지 않을 것이며 언론에서는 전문가들의 인터뷰를 통해 유처리제 사용의 문제점을 부각시키려고 할 것이다.

따라서 환경이나 해양관련 전문가들에게 유처리제에 대한 정확한 인식과 이해를 시킬 필요가 있다고 본다.

평상시 유처리제 사용의 불가피성과 효과분석, 유처리제 2차오염피해 저감방안, 외국의 사례분석등 유처리제에 대한 체계적인 연구·분석을 통하여 관련 분야 학회나 세미나 등에서 발표하고 토론하면서 전문가, 환경관련 시민단체, 언론기관 등에 인식과 이해의 폭을 지속적으로 넓혀 나가야 한다.

다. 과학적 오염평가 및 방제종료기준에 대한 합리성 제고

해안오염평가제도를 도입하고 해안오염평가 결과에 따라 해양경찰청장 또는 지방자치단체장이 해안오염방제종료를 결정할 수 있다고 국가긴급방제계획에 정하고 있고 방제종료판단을 위하여 현장조사팀 또는 의사결정협의체를 구성·운영할 수 있도록 명시하고 있으나 정확한 평가기준과 방제종료기준이 제시되지 않아 사고 발생시 이해 당사자들 간의 갈등이 발생할 수 있다.

사고규모, 해역특성, 계절·시기 등에 따라 그 기준이 달라지겠지만 해역특성별 오염평가기준 및 방제작업종료기준을 미리 설정해 둘 필요가 있다.

기본원칙은 정해두고 의사결정협의체에서 협의절차를 거쳐 결정하도록 하여야 할 것이다.

이를 위해 외국의 사례, 허베이스피리트 현장에서의 지역주민·환경단체·ITOPF전문가 지적사항 등을 고려한 기본안을 검토하여 관계기관(해수부·환경부·지자체), 공단(해양환경관리공단·해상국립공원관리공단), 환경단체, 전문가(방제기술지원협의회·해양환경분야 등) 등의 충분한 의견을 수렴하여 기본적인 "해양오염평가기준 및 방제종료기준" 마련을 제안한다.

라. 전문가지원제도를 통한 방제정책의 신뢰성 확보

해양오염방제에 필요한 기술적인 지원 및 자문을 받기 위해 해양환경관리법(시행령 제45조)에 근거하여 전문가들로 구성된 방제기술지원협의회를 운영하고 있다.

방제기술지원협의회운영을 활성화하고 대형 해양오염사고 발생시 방제대책본부에 분야별 전문가를 상주파견 시켜 방제전략 및 방제기술 등에 대한 지원 및 자문을 받고 전문분야에 대한 언론브리핑 등으로 정부 방제대책에 대한 국민들의 신뢰성을 제고해 나아가야 한다.

전문가들의 적극적인 참여와 지원활동을 위하여 수당지급 등 행정지원에 관한 제도적 뒷받침이 필요하다고 본다.

3. 방제전문인력 양성 및 효율적 관리·운용

가. 방제전문가 인증 및 등록관리제도 도입 운용

해상에 유출된 기름의 방제작업은 해역특성, 사고현장의 여건에 따라 다양한 방제방법이 적용되고 있으며 현재 개발·보급되어 있는 다양한 방제장비나 자재운용에도 현장경험과 전문지식을 갖춘 현장 전문인력들이 필요하다.

또한 자원봉사자들에 대한 현장 방제작업지도·안내 등에도 현장경험이 많은 방제전문인력들이 소요되고 있다.

그러나 제한된 방제전담 공무원들이나 공단(해양환경관리공단) 전문요원들로서는 한계가 있으며 확보되어 있는 방제장비도 제한적으로 사용할 수밖에 없는 실정이다.

그 대안으로 해양오염방제분야에 일정기간 이상의 경험자나 방제분야 교육·훈련 이수자에 대해 방제전문가로 인증하고 등록관리하는 제도를 도입하여 대형오염사고 발생시 운용할 수 있도록 제도화 한다.

등록된 방제전문가들에게 주기적인 교육·훈련 이수를 의무화하고 평상시 교육·훈련 참여자에게 예산범위 내에서 일정한 수당을 지급하고 오염사고 현장 방제작업 지원시 방제비용으로 방제전문가 수당을 지급함으로써 참여율을 높일 수 있도록 유도해 나아가야 한다.

이 제도를 도입함으로써 30년 이상 해양오염방제분야에 근무한 방제전문인력을 방제작업 현장에 활용 할 수 있고 방제장비 사용율도 높여 방제작업 효과를 높일 수 있을 것으로 본다.

나. 해양오염방제기술분야 자격증제도 강화

해양오염방제분야에 대한 자격증제도는 현재 국가기술자격시험 해양환경기사 종목 실기시험과목에 일부 반영되어 있으나 일반적이고 포괄적인 분야를 대상으로 하여 현장에 적용될 수 있는 실제적인 기술분야를 다루지 못하고 있다.

해양환경기사종목 필기시험과목에도 해양오염방제분야를 포함시키고 출제기준을 보강하여 기름 및 HNS 사고의 특성을 이해하고 현장에 실제적으로 적용할 수 있는 방제기술을 습득할 수 있도록 제도보완이 필요하고 방제현장기술요원이나 전문대학교졸업생들이 응시할 수 있는 해양오염방제산업기사종목을 신설하여 현장중심의 방제기술요원 양성도 필요하다고 본다.

또한 해양오염방제기술자격증취득자에게 관련 공직이나 공공기관, 방제업체 채용시 인센티브제도 등을 검토하여 방제기술자격증의 활용도를 높임으로써 현장종사자들의 방제기술향상을 유도해 나아가야 한다.

다. 방제전문교육기관의 방제기술교육 강화

해양경찰청과 해양환경관리공단은 각각 세계적 수준의 방제전문교육시설을 가지고 있다.

해양경찰청은 여수에 해양경찰교육원을 두고 방제전문교육을 위해 조파수조, 인공해안, 가상파공탱크 등 최신 방제교육시설을 갖추고 다양한 방제전문교육을 실시하고 있으나 대부분 해양경찰 자체요원의 신규 또는 보수교육으로 제한되고 있다.

이 시설을 방제전문 인증·보수교육과정, 지자체공무원 해안방제과정 신설 등 타기관 및 일반민간인에게도 개방하여 방제전문가자원을 확대해 나가야 한다.

그림 5.44 해경교육원 시설 사진

그림 5.45 교육 장면

해양환경관리공단은 부산에 해양환경교육원을 2011년 설립하여 해양오염방지관리인교육, 방제교육, 해양환경교육과정을 실시하고 있다.

해양환경교육원은 최초 오염방제교육훈련시설 건립 계획으로 추진되었으며 2007년 12월 허베이스피리트호 오염사고를 계기로 예산이 확정되어 시작된 방제전문교육기관이다.

그러나 해양환경관리법이 제정되어 시행(2008년 1월 20일)되면서 한국해양오염방제조합에서 해양환경관리공단으로 조직이 바뀌고(2008년 1월 20일) 오염방제 교육훈련시설은 해양환경교육원으로 확대개편 되었다.

이에 따라 공단의 업무와 교육원의 교육·훈련 내용이 해양환경분야로 무게중심이 옮겨가게 되고 상대적으로 방제전문 교육·훈련 기능이 약화된 것도 사실이다.

해양환경관리공단의 전신인 해양오염방제조합은 1995년 7월 여수에서 발생한 씨프린스호 사고계기로 방제전문기관으로 출발하였고, 해양환경교육원의 설립 목적도 전문적인 방제기술교육 및 훈련의 필요성에서 출발한 만큼 해양오염 방제분야 교육훈련을 강화하여야 한다.

그림 5.46 공단교육원 시설 사진

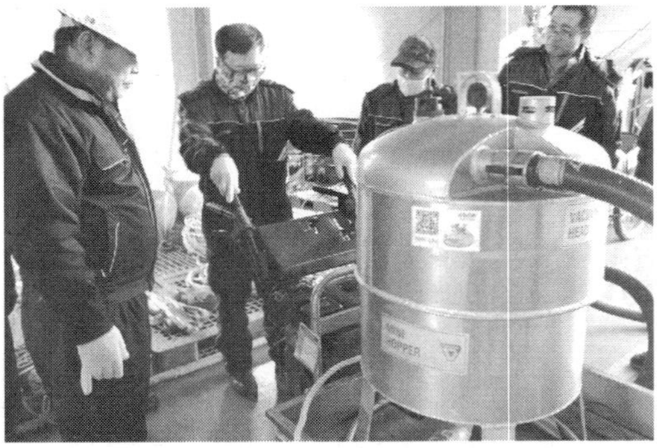

그림 5.47 환경위주 교육 장면

해양환경관리공단 전요원에 대하여 단계별 방제교육이수를 의무화하여 방제전문가로 양성하고 해양환경교육원에서 실시하고 있는 해양오염방지관리인 교육에 "선박이나 해양시설의 해양오염방지 구난조치" 교육내용을 추가하고 방제업체, 자원봉사자 등에 대한 교육과정 확대 등 해양환경관리공단과 해양환경교육의 방제전문기관으로 역할과 위상의 재정립이 필요하다고 본다.

4. 다양한 상황을 가상한 현장실전훈련 강화

대형 해양오염사고는 동일한 상황, 동일한 조건에서 발생 할 수 없으며 발생시기·장소·사고규모·형태·해상상태 등에 따라 대응전략·적용기술이나 방법, 동원장비 등 방제세력이 달라질 것이다.

따라서 다양한 조건, 다양한 형태의 사고를 대비한 훈련이 필요하다.

지금까지 언론이나 참관자들에게 보여주기 위한 시범식 훈련이나 시간과 경비절약, 실제동원에 따른 여러 제약조건 때문에 매뉴얼에 따른 도상훈련 중심의 훈련이 많았다.

그러나 도상에서 가상했던 상황과 실제현장조건은 많은 차이가 있음으로 주기적인 실시간 현장동원훈련이 꼭 필요하다고 본다.

다양한 조건에서 발생 가능한 최악의 사고를 가상하고 사고대응메뉴얼에 따라 대응훈련을 전개해 본다.

이 훈련에는 관계기관·단체를 다 참여시키고 [표 5.25]에서와 같은 내용을 실제상황과 같이 점검해 보자.

표 5.25 훈련 주요 점검 내용

1. 사고접수 및 초동조치는 신속히 이루어 졌는가?
   - 사고발생보고 및 전파 – 상급기관, 관계기관, 피해예상자
   - 추가 상황파악 및 응급조치지시 – 사고선박, 긴급방제팀, 인근 경비정
   - 가용 전방제세력 출동조치 및 방제대책본부 설치
2. 현장응급조치는 이루어 졌는가?
   - 선체 파공봉쇄, 밸브차단, 적재유 타탱크·타선박으로 이송
   - 유출유 확산차단 – 사고선박자체, 긴급방제팀
3. 초동방제조치는 제대로 이루어 졌는가?
   - 현장 오염상황 파악, 확산예측 – 방제대책본부, 전문가 지원단
   - 사고선 추가 유출방지 조치, 사고선박 제거 등 안전조치
   - 해상 방제전략 수립 – 방제대책본부, 전문가 지원단
     - 유출유 확산방지, 민감해역 보호 조치 : 오일펜스 전장
     - 유처리제 사용 가능여부 판단
     - 방제정보지도, 현장 테스트 활용
     - 유처리제에 의한 분산처리, 방제정 등 기계적회수, 흡착재 사용등 확산상태에 따라 해역구분 방제기법 지정
     - 방제구역별 방제기법에 맞는 방제세력 배치
   - 동원된 방제세력의 적정배치 조정
     - 현장 오염상황에 따라 방제세력 조정, 추가동원 여부 판단
4. 광범위 확산된 유출유 해상방제작업은 제대로 이루어 졌는가?
   - 유출유 확산상태 탐색 – 탐색조 지정, 헬기이용 2회/일 순찰
   - 유출유 확산상태에 따라 방제기법 및 방제세력 배치
     - 오염도 높은 기름군 중심 : 방제정, 트롤 선단식 회수팀
     - 광범위 확산지역 : 유처리제 살포, 소화포 이용 분산처리
     - 포집·폐쇄구역 : 유회수기 작동, 흡착재 흡착제거
       ※ 오픈된 해역 흡착재 사용억제, 네트·스네어식 흡착 권장
     - 각 방제기법 동시 사용에 따른 방해·효율저하 고려 방제세력의 적정배치

- 지역 민간선박(어선)을 방제보조선으로 방제선단 구성 운용
- 유처리제 사용시 사용지침 준수－합리성 확보
  - 유처리제 살포 해역의 특성·확산상태 기록유지(살포 시기마다)
  - 유처리제 분산효과 현장 테스트, 살포방법 준수
- 전국 사용 가능한 장비 최대한 동원
  - 사고규모, 확산상태 등에 따라 전국 분산배치된 방제정·유류저장바지·방제장비등 가용 가능한 장비동원
  - 필요시 유조선, 저유바지 등 민간소유 장비도 동원
  - 퇴직자, 방제교육이수자 등 방제장비 운용인력으로 활용

5. 타르(Tar) 형성 이후 확산차단 및 회수는 적극적으로 이루어 졌는가?
- 타르 확산예측 및 확산상태 확인－헬기, 경비함정
- 대양용 오일펜스, 폐그물망 등 활용 확산차단, 취약해역 보호
- 고농도 유회수 방제정, 스크린벨트 시스템 방제정 타르 회수 뜰채 등 이용회수

6. 초기 해안으로 밀려오는 기름에 대한 조치가 적절했는가?
- 유출유 해안표착 예측 및 탐색－항공기·함정 탐색조 운영
  - 해안표착 예측 및 탐색정보 전파·공유－지자체, 지역주민 등
- 해안표착에 의한 피해예방 및 저감대책 강구
  - 오염취약해역 및 시설보호를 위한 오일펜스 사전 전장
  - 해안 저수심 및 해안표착유 회수장비, 방제자재 사전준비
  - 지역주민들 자체 선박·시설, 어장·양식장 보호조치 및 사전 이송·조기출하조치

7. 해안에 표착된 기름의 방제작업은 체계적·효율적 이었는가?
- 해안 방제전략수립－방제대책본부, 지자체, 전문가 자문단
  - 해안표착을 최대한 저지 : 저수심 방제선, 회수장비 집중 회수
  - 표착 초기 두터운 기름은 비치크리너 등 해안용 회수기 또는 밀대·삽·바가지등 인력에 의한 물리적 제거

    ※ 초기 두터운 기름에 대한 흡착재, 걸레등 사용금지
  - 두터운 기름 1차 응급방제 조치 후 해안오염도 조사 결과에 따라 체계적 방제조치
  - 갯닦기는 가급적 지양하고 기계적 전문 방제실시
  - 초기 응급방제작업에 노약자·어린이·임산부 등은 참여를 지양하고 마스크·방제복·장화 등을 착용하는 등 방제작업자 건강에 주의
- 해안특성 및 오염상태에 따른 전문적 방제조치
  - 해양환경관리공단, 방제업체 등 방제주체별 책임구역을 정하고, 방제의무자와 계약에 의해 체계적 방제
  - 해안오염도 조사결과에 의한 해안특성, 오염상태별 방제기법 선택
  - 방제 주체별 책임구역내 방제인력·장비동원은 자체 판단에 의하되 가급적 지역주민 ·지역내 자원을 이용, 자원봉사자들은 보조 인력으로 활용

- 해안오염도평가팀(SCAT) 구성·현장 오염도 조사
  - 관계공무원, 전문가(방제·해양환경등), 지역주민 등으로 팀구성
  - 표준화된 평가서식, 평가기준, 평가방법에 대한 사전교육
  - 사전에 확보된 지역특성자료, 방제정보지도 활용
- 방제작업 현장지도·감독(해경) 및 자재·행정지원등(지자체)
  - 해경은 방제지역 구역별 지도팀을 정하고 현장방제기법에 대한 기술지도·통제
  - 예비 방제전문인력(퇴직자, 방제전문 교육 이수자)을 현장 지도 보조인력으로 활용
- 폐그물망, 타르회수네트망(개발), 네트스네어 등 이용 트롤식 회수
- 저수심 해안가 침적 타르 저인망식 회수
- 지역 민간선박(어선)을 작업선박으로 최대 활용
  - 지역별 오염현장의 특성, 방제기법 선택사유·배경·동원된 장비·작업진도 등 팀별 상세기록 유지
  - 지자체는 현장지휘소를 설치하고 자원봉사자 접수·배치, 안전지도, 방제물품지원등 행정지원
- 합리적인 방제종료시점 결정
  - 방제종료 시점에 대한 일반적인 원칙을 정하고 그 기준에 따르되 해역특성, 경제성, 계절적 요인, 사회적 분위기 등 고려
  - 관계기관, 해안오염도평가팀, 이해당사자(행위자, 지역주민, 국제기금전문가, 방제업체 등), 환경단체등이 참여하는 협의체에서 지역별 방제종료 시점 결정 유도

8. 방제장비·자재 수급은 원활히 이루어 졌는가?
- 전국 방제장비·자재 보유현황 파악 유지 – 방제대책본부
  - 각 기관별 보유현황, 지역별 배치상태, 동원가능 여부 등
- 동원 및 수급관리체계 구축 – 방제대책본부, 지자체
  - 이동·운송수단, 중간수집관리, 현장배치, 보급체계
  - 도서지역등 교통오지지역 지원대책
- 부족 장비·자재, 중장비 등 추가장비 지원대책
  - 비상 가동생산, 민간 보유장비·자재동원, 필요시 외국 방제세력 지원

9. 수거된 폐유·폐기물 처리는 원활히 이루어 졌는가?
- 폐유·폐기물 저장시설·저장장소 확보 : 방제대책본부, 지자체
  - 이동용 간이저장 용기·시설, 저장바지, 임시보관시설 설치 등
- 폐유·폐기물 이송, 최종처리·처분 : 환경부지원, 지자체
  - 임시 저장시설·장소에서 운송, 최종처리 체계
  - 도서지역 등 교통오지지역 폐유·폐기물 이송 방안

10. 방제대책본부 운영, 지휘체계는 원활히 이루어 졌는가?
- 사고 상황접수 및 신속한 보고·전파
  - 방제세력 긴급 출동지시, 상급기관 보고, 관련 지자체, 피해 예상자 통보

- 해양오염방제대책본부 설치, 방제지휘체계 구성
  - 신속한 방제대책본부설치, 구성원들에 임무 부여
  - 중앙사고수습본부와 업무 한계를 분명히 하고 방제지휘 총괄
- 현장오염 상황 파악 및 초동조치
  - 인근 경비함정, 헬기이용 현장 상황 파악－계속 유출여부, 확산상태 등
  - 사고선 추가 유출방지 조치지시－밸브차단, 파공봉쇄, 이송·이적조치 등
  - 현장 상황 정리 보고·통보, 언론사 사고 발생 상황 전파
- 현장 상황 파악유지, 방제조치 지휘
  - 유출유 확산예측(전문가), 확산상태 파악(헬기, 일2회)
  - 방제전략수립, 방제세력 배치조정
  - 유처리제 사용 등 해역별 방제기법 결정
  - 방제기술지원단 전문가 적극 활용, 전문성 및 국민신뢰 확보
  - 방제기법, 방제장비 등 국민제안접수 전문가 검토·평가 현장 적용
  - 일일 방제대책회의 개최 진행사항 점검 및 정보공유
  - 주기적 상황보고·전파, 방제상황, 대책본부운영 등 기록유지 철저
- 관계기관, 지자체, 공단과의 역할분담·협력
  - 국가긴급방제계획에 따른 각 기관별 자원등 범정부적 지원
  - 자원봉사자관리·방제자재·물품지원등 지자체의 협력
  - 해상·해안 방제작업 주도, 폐유·폐기물 수집·운반등 해양환경관리공단의 방제전문 기관으로써 적극적인 역할
- 적극적인 언론브리핑, 대국민 정보공개, 이해 및 협조요구
  - 사고 초기 오염사고 발생 상황 신속전파, 매일보도자료 배포(2회)
  - 현장상황(유출, 확산상태, 해상상태 등) 및 조치상황, 동영상·사진촬영 등 적극적인 현장자료 확보·제공
  - 대변인을 통한 언론 브리핑, 현장실무자 개별 인터뷰 금지, 전문분야별 전문가와 담당관 합동브리핑
  - 현장상황은 사실대로 알리고 국민들의 이해와 협조당부

5. 보유방제장비 현장동원 활용방안 강구

해경은 2016년 1월 "해양오염방제장비 중장기 확보계획"을 수립하면서 허베이스피리트호 사고시 방제작업 문제점을 분석하고 이를 개선할 수 있는 장비를 확보하여 허베이스피리트호 사고와 동일한 사고 재발시 해양오염 피해를 약 30% 감소시키겠다는 야심찬 계획을 수립하고 있다.

그러나 아무리 좋은 장비가 개발되고 확보하였다 하더라도 이 장비를 현장에 투입하여 활용할 수 있는 시스템이 갖추어지지 않으면 무용지물이다.

허베이스피리트호 사고 당시 해경에서 보유중인 이동용 유회수기 74대 중 26대를 동원하였으나 실제 현장에서의 사용은 하루 3~4대에 불과했다.

사용실적이 저조한 이유는 장비특성이나 해역특성요인 보다 회수장비를 활용할 수 있는 운용시스템이 미흡했던 것으로 판단된다.

방제장비를 운용할 수 있는 방제전문인력들은 방제대책본부, 현장지휘소, 방제물품 보급기지 등에 분산배치되어 방제장비를 동원하여 현장작업에 임할 여력이 없었다.

허베이스피리트호 사고 이후 해경과 공단 모두 유회수기를 비롯한 방제장비를 크게 보강했다.

그러나 방제장비 운용시스템에 대한 보완이나 변화는 없는 것 같다. 앞에서 제안한 방제전문가인증제도 등을 제도화하여 퇴직 방제전문인력 등을 적극 활용할 필요가 있을 것이다.

6. 수거된 폐유·폐기물처리시스템 구축

허베이스피리트호 사고 방제작업에서 수거된 폐유·폐기물 처리는 환경부가 주관부서가 되어 폐유는 해양환경관리공단이 수집운반하고, 고상폐기물은 산업폐기물처리공제조합에서 처리했다.

사고이후, 국가긴급방제계획을 보완하면서도 환경부가 발생된 폐유·폐기물을 처리하도록 의무화하고 있다.

그러나 환경부가 평상시 재난적 대형오염사고에 대비한 수거 폐유·폐기물 처리계획을 수립하고 대비하리라고 기대하기는 어렵다.

방제업무 주관기관인 해경에서 지역별로 수거된 폐유·폐기물을 임시저장·보관하고 운반처리하는 시스템을 구축해 놓을 필요가 있다.

7. 방제작업자 건강·안전을 위한 통제지침 마련

허베이스피리트호 사고가 사상 최대의 사고로 기름범벅이 된 오염현장을 비쳐주면서 보도가 나가자 사고 다음날부터 전국에서 자원봉사자들이 밀려왔고 이 자원봉사자들의 활동자체가 미담성으로 소개되고, 참여한 사람들이 SNS, 개인 블로그나 카페 등을 통해 동참을 호소하자 급속도로 자원봉사자 참여 분위기가 확산되면서 남녀노소 구분 없이 하루에 수 만 명씩 몰려와서 기름 냄새가 진동하는 현장에서 아무런 안전장비 없이 무방비 상태로 기름을 퍼담고 나르면서 옷이나 얼굴에 검은 기름이 튀어 묻어도 환한 얼굴로 자랑스럽게 방제작업에 임했다. 이런 과정에서 두통을 호소하기도 하였지만 정부나 지자체 어느 누구도 이들의 건강이나 안전을 우려해 이들을 제지하거나 통제하지 않았다.

언론이나 환경단체 등 시민단체에서도 오히려 자원봉사자들의 참여를 미화시키고 유도하는 역할을 했다고 위험한 상황이 다 지난 후에야 자성과 지적의 목소리들이 나오기 시작했다.

2008년 12월 4일 국회에서 있었던 "태안 유류유출사고 1주년, 지역주민 건강의 관점에서 본 문제점과 개선방안" 토론회[58]에서 조승원 기자(MBC 보도국)는 "태안사고로 본 언론의 역할과 문제점" 주제로 발표하면서 당시의 자신의 기사내용과 뉴스앵커의 클로징 멘트를 소개했다.

"정부가 원유의 위험성을 제대로 알려주지 않았던 탓에, 심지어 면역력이 약한 어린이들까지 태안으로 달려와 팔을 걷어붙이는 일이 벌어졌습니다. 많은 의사들이 경고를 했지만, 정부나 지방자치단체, 그리고 심지어 언론까지도 제대로 귀를 기울이지 않았습니다. 오히려 온 국민의 힘을 합쳐 재난을 이겨내는 미담사례의 하나로 포장했을 뿐입니다."('08년 2월 21일 "기본도 몰랐다" – 조승원 기자)

"기름유출사고 후유증을 보면서 정부는 그렇다고 치고 저희를 비롯해 언론들도 참 무지하고 무책임했구나 하는 부끄러움을 감추기 어렵습니다."('08년 2월 21일 뉴스데스크 김성수 앵커 클로징)

또한 같은 토론회에서 왕순주 교수(한림대학교)는 "초기 현장통제와 전문인력 투입에 관한 문제점과 개선안" 발표에서 "현재의 대규모 기름유출에 대한 대응방침은 원칙적으로 초기에 해당 해안선이 통제되고 지역주민, 자원봉사자 및 해당 업무자가 충분한 자기보호용 방재복 및 장비를 갖춘다는 가정 하에 적용되어야 하나 이러한 기본가정이 무시된 채 일이 진행되었고, 초기 방제작업 투입인력의 건강문제는 한참 시간이 지난 후에 제기된 것이 큰 문제이다.

특히 국내의 대응기관, 특히 피해자들이 방문해야 하는 의료기관 조차 변변한 제독시설, 자기보호 장비를 갖추지 못하고 있다는 사실이 앞으로의 암울한 전망을 더하게 한다."고 하면서 "현장통제를 초기부터 시행하고 초기에 전문현장평가팀을 출동시켜 신속한 평가를 내릴 수 있도록 하여 이후에 진행되는 활동에 있어 효율성과 안전성을 증대시키고 기관의 전문가와

58) 국회토론회 "태안유류유출사고 1주년, 지역주민 건강의 관점에서 본 문제점과 개선방안"(2008년 12월 4일, 변웅전·최영희 의원주관)

자원자들을 활용할 수 있는 지원시스템을 평소에 구축하도록 한다."고 주장했다.

태안군은 허베이스피리트호 사고 이후 태안환경보건센터를 설립('08년 9월 1일)하여 기름유출사고에 따른 지역주민들의 중장기 건강영향조사를 지속적으로 조사해 나가면서 향후 유사사고에 대비한 "기름유출사고시 건강을 위한 주민행동지침" 개발 등 다양한 활동을 하고 있다.

이와 같이 보건·건강문제는 보건복지부·행정안전부·지자체 등에서 주관이 되어 대책이 강구되어야 하겠으나 방제작업자에 대한 통제 등은 방제당국에서 방제대책일환으로 검토되고 대비하여야 한다고 본다.

자원봉사자를 포함한 방제작업자들에 대한 건강·안전을 위한 통제지침을 마련하고 국가긴급방제계획에 반영하여 향후 대형오염사고 발생시 국민들의 건강·안전 문제가 최우선적으로 고려되어야 할 것이다.

제 6장
태안의 기적, 그 이면

1 절 허베이스피리트호 방제성공은 신의 조화이다

허베이스피리트호 원유유출사고는 1만2,500㎘가 넘는 세계적규모의 대형 오염사고였음에도 짧은 시간에 성공적인 방제작업을 마무리 할 수 있었던 것은 정말 기적이고 행운이었다고 할 수 있겠다.

사고당시 국내언론이나 환경단체 등에서 현장의 초동대응 및 방제조치에 많은 문제점들을 제기하였지만 사고현장을 방문한 국제전문가들은 토론회나 언론인터뷰 등을 통해 초동조치를 비롯한 방제활동 전반에 대하여 유효적절한 조치가 이루어졌다고 평가하면서 다른 국외대형사고 사례와 비교하여도 짧은 기간에 효과적으로 이루어졌다고 했다.

당시 120만이 넘는 자원봉사자들이 기적을 낳았다고 알려져 있지만 이런 태안의 기적을 가져온 그 이면을 분석해 보았다.

1. 태안의 리아스식해안이 기름을 품고 재 유출시키지 않았다.

2007년 12월 7일 07:06경 사고가 발생되고 07:30경에 태안해양경찰서에서 신고를 접수하고 기상악화로 피항중이던 경비함정과 방제정을 비상소집하여 긴급출동조치를 시켰으나 09:05경에 헬기(인천해양경찰서)와 경비함정(태안해경서 250톤급)이 최초 사고현장에 도착하여 오염상황을 파악하기 시작했다.

그림 6.1 사고선 기름유출 상태(12월 7일)

당시기상은 북서풍 14~16m/s, 파고 3~4m, 풍랑주의보 상태로 유출된 기름은 빠르게 확산되고 있었다.

최초 확인당시에 사고선박으로부터 남동방향으로 폭 50m × 길이 약 5km 범위로 확산되어 있고 유출이 계속되고 있는 상태였다.

오염군탐색은 해양오염방제지원시스템의 유출유확산예측결과를 중심으로 주로 헬기를 이용하여 실시하였으며 매일 2~3회 이상 항공순찰을 실시해 전반적인 오염상태를 파악했다.

그런데 최종 기름유출이 멈춘(12월 8일 23:40)이후에 관찰된 기름확산분포 등은 그동안 수많은 오염사고 현장 경험으로 보아 1만kℓ 이상의 기름유출량으로 보기 어려웠다.

사고선박 선장에게 "유출량이 1만kℓ 이상인 것이 맞느냐?" 재확인하고 "그러면 그 많은 기름이 어디로 갔느냐?", "혹시, 사고초기 대량의 기름군이 외해로 빠져나가 미처 발견하지 못한 기름군이 있지 않을까?"하고 의심하기에 이르렀고, 방제대책본부에서는 사라진 또 다른 기름군을 찾기 위해 한바탕 소동이 일어났다.

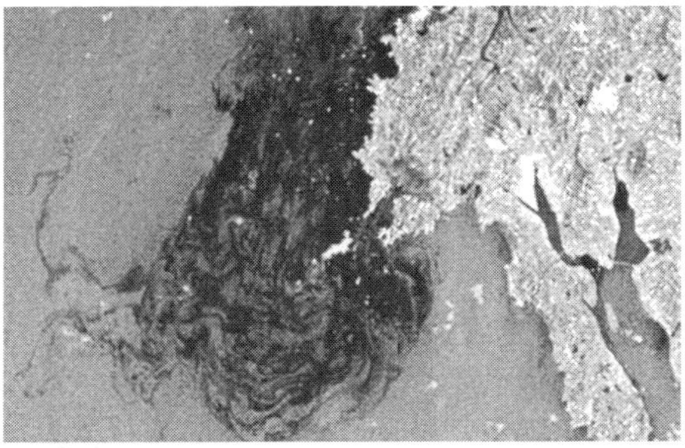

그림 6.2 12월 11일 위성사진

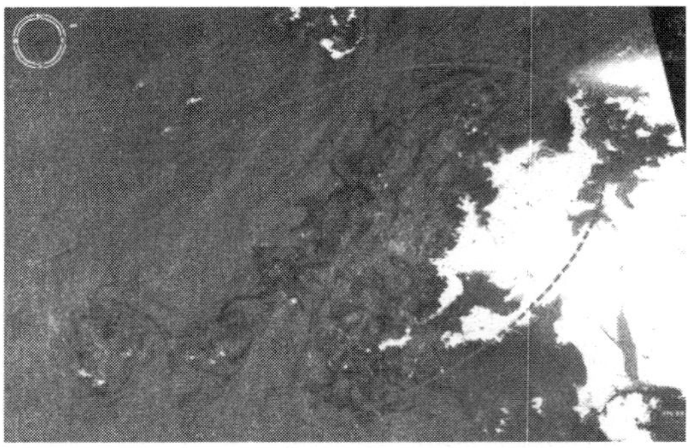

그림 6.3 12월 11일 18:31 위성사진

해양경찰청 광역초계기인 고정익항공기(챌린저)를 띄워 서해·남해의 공해상까지 광범위하게 수색하도록 하고, 외해 항행 중인 선박들에게 기름군 발견시 신고를 요청하기도 했다.

그러나 외해의 기름 발견이나 신고사항이 없었으며 사고 5일째인 12월 11일 유럽우주기구(ESA : European Space Agency)에서 촬영한 인공위성사진에서 명확하게 확산범위가 확인되어 외해확산은 없는 것으로 결론을 지었으나 유출량에 대한 의문을 풀지 못했다.

이러한 의문은 해안을 따라 오염현장을 확인하면서 풀렸다. 사고 당시 유출된 기름은 강한 북서풍의 영향으로 빠르게 해안 쪽으로 밀려 들었다.

사고 초기 높은 파도와 강풍으로 완만한 경사의 넓은 해안과 상부조간대보다 3~4m 높은 해안선 위치까지 두껍게 기름을 부착시켜 놓았으며 리아스식 해안 구석구석마다 두꺼운 유층의 기름을 가두어 두고 있었다.

지형에 따라 유층이 20~30cm 이상 달하는 곳도 있었으며 한번 유입된 기름은 외해로 재유출시키지 않고 마치 거대한 자연적 펜스(울타리)로 포집하고 있는 형국이었다.

그림 6.4 축대상단까지 기름 부착

그림 6.5 포구 쪽 밀려든 두터운 기름

이것이 결과적으로 외해 더 넓은 해역으로 확산을 차단하고 해안가로 밀려온 기름을 자원봉사자들이 쉽게 퍼담고, 걷어내고, 닦아 낼 수 있었으며 비치크리너 등 회수기 등에 의한 방제작업을 용이하게 해주었다.

2. 해저의 타르, 강한 풍랑이 퍼 올려주다.

사고발생 6일째(12월 12일)부터 분산되지 못한 기름군이 타르화되기 시작되었다.

큰 기름군이 타르화되면서 풍랑에 의해 분리되고 쪼개지면서 조류를 따라 남쪽으로 확산되었다.

헬기에서 내려다본 타르 이동상황은 손바닥 크기, 방석크기의 새까만 타르 덩어리가 수중에 약간 잠김 상태로 조류를 따라 이동하고 있었다.

폐그물, 멍석망 등 여러 방법으로 타르수거방안을 찾고 수거노력을 하였지만 넓은 해역에 새까맣게 이동하고 있는 타르의 차단과 수거는 역부족이었다.

군산항 앞 연도~십이동파도~고군산군도 주변해상까지 발견되다가 이후에 타르는 해상의 시야에서 소멸되었다.

해상에서 기름이 완전히 사라졌으니 22일간의 해상방제작업을 완료하면서 (12월 28일) 좋아들 했다.

그러나 1995년 여수 씨프린스호 오염사고시 타르입자가 해류를 따라 울산 해역과 포항해안까지 이동 확산되고, 일본 대마도 해안에 까지 밀려간 사례 등을 경험한 필자의 입장에서는 "헬기에서 내려다본 새까맣게 이동하던 그 많던 타르덩어리들이 다 어디로 갔을까?", "이미 타르화된 상태로 쉽게 분산·소멸되지 않고 해저에 가라앉거나 해류·조류를 따라 수중에서 이동하다가 제주·남해·일본까지 이동할 수 있을 텐데..."하고 남모를 고민을 하고 있었는데, 12월 29일 밤부터 3일 동안 다시 강풍이 불면서(12월 30일~1월 1일, 풍랑주의보) 수중으로 이동하면서 시야에서 소멸되었던 수중과 해저의 타르덩어리를 신안·진도군 등의 전남도서 및 해안가로 한꺼번에 모두 퍼올려 놓았다.

이로 인한 신한, 진도군 등의 도서지방에 타르덩어리 부착에 의한 피해를 입기는 하였지만 타르 확산범위를 최소화하고, 방제작업기간을 단축시킬 수 있었다고 본다.

2008년 1월 2일 제주 추자도, 1월 6일 북제주 조천읍 해안에 약간의 타르입자가 발견이후 더 이상의 타르는 발견되지 않았다.

제주에 타르입자가 몇 점 발견되자 신문과 언론에서는 "제주까지 오염확산"하고 크게 보도하기도 했다.

만약 강풍에 타르가 대량으로 제거되지 않았다면 제주도, 남해안전역, 일본 대마도까지 타르가 확산되고 그 피해 또한 상상도 못하게 확대되었을 것이고 해상방제작업 종료시점 또한 훨씬 늦어졌을 것이다.

그림 6.7 해안가에 밀려올라온 타르입자

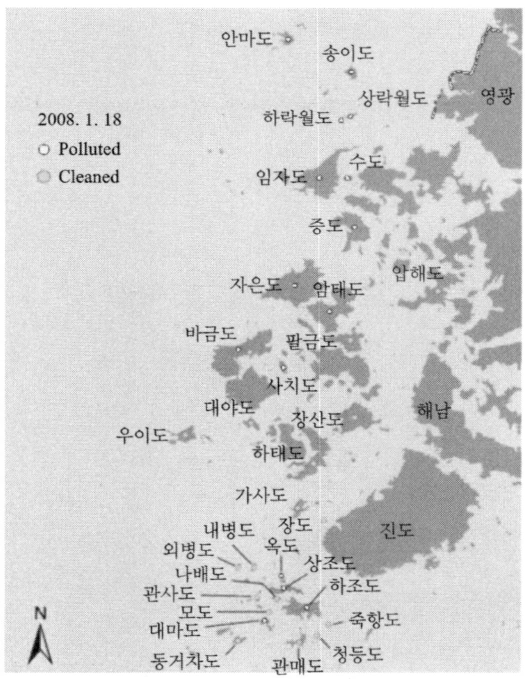

3. 사고가 다른 계절이나 다른 해역에서 발생하였다면 어떠했을까?

허베이스피리트호는 12월 초 북서풍이 부는 동절기에 발생했다 강한 바람에 대형 크레인선이 떠 밀려와 정박 중인 유조선과 충돌하여 발생하였으며 유출된 기름은 강한 북서풍에 의해 곧바로 태안해안으로 밀려와 약 70km 해안을 집중적으로 오염시키고 전남·북지역 도서 및 일부해안에는 주로 타르덩어리 형태의 기름이 유입되어 대부분 해안에서 표착된 후 퍼담고 닦아내어 제거했다.

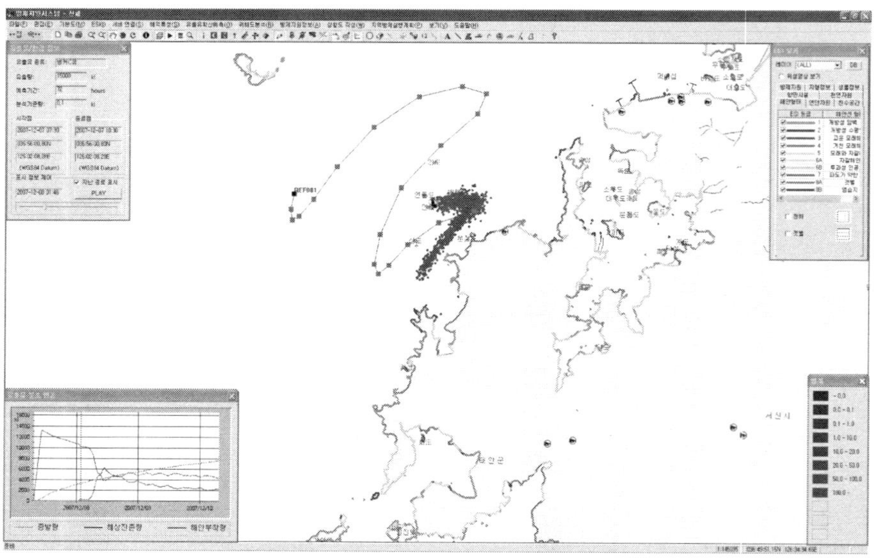

그림 6.9 사고 당시 확산 예측도

해상에 유출된 기름은 주로 해류·조류와 바람의 영향을 받아 이동·확산되는데 허베이스피리트호 사고 당시에는 강풍주의보가 내린 상태로 바람의 영향을 크게 받았다.

사고 당시 북서풍이 아닌 북풍이나 북동풍이 불었다고 가정했을 때 유출된 기름의 주 이동·확산방향은 태안해안이 아닌 사고해점에서 남쪽 또는 남동방향으로 이동확산 되면서 1만kℓ 이상의 유출량과 해상방제작업의 한계성 등을 감안할 때 서해안 전역과 제주도 해역 등 우리나라 서남해안 전역을 오염시킬 수 있었다고 본다.

역으로 남동풍 또는 남서풍이 부는 계절에 발생하였다면 사고해점에서 북쪽 내지 북동방향으로 이동·확산되면서 덕적군도, 영종도, 강화도를 비롯한 경기만 전체의 섬지역과 경기내만 전 해안을 오염시키고 북한 해역까지도 확산될 수 있을 것이다.

그리고 이 사고가 남해안이나 동해안 어느 해역에서 발생하였다고 가정하더라도 더 넓은 해역과 해안을 오염시켰을 것으로 쉽게 추정할 수 있다.

해상에서 넓은 해역으로 빠르게 확산되고 있는 기름에 대한 방제작업은 유회수기 등 기계적 회수작업은 사실상 어렵고, 특히 해상상태가 좋지 않는 경우 유처리제에 의한 분산처리가 유일한 방법이라 할 수 있으나 유처리제를 사용할 수 있는 해역의 제한, 2차오염문제 등으로 사용에 한계가 있으므로 사실상 해상방제작업이 어려운 실정이다.

세계주요사고사례에서도 유회수기에 의한 해상방제능력이 제한적임을 알 수 있다.

미국의 멕시코만에서 발생한 딥워터 호라이즌(Deepwater Horizon)호 사고분석에서 보았듯이 수많은 방제정과 새로운 기법이 도입되었지만 유회수기에 의한 기름수거량은 유출량의 약 3%에 불과하였고 다른 사고의 경우도 최대 4~5% 기름만 제거할 수 있었다.

발생 시기 또한 태안의 관광 비수기인 12월 초에 발생하여 다음해 해수욕장 개장시기인 7월 초까지 만리포를 비롯한 주요 해수욕장의 방제작업을 마무리 지을 수 있었던 물리적인 시간이 주어진 점도 대단히 의미 있었다고 본다.

결론적으로 강한 북서풍으로 유출된 기름이 태안해안으로 밀려와 태안지역의 피해는 컸지만 유출량에 비해 좁은 지역 해안에 집중되었으며 유입된 기름을 해안에서 품고 있었고 완만하고 넓은 해안이었기 때문에 자원봉사자 등 방제인력이나 장비 등의 접근이 용이하고 방제작업 여건이 좋았던 점등이 조기에 방제작업을 마무리 할 수 있었던 중요한 요인이 되었다.

오염된 지역이 도서지역이나 해안선이 좁은 절벽해안의 경우였다면 123만의 자원봉사자 동원이 어려울 뿐만 아니라 자원봉사자들이 할 수 있는 역할 또한 없었을 것이라 본다.

이와 같이 허베이스피리트호 오염사고는 발생장소, 시기, 바람방향 등 모든 조건이 맞아 떨어져 마치 유출된 기름을 방제작업이 용이한 태안해안 한 곳으로 유도한 것처럼 외해확산을 최소화하고 해안에서 자원봉사자 등에 의해 대량의 기름을 제거할 수 있었고 또한 일부 외해로 빠져나간 기름군이 형성한 타르덩어리들은 다시 강풍이 불어 물 밖으로 모두 퍼올려놓아 쉽게 제거할 수 있었으니 이는 신의 조화가 아니면 무엇으로 설명할 수 있겠는가?

2절

국가의 모든 역량이 하나로 결집되다

1. 123만의 자원봉사자와 범국민적 호응

태안의 기적을 일으킨 주역은 당연히 123만의 자원봉사자라 하겠다.

TV, 인터넷 등 각종보도매체에서 생생한 현장장면과 함께 "우리나라 사상 최대의 오염사고로 환경재난이 발생하였다"고 보도되면서 전 국민들이 자발적으로 참여하기 시작했다.

1997년 IMF 외환사태때 전 국민이 금모으기 운동에 참여 하였듯이 '위기의 태안을 살리자'는 국민적 공감대가 형성되면서 전국 각지에서 개별적, 기관, 단체, 직장 등 경쟁적인 참여분위기가 조성되었다.

방제작업 지원 뿐 아니라 유명가수, 배우 등 방송연예인들도 많이 참여하여 자원봉사자와 지역주민에 대한 위문·홍보활동과 성금기탁도 해주기도 했다.

사고현장에 방문하는 자원봉사자들의 열기 못지않게 전국 각지에서 성금과 방제물품 및 구호품 지원도 쇄도했다.

그림 6.10 태안군청 광장에 도착한 구호물품

이에 태안지역주민들은 방제작업 현장에서 자원봉사자들의 방제 작업 참여문제로 일부 갈등이 있었지만, 태안군과 태안주민들은 자원봉사자들에게 깊은 감사를 느끼고 자원봉사자들에 대한 감사의 마음을 현수막에 담아 표현하고 감사서한을 보내기도 했다.

이와 같이 전 국민이 하나 된 마음으로 직접 참여하고 지원하고 응원한 범국민적 호응이 방제작업 성공에 큰 힘이 되었다.

그림 6.11 100만 번째 자원봉사자 인증

그림 6.12 사고 100일 맞이 감사의 큰절

그림 6.13 감사인사를 담은 현수막59)

2. 대통령선거정국에서 최대의 관심사였다.

사고 당시 제17대 대통령 선거(12월 19일) 기간으로 여야 모든 정치권에서 최대의 관심사였다. 표심을 의식한 여야 대통령 후보들을 포함한 정치권에서 정부에 적극적인 대응을 요구하고 각종 지원책을 제시했다.

청와대로부터 "정부 전 부처가 나서 총력을 다하라"는 지시와 함께 각 부처에는 국가방제기본계획상의 기본임무는 물론 스스로 할 일을 찾아서 도와주려고 했으며 직접 임무가 없는 부처에서는 자원봉사에 동참하기도 했다.

59) [그림 6.10~6.13] 허베이스피리트호 유류오염사고 백서(2010년 3월, 태안군)

그림 6.14 이명박 대통령(당시 대선후보) 만리포 방문 봉사('07년 12월 9일)

그림 6.15 노무현 대통령 현장방문 ('07년 12월 11일)

정부에서는 태안군 등 큰 피해가 예상되는 지역에 대해 특별재난지역으로 선포(2007년 12월 11일)하고 응급대책 및 재해구호와 복구에 필요한 행정, 재정, 금융, 세제상 특별지원이 가능하도록 하였으며 국회에서는 '허베이스피리트호 유류오염사고 피해주민의 지원 및 해양환경의 복원 등에 관한 특별법'을 제정(2008년 3월 14일)하고, 향후 유사사고에 대비하여 약 1조 2,000억 원까지 배상(기존 국제협약 약 3,200억 원)받을 수 있는 '2003추가기금협약'에 가입(2010년 5월 6일)까지 했다.

해양수산부는 사고 접수 후 즉시 중앙사고수습본부를 설치하고 관계기관과의 유기적인 협력에 의한 범정부 공조체제를 가동하여 적극적인 사고 수습활동에 임했다 사고 초기에 지나친 의욕이 현장과 다른 브리핑 등 오히려 혼란을 초래하는 결과를 가져오기도 했으나 외교통상부 등과 협조하여 외국 방제전문가들을 초청하여 현장자문과 기술지원을 받았으며 외국의 방제자재·장비 지원을 받아 적극적인 방제활동 지원이 이루어졌다.

행정자치부(소방방재청)는 특별 재난지역을 선포하였고 재난관리 방제인력을 지원했다.

환경부는 수거된 오염 폐기물(폐유·고상폐기물) 운반·처리를 담당하였고 보건복지부 및 노동부는 지역주민, 방제작업자의 건강과 안전관리를 담당했다.

국방부는 인력·장비지원, 경찰청은 지역 교통질서·치안유지 등 정부 전부처의 총력적인 지원이 이루어졌다.

그리고 해양환경관리법상 방제조치 의무는 행위자에게 있으나 행위자가 방제능력이 없으므로 해상방제는 해양경찰청장이 해안방제는 해안 관할 지방자치단체장이 필요한 조치를 취하도록 규정하고 있다.

그러나 허베이스피리트호 사고의 경우 법규정상 책임여부를 떠나서 해안방제에 대한 총괄지휘통제 및 기술지도는 해양경찰청에서 맡아서 하고 지자체에서는 인력동원·관리, 자재·물품·의료지원 등 각종 행정지원을 맡아서 방제작업 마무리 과정까지 협력이 잘 이루어졌다.

표 6.1 허베이스피리트호 사고시 부처별 분담임무

기관명	지원사항
해양경찰청	–방제대책본부 설치·운영 –방제세력 배치 및 지휘·통제 –방제장비, 방제물품 동원 및 보급지원 –해상 및 해안 현장방제 총괄
해양수산부	–중앙사고수습본부 설치·운영 –사고선박 조치 및 보험사항 –어장·양식장 피해조사 및 보상업무 –해양환경의 영향 평가 및 복원사업
행정자치부 (소방방재청)	–중앙재난안전대책본부 설치·운영 –경찰·소방, 민방위 등 방제인력 지원 –오염지역 특별재난지역 선포, 재난관리
외교통상부	–외국의 방제물자, 전문가 지원을 위한 국제협력
국방부	–군병력 및 함정·중장비 동원, 접근이 어려운 해안 방제
농림부(산림청)	–산림청 헬기 지원, 유처리제 살포 및 중장비운반
환경부	–수거폐기물(액상·고상)의 운반·처리 –야생동물구조활동본부 설치·운영

보건복지부	–오염지역의 주민의 질병역학 조사
노동부 (산업안전공단)	–방제작업자의 안전관리지침 제공 –위험지역 설정, 안전로프 설치 등
지방자치단체	–자원봉사자 모집·배치, 방제물품 제공 등 자원봉사자의 활동 지원 –방제기자재 및 방제물품 보급 –어장·양식장 피해조사 및 보상업무

3. 국내·외 방제전문가들의 적극적인 지원활동

외국의 경우 대형 유류오염 사고시 사고 초기에는 당국의 상황브리핑이외 외국 언론이나 전문가들의 현장접근을 통상적으로 허용을 하지 않고 있다.

미국의 멕시코만 딥워터호라이즌호 사고나 일본의 나호드카호 사고시에도 사고 초기 외국 전문가들의 현장접근이 통제되었으며 어느 정도 수습 후 (약 1개월) 현장방문을 허용했다.

중국은 대련신항 송유관 폭발사고(2010년 7월 16일, 원유 1,500톤 유출)시 한국(해양경찰청)에서 우리나라 허베이스피리트호 사고시 중국이 지원(유흡착재 56톤)한 사례도 있으니 우리도 지원하겠다고 의사를 여러 차례 전달하였으나 자체수습이 가능하다면서 현장방문도 허용하지 않았다.

또한 발해만 원유 유출사고(2001년 6월)시는 사고발생 자체도 발표하지 않았고 1개월 정도 후에 인터넷 등을 통해 알려진 후에도 정확한 발표나 정보도 주지 않았다.

이와 같이 각국은 대형 오염사고 초기에 보안상 이유 등으로 외국 언론 등에 직접 사고현장 노출을 꺼려하고 현장 개방시기를 늦추고 있는데 이는 사고 초기 수습체계를 갖추기 전 혼란상황을 외부로 노출시키고 싶지 않은 모든 국가들의 조치라고 보아진다.

그러나 우리나라는 허베이스피리트호 사고 당시에 오히려 정부가 대책회의에서 외국 전문가를 지원받기로 하고 해양수산부가 외교통상부등의 협조를 받아 외국 전문가들의 도움을 요청하게 되었다.

미국 USCG(미해안경비대), NOAA(미해양대기청), 캐나다 환경부, 일본 외무성 및 해상보안청, EC(유럽위원회), UN등에서 전문가 총 26명이나 사고현장을 방문하게 되었다.

국제전문가들은 해안방제방법, 해안오염평가 등에 대해 현장 및 자문회의, 합동토론회 등에서 많은 조언을 하였으며 초동조치 단계 문제점에 대해서 언론 인터뷰 및 질의응답을 통하여 "이와 같은 대형사고 수습초기에 다소간의 혼란을 초래할 수밖에 없으며 한국 방제당국의 방제전략 결정 및 방제활동 전반이 유효적절한 조치였다"고 평가함으로써 언론이나 시민단체 등의 비판을 잠재우는데 큰 도움이 되었다.

한편 국내전문가들은 허베이스피리트호 사고가 발생하자 방제전문가 회의에 참석하여 방제전략 수립 및 방제방법 선택, 유출유 이동확산 예측, 환경영향 및 오염피해 최소화 방안등에 대해 다각적인 의견을 제시하여 지원하였고 유출유 확산 예측모델 전문가는 방제대책본부에 상주하면서 매일매일 실시간 유출유 확산상태를 확인하고 예측하여 방제계획 수립에 도움을 주었다.

이와 같이 많은 국내·외 전문가들의 현장참여와 지원은 과학적 방제작업뿐만 아니라 방제대책본부의 의사결정에 대한 신뢰도 제고에도 크게 도움이 되었다.

4. 방제대책본부지휘라인의 신뢰와 믿음

해상재난사고가 발생할 때 마다 제기되는 문제점으로 지휘라인의 현장 경험유무가 항상 거론된다.

그러나 허베이스피리트호 사고 당시 중앙사고수습본부장인 해양수산부장관은 해양수산부출신 장관이었고, 방제대책본부장인 해양경찰청장은 함정과 일선지휘관을 거친 해경출신 청장이었으며, 실제 현장방제대책본부 업무를 총괄 지휘한 해양오염방제국장과 해상방제지휘를 맡은 경비구난국장 또한 30년 이상 현장경험을 했던 전문가들이었다.

그리고 지휘라인 모두가 서로 오랜 친분과 신뢰관계가 형성되어 있었고 방제현장지휘를 실무국장 중심으로 운영함으로써 보다 전문적이고 효율적인 방제가 이루어졌다고 본다.

청장, 장관으로 이어지는 자체보고는 대폭 축소 또는 간소화 되었고 장관이나 청장의 일방적 지시위주의 방제방법보다는 방제대책본부의 전략회의에 의한 결정이 존중되었으며, 그동안 경험한 방제방법을 최대한 적용할 수 있었다.

또한 그동안 오염사고 방제업무는 해양오염분야 일반기술직으로 구성된 해양오염방제국의 주 업무로 경찰직직원들은 지원·보조 개념에서 수행하였다면, 허베이스피리트호 사고 방제조치는 처음부터 해경 전체부서 모든 직원들이 하나가 되어 최선을 다 해주었다.

특히, 경비구난국장의 해상방제지휘와 언론브리핑 등의 적극적인 지원은 경찰관직원들에게 모두 자기업무같이 동참하는 표상이 되어 주었고, 주무국인 해양오염방제국장과의 인간적인 신뢰관계도 방제대책본부를 원활히 이끄는 바탕이 되었다고 본다.

그림 6.16 방제상황 언론 브리핑[60)]

그림 6.17 긴박했던 사고초기 대책본부

이와 같이 방제지휘부 지휘라인의 믿음과 신뢰관계는 자칫 업무기피·책임전가 등으로 갈등관계로 번질 수 있는 대책본부 분위기를 하나로 결집시켜 구성원 모두가 각자의 일을 챙겨주었고, 서로 위로하고 격려하는 마음들이 며칠을 밤새워 일을 해도 버틸 수 있는 힘이 되었다.

그 분위기는 현장방제작업 참여자들에게도 전파되어 모두가 진실된 마음으로 헌신적으로 각자의 일을 스스로 찾아서 해주었다.

이런 분위기를 현장에서 지켜본 ITOPF 방제전문가 Mr. Alex Hunt도 2017년 3월 29일 '국제전문가 방제기술 워크숍'에서 "한국의 현장방제지휘소 지휘체계는 세계 최고수준이고, 조직원들은 매우 헌신적이었다"고 평가했다.

60) http://www.korea.kr(2008년 1월 6일, 정책브리핑)

3절 해양오염방제 외길 30년을 걸어온 사람들

대형재난사고 발생시마다 담당공무원들의 전문성이 문제되고 재난전문가 양성을 위한 전문직공무원제도를 도입하겠다고 했다.

세월호 사고 이후 정부는 공무원 기술직군에 '방재안전직렬'을 신설하겠다고 하였으나 지난 2017년 1월 3일에야 '전문직공무원 인사규정안'을 국무회의에서 의결하고 "평생 한우물 만을 파는 전문직공무원 제도를 3월부터 시범 운영하기로 했다"고 발표했다.[61]

이런 전문직공무원 제도가 이미 40년 전 도입되어 시행되고 있는 조직이 해양경찰청 해양오염방제국 조직이다.

지난 40년간 경찰조직 내 소수의 전문 일반직공무원으로 해양오염방제업무를 자기천직으로 생각하고 한 분야의 경험과 기술을 축적해 왔으며 이들이 허베이스피리트호 오염사고의 성공적 방제에 숨은 공로자들이었다.

1. 우리나라 해양오염관리업무 역사 30년

가. 해양경찰청 해양오염관리관실 신설

1970년 우리나라는 경제개발계획의 성공적 추진으로 급속한 산업발전이 이루어졌으며 국제간의 교역이 활발하여지고 선박의 통행량이 급증함에 따라 선박에 의한 해난사고가 증가하면서 해양오염사고에 대한 관심이 높아지기 시작했다.

61) 정부정책브리핑(2017년 1월 3일)

국제적으로는 1954년 기름에 의한 해양오염방지협약(1954 OILPOL, 1969년 개정)을 대체하여 새로운 1973년 선박으로부터 해양오염방지를 위한 국제협약(1973 MARPOL, 73/78 MARPOL 개정)이 채택되는 등 해양오염에 대한 각종 규제가 강화되고 있었다.

특히, 1974년 1월 한일 대륙붕 공동개발협정을 체결하여 한일 대륙붕공동구역내 석유자원개발을 추진하면서 개발과정에 발생될 수 있는 해양오염 예방과 발생시 조치등 해양오염방지를 위한 국내법적 근거를 마련하기 위하여 1977년 12월 31일 해양오염방지법을 제정(2007년 1월 19일 해양환경관리법으로 전환)하게 되었다.

해양오염방지법이 제정됨에 따라 1978년 8월 9일 이 법집행기관으로 해양경찰청(당시 해양경찰대)에 해양오염관리관실을 신설하게 되었다.

해양경찰대장 산하에 해양오염관리관을 두고 감시담당·방제담당·시험연구담당업무를 관장하도록 하였으며 지방에는 지구해양경찰대에 해상공해과를 두어 해양오염 관련 집행업무를 담당하도록 했다.

나. 30년 이상을 해양오염관리 한우물을 파다.

신설당시 해양오염관리업무의 적용대상은 선박 및 해양시설에서 배출하는 기름 또는 폐기물을 규제하고 해양에 배출된 오염물질을 제거하여 해양환경을 보전하도록 규정하고 있었다.

이 업무의 집행을 위해서는 선박이나 항공기 등 해상 기동성과 조직체계가 필요하고 특히 재난적 해양오염사고에 대응하기 위해서는 강력한 지휘체계와 집행력을 갖춘 해양경찰대에 두기로 하였으며(미국 해안경비대, 일본 해상보안청 참조) 전문성확보차원에서 경찰직신분이 아닌 전문분야(환경·선박·화공직 등) 일반직공무원으로 담당하게 했다.

경찰제복조직내 소수의 일반직공무원 신분의 조직이 신설되면서, 신분의 이원화에 따른 차별의식, 소외감등으로 많은 갈등을 겪기도 했다. 정권교

체기나 정부조직 개편시마다 해양오염관리업무를 환경부·해수부 등 타기관으로 이관하여 통·폐합하는 문제가 검토되기도 하고 경찰직으로 신분의 일원화가 검토되는 등 여러 우려곡절을 겪었지만, 40년이 지난 오늘날까지 업무의 전문성 확보라는 대명제로 아직도 전문기술직 공무원 신분 그대로 유지되고 있다.

그동안 경찰조직 내 신분차이 등 개인적 갈등을 극복하지 못한 많은 사람들이 이직하였지만 대부분의 직원들은 "삼면이 바다로 둘러싸인 우리나라, 이 바다의 맑고 깨끗한 해양환경을 우리가 지킨다"는 자긍심을 가지고, 해양오염관리업무에 대한 천직의식으로 많은 실패와 시행착오를 겪으면서도 조직을 키우고(발족 당시 89명에서 현재 413명) 전문성을 축적해 왔다.

해양경찰청에 해양오염관리관실(현·해양오염방제국)이 신설되어 허베이스피리트호 사고가 발생한 2007년 까지 30년 동안 8,430건의 대·소 오염사고를 처리해 왔으며 이중 1995년 7월 씨프린스호사고(5,035kℓ 유출)를 비롯한 100kℓ 이상 대형사고도 45건(1,000kℓ 이상 11건)을 처리하면서 많은 경험을 쌓아 왔으며, 특히, 씨프린스호 사고 방제조치경험이 이번 허베이스피리트호 사고 처리에 많은 도움이 되었다.

이와 같이 지난 40년간('08년 8월 해양오염방제국 30주년) 경찰조직 내 일반기술직공무원 신분으로, 경찰업무가 아닌 해양오염방제라는 특수 업무를 수행해 오면서 소외당하고 차별받던 약자들 끼리 "우리는 해양오염전문가가 되어야 한다.", "우리는 하나다!"하고 뭉치는 해양오염방제국만의 독특한 직장문화를 형성하여 왔으며 허베이스피리트호 사고 현장에서도 헌신적인 각자 임무 수행은 이 정신이 바탕이 되었다고 본다.

수년전부터 퇴직자들을 중심으로 "한국해양환경동우회"를 결성하여 30년 이상 종사한 방제현장 경험과 기술을 지원하고 봉사할 수 있는 방안을 찾아 가는 등 전·현직 직원들 간의 교감을 이어가고 있다.

그림 6.18 해양오염관리 30년의 발자취 책자

그림 6.19 해양환경동우회 모임

2. 해양오염방제 – 우리의 사명이다.

허베이스피리트호 사고가 발생하자 국가방제기본계획에 따라 태안 현장에 "해양오염사고 방제대책본부"가 설치되고 해양경찰 본청의 해양오염관리 요원들은 대부분 대책본부 소속으로 분야별 임무가 주어졌고, 지방관서(지방청 및 해양경찰서)에서 파견된 해양오염관리요원들은 대부분 해안방제(해안에 표착된 기름방제)작업의 지도·관리요원으로 편성되었다. 분야별로 임무가 부여된 이후 모든 업무는 각팀·각자 책임 하에 이루어졌다.

그림 6.20 해경요원 헬기레펠 훈련

최초 헬기를 타고 사고현장을 확인 순찰하던 직원은 사고선박에서 기름이 계속 유출되고 있는 상황을 보고 선박에서 응급조치가 필요하다고 판단하여 헬기에서 레펠(줄사다리)을 타고 기름으로 덮여있는 사고선상에 뛰어내려 선장에게 파공탱크의 기름을 타탱크로 이송조치하는 등 응급조치를 하도록 했다.

이 직원은 평소에 헬기에서 하강훈련을 받은 특수구조대 요원도 아니다. 다만 누군가는 사고선박에 올라가 응급조치를 해야 한다고 생각했고 자기밖에 할 사람이 없어 그냥 했다는 것이다.

또한 사고초기에 전혀 예상치 못한 자원봉사자들이 하루에 2~3만 명(최고 36,000여명)씩 몰려와 방제자재가 부족하여 아우성이었다.

이에 현장에 방제물품보급기지를 설치하고 전국에 산재되어 있는 방제자재를 수집·공급하게 되었다.

4~5명이 한 팀이 되어 전국에서 몰려오는 방제자재를 밤새워 분류하여 산더미 같이 쌓아두면 다음날 아침이면 삽시간에 동이 나는 이런 일들이 한 달 가까이 반복되었다.

여기에 동원된 요원들은 매일 밤 파죽음이 되는 것은 당연했다.

그림 6.21 만리포 보급기지

그림 6.22 각 해경서에서 수송된 방제물품

그림 6.23 현장으로 보내지는 물품

그림 6.24 전국에서 수송된 방제물품

또한 해안방제를 위하여 오염된 해안(약 70km)을 8개 구역으로 나누고 전국 해양경찰서에서 동원된 기동방제요원 5~6명을 방제팀으로 편성하여 각 지역을 맡아 지도·관리토록 했다 각 팀에서는 담당구역 내 배치된 민간 방제업체와 자원봉사자요원들의 방제기술 지도·안내 등을 하면서 해역특성에 맞는 방제방법을 제시하고 방제장비 및 자재지원 업무 등을 수행했다.

중장비가 필요한데 진입로가 없었다. 이에 현장팀장이 산림청 헬기를 요청하여 헬기무게를 줄이기 위해 헬기동체만으로 포크레인을 달아 이동현장에 투입시켜 방제조치를 했다.

그림 6.25 헬기로 중장비 운반

이 또한 그 직원의 의지가 없었다면 할 수 없었다고 본다.

각 팀에서 수행된 방제실적을 매일저녁 방제대책회의에서 보고하고 방제기법 등 정보를 공유하면서 서로 경쟁적으로 새로운 기법을 제시하고 주민들과의 갈등해결 등 성공담을 보고하기도 했다.

이와 같이 현장에 동원된 방제요원들은 약 1개월 주기로 교대시켰는데 현장고생을 마다 않고 서로 참여하겠다고 하여 희망자들을 우선 배치했다.

참석자들에게 "고생이 심할 텐데 왜 왔느냐?" 물으면 "우리는 해양오염방제 전문가들이고, 이런 일을 하라고 만들어진 조직 아니냐?", "큰 사고 현장에서 경험을 쌓고 싶었다.", "역사의 현장에 함께 하고 싶었다." 모두들 이런 마음이었으니 모두가 지휘자요 책임자였으며 웬만한 어려움은 참고 극복할 수 있었다고 본다.

그림 6.26 현장방제팀 대책회의 보고 자료(모항지역)

그림 6.27 현장방제팀 대책회의 보고 자료(의항리 지역)

방제대책본부 업무 중의 중요한 역할 하나가 기록관리 부분이다.

일일방제종합보고서 뿐만 아니라 브리핑 자료, 언론보도자료, 회의자료, 시차별 조치사항 작성을 비롯하여 방제실적, 방제인력, 방제장비 동원현황, 방제물품사용량, 폐기물 수거량 등의 통계자료를 작성, 관리하는 것이다.

각 업무팀별로 통계자료 등은 작성되었지만 이를 총괄 정리·기록관리업무는 태안해양경찰서 여직원이 차출되어 담당하였는데 자료의 일관성을 유지하기 위해 사고발생에서부터 마무리 단계까지 약 10개월간 지속되었다.

늦게 끝난 회의내용 정리는 물론 각 팀 자료 종합 등으로 매일 밤을 새우다시피하고, 늦은 시간 야간근무자에게 지급되는 야식과 책상에 엎드려 피로를 푸는 생활이 몇 개월 계속되면서 몸무게가가 점차 늘어나기 시작하더니 무려 7~8kg 이상 증가하게 되는 웃지 못할 결과를 초래하기도 했다.

그래도 끝까지 짜증내지 않고 자길 할 일을 다 해준 이런 직원들의 숨은 노력이 더해져서 성공적인 방제가 이루어 졌다고 믿는다.

몇 년 후에 만난 그 직원은 "다이어트 하느라 엄청 힘들었고 경비도 많이 들었으니 보상청구를 해야겠다"고 농담을 하면서 "그때 수고 많았어요. 정말 고마웠어요"라는 인사말에 "우리가 해야 할 당연한 일 아닌가요?"하고 빙긋 웃는다.

4 절

나도 숨은 공로자 - 체험수상작62)

1. 태안의 기적 – 최우수상

육군 제 32사단　박우재

12월 7일 10시, 아침회의를 마치고 잠깐의 휴식을 갖기 위해 아침 신선한 바다공기를 마시고 있었다.

하지만 평소에 맡았던 신선한 바다냄새가 아닌 내 코로 들어오는 시나 중대 막사에 기름통이 터져 있나하여 돌아다녀봤지만 전혀 이상이 없었다.

걱정되는 마음에 주변 주유소까지 돌아볼 생각을 가질 찰나에 대대로부터 태안 앞바다에서 원유 유출사고가 있다고 하고, 출동 대기할 수 있도록 준비하라고 연락을 받았다.

TV뉴스를 바로 보았고, 뉴스 화면에서 나오는 장면은 항상 깨끗한 바다 모습이 아닌 이라크 전쟁에서나 보았던 검은 물결이 넘실거리는 모습이었다.

"아이구~ 머리아파라!! 근데 우리 진짜로 만리포로 출동하는 것이야?"

"큰일이다!! 여기에서도 머리가 이렇게 아픈데, 만리포에 가서 기름을 제거하면 몸이 남아나지 않겠다."

만리포에서 20여Km 떨어진 이곳 안면도까지 기름 냄새가 퍼져 중대원들은 두통을 호소하였고 또한 언제 소문이 퍼져있는지 기름유출을 막기 위해 출동할 것이라고 걱정을 하는 분위기가 감돌았다.

62) 허베이스피리트호 유류오염사고 방제활동 체험수기 수상작품집(2008년 12월, 해양경찰청) 발췌

중대장으로서 걱정하는 중대원들을 안정시켰지만, 여전히 중대원들은 호기심 반, 걱정 반이었다. 드디어 12월 8일, 군용차량을 탑승하고 특별한 방제장비도 없이 우선은 바닷가로 들어오는 기름을 막기 위해 출동을 했다.

만리포 해수욕장에 도착하고 처음 본 장면은 뉴스에 본 것보다 더욱더 심한 모습이었다.

끊임없이 바닷가로 들어오는 검은 물결은 마치 바닷물 색깔이 검은색이 아닌가 할 정도로 착각을 할 수 있도록 엄청난 양의 기름이 있었다.

하지만 감상적인 분위기에 젖을 때가 아니었다. 해변가에는 하루 밖에 지나지 않았지만 지역주민을 비롯하여 여러 사람들이 특별한 방제장비 없이 집에 있는 바가지, 바께쓰를 들고 기름을 퍼내고 있을 정도로 분주한 분위기였다.

우리들도 대대장님의 지시를 받고 중대 지역을 할당받은 이후 태안 군청에서 협조 받은 일부장비(바께쓰)를 들고 긴 줄을 만들고 퍼내기 시작했다.

퍼도 퍼도 줄지 않는 기름을 볼 때면 한숨이 절로 나왔지만, 우리들은 군인으로서 국토를 지켜야 한다는 책임감을 가지고 다른 사람들이 하는 작업량보다 배나 많이 작업을 실시했다.

해가 뉘엿뉘엿 저물고 하루의 작업은 그렇게 끝나갔다. 열심히 작업을 한 중대원들에게 고생하였고 힘든 작업이니만큼 몸이 아픈 곳이 있나 확인하기 위해 중대원들에게 다가갔을 때, 힘들고 지친 모습을 가지고 있을 것이라고 예상한 것과는 달리 팔팔하고 활기찬 분위기를 느낄 수 있었다.

"중대장님!! 기름 제거하는 작업이 그리 힘들지 않습니다. 오히려 재미있습니다."

"아픈 곳 없습니다!! 내일 오면 오늘 한 것보다 더 열심히 작업을 할 수 있습니다."

중대원들도 만리포 해수욕장을 깨끗이 할 수 있다는 자신감을 가지고 작업을 할 수 있다고 얘기를 할 때 그들의 모습이 기특하였고 중대장인 나는 중대원들과 같이 열심히 하였나 하고 반성하게 되었다.

이렇게 하루가 지나고 일주일이 후딱 지나게 되었다.

솔직히 지금 생각하면 하루하루가 전쟁터와 같았고 퍼도 퍼도 넘쳐흐르는 기름을 볼 때면 왜 사람들이 실수를 하여 이러한 재앙을 초래하였는지 그 사람들이 원망스럽기도 했다.

특히 주민들의 눈에서 흐르는 눈물을 볼 때면 나도 모르게 울컥하기도 하고 그 분들을 위해 할 수 있는 것은 한 바께쓰라도 더 퍼서 기름을 제거해야겠다고 생각을 하게 된 것이다.

일주일 그리고 일주일이 지나면서 많은 사람들이 다녀갔다.

대통령을 비롯하여 여러 각계 인사계층의 높으신 분들도 왔다갔지만, 제일 감명 받은 것은 초등학생인 어린아이들이 아버지, 어머니 손을 잡고 와서 기름을 제거하기 위해 온 수많은 자원봉사자들이다.

사람들이 더욱더 많이 올수록 작업의 속도는 높아갔고, 전문 방제 직원도 아닌데 전문 방제 직원처럼 빠른 손놀림과 능숙한 기술로 작업을 하게 된 우리 중대원들이 있어서 그런지 바닷물의 색깔은 차츰 돌아오기 시작했다.

해변가에 구덩이를 파고 간만조를 고려하여 기름물이 구덩이 속으로 들어간 이후 바닷물만 빠져나가도록 유류흡착포를 이용하여 작업을 하는 광경은 전문 방제직원도 손을 들 정도로 우리들은 전문적인 방제작업을 했다.

하지만 바닷물 색깔이 돌아온다고 하여도 백사장의 색깔은 아직까지 검붉은 색깔로 보이고 있었다.

약1m 정도 삽을 파니 모래사장의 속은 검붉게 물들어 있는 것이 아닌가? 어느 정도 장비가 갖추어졌다고 하나 모래사장까지 기름을 제거하기로는 제한이 있었다.

결국엔 삽으로 모래까지 푸는 작업을 실시하여 포대에 담고 그 모래도 폐기시킨다는 작업을 하게 되었다.

해변가에는 일부 포크레인 및 건설 장비가 들어와서 모래 포대 등을 실어 나르고 포대에 모래를 담는 모습은 마치 공사현장과 같이 일사분란하게 돌아가고 있었던 것이다.

벌써 4주라는 시간이 지나가버렸다. 어떻게 시간이 지나온 지 모를 정도로 바쁜 시간을 보내왔다.

연대장님을 비롯하여 제일 계급이 낮은 이등병까지 누구나 쉴틈 없이 지나온 시간이었지만 이제는 더욱더 어렵고 힘든 작업을 마무리하고 우리들은 바위 및 암석 뒤 사람들이 출입하기 힘든 지점에서의 기름제거 작업을 하기로 했다.

며칠 전에 지역주민 할머니께서 암반에 있는 기름을 제거하다가 손가락이 찧어서 손가락을 절단하였다는 소식을 접하게 된 시점에 군인들이 힘들고 어려운 곳에 우선 투입을 하여 작업을 실시해야 할 사항이었다.

하지만 군인이라는 존재, 그것은 힘들고 어려울 때 일수록 먼저 다가가 무엇이든 할 수 있는 살림꾼같은 존재가 아니겠는가.

오랜 시간동안 힘들게 고생한 중대원들을 위해 중대장으로서 마음에 힘을 북돋아주기 위해 정신교육을 했다

"그동안 고생하고 아파도 묵묵히 따라와 준 중대원들에게 중대장이 진심으로 고맙게 생각한다. 앞으로는 지금보다 더욱더 위험하고 힘든 작업을 할거야. 하지만 힘들고 어렵다고 뒤로 빠지는 비겁한 사람이 되지 말자고 중대장이 누누이 강조했지? 군인으로서 누구보다 당연히 우리 국토를 지킨다는 책임감을 가지고 열심히 작업을 하자! 힘들더라도 조금만 참고 열심히 하자!"

전부다 호응하는 분위기는 아니었다. 하지만 중대원들도 누구보다 중대장이 얘기한 것을 잘 알고 있듯이 고개를 끄덕거리고 있었다.

더 좋은 말을 하고 싶었지만 할 말이 없었다.

그림 6.28 크리스마스도 잊은 채 방제작업에 땀 흘리는 모습

하지만 중대장으로서 중대원들이 너무 고마웠다.

1월 16일 2단계 방제작전을 위해 주민, 자원봉사자들이 접근하기 어려운 어은돌 쪽 암반지역으로 우리 중대원들은 투입되었다.

작업을 시작하기 전 절대로 위험한 곳에 무리하게 뛰어들지 말고 사고가 일어나지 않도록 안전교육을 실시했다.

하지만 위험한 암반바위보다는 우리를 기다린 어려운 점은 매서운 겨울 바닷바람이었다.

다행인지 몰라도 12월의 바다 날씨는 참으로 따뜻했다. 좋은 겨울 날씨 덕분에 자원봉사자들은 많이 몰리게 되었고, 따뜻한 온도로 인해 작업의 속도를 높여 방제작업의 성과를 높인 것이다.

하지만 역시 1월의 날씨는 매서웠다. 눈이 여러 번 오고 간만조 차이 때 오가는 매서운 겨울 바닷바람은 가만히 서있기만 하여도 금방 얼어버릴 것 같은 추위였다.

고무장갑을 끼고 차가운 갯바위, 암반을 흡착포를 이용하여 기름을 닦을 때 손바닥은 10~20여분도 지나지 않아 꽁꽁 얼어버릴 것 같았다.

동상이 걸리지 않도록 핫패드를 지급하고 귀, 얼굴이 춥지 않도록 방한 두건 등 여러 의류를 더 입게 하였지만, 체감온도가 영하 15도~20도인 날씨에서 큰 효과를 발휘하지 못했다.

"으~ 춥다!! 추워서 도저히 못하겠네."

"숨조차 쉬지 못하겠네. 바람이 왜 이렇게 많이 부는거야!!"

여기저기서 중대원들도 작업을 열심히 하려하지만 추운 날씨 때문인지 뜻대로 되지 않았다.

중대원들을 독려하고 여기저기 기름을 닦으라 지시를 하였지만, 내 얼굴도 얼어붙었는지 말조차 하기 힘든 상황이었다.

그래서 그런지 중대원들의 손과 얼굴이 붉게 달아오르는 것을 보면 작업보다는 사람이 먼저인데 왜 이렇게 힘든 작업을 시키나 하고 나약한 생각을 하게 되었다.

하지만 대대장님께서는 우리의 마음을 아는지 더욱더 독려를 하시고 열심히 할 수 있도록 몸소 실천하셨다.

"자! 자! 추워도 열심히 하자!! 10분 기름 닦고, 10분 손 비비고! 10분 기름 닦고, 10분 귀 비비고!!"

대대장님께서는 힘들다고 하는 곳에 먼저 다가가셔서 작업을 하실 때마다 중대원들은 다시 마음을 다잡고 작업을 하기 시작했다.

중대장인 나도 내가 왜 이렇게 나약하게 생각을 하게 되었을까 라고 반성을 하고 더 열심히 해야겠다고 마음을 먹게 되었다.

양수기를 이용하여 바닷물을 암반에 뿜어대고, 뿜어낸 수압으로 인해 갯바위에 기름을 닦는 작업은 무려 1달이란 시간동안 지속되었다.

그렇게 닦은 유류 흡착포를 담은 포대만 하여도 몇 천 톤이라는 사실을 접하였을 때 정말 엄청난 양의 기름이 바다로 유출되었다는 것을 느낄 수 있었다.

항상 방제 작업이 힘든 것은 아니었다. 힘든 방제작업을 마무리하고 목욕을 하는 것은 우리들의 유일한 즐거움이었다.

방제작업을 하는 군인들이 고생한다고 태안군청에서는 일일단위로 목욕탕을 이용할 수 있도록 조치하였으며, 힘들고 어려운 작업을 마친 중대원들에게는 목욕탕을 이용하는 것이 큰 낙이 되었다.

땀과 기름 냄새에 젖은 전투복과 속옷을 벗고 한 올도 남기지 않고 벌거벗고 중대원들과 같이 탕에 들어간 그 때는 아직까지 잊을 수 없다.

남자들은 목욕탕을 같이 가야지 친해진다고 하듯이, 목욕탕을 매일매일 가다보니 중대원들과 더욱더 친해진 계기가 되었고 중대원들의 분위기도 매우 좋게 된 것이다.

군대 계급을 떠나 기름 제거 작업을 한 사람으로서 서로 등을 밀어주고 닦아주는 모습을 예전 어르신들께서 느끼는 과거 딱딱한 군대모습과는 다른 화목한 모습이었던 것이다.

"중대장님! 시원한 것이 먹고 싶습니다!! 음료수 사주십시오!!"

때로는 중대원들의 노골적인 음료수 구매요구를 할 때마다 지갑이 비워질 때도 있었지만 다시 생각하면 그 때만큼 즐겁고 행복했었던 적이 없었던 것 같다.

약 2달이라는 시간이 흘러 방제작업을 하였던 군인들, 자원봉사자들이 빠지고 마지막으로 우리가 철수를 할 시기가 다가왔다.

아직까지는 작업을 마무리 지으려면 멀었지만, 이제부터는 전문 방제업체에서 실시하여야 한다고 하여 철수를 하게 된 것이다.

처음 만리포 해수욕장을 밟았을 때 보다는 해안가가 많이 깨끗해졌지만,

아직까지 바위, 돌에 붙은 기름을 제거하려면 수 십 년이 걸린다는 것을 생각할 때 안타까움을 금치 못했다.

하지만 세계적으로 놀란 우리나라의 방제작업의 결과를 볼 때 예상하였던 시간보다는 훨씬 앞당겨져서 깨끗한 바다로 돌아올 것이라고 믿는다.

아니 믿어 의심치 않는다.

기름 유출 이후 벌써 8개월이라는 시간이 흘렀다.

차츰 지역경제가 살아나고 지역 주민 분위기가 좋아지는 것을 보면 다행이라는 생각이 든다.

지역주민, 자원봉사자, 각종 방제 업체, 군인 등 여러 사람들의 힘이 있었기에 이렇게 깨끗한 환경으로 되돌아 왔다고 생각이 든다.

누구 덕에 기름이 유출되고 누구 덕에 깨끗해졌다는 것이 중요한 것이 아니라고 생각이 든다.

앞으로 다시는 인재로 인하여 더 이상의 이러한 일들이 벌어지지 않았으면 하는 소망이 있을 뿐이다.

넓고 푸른 바다를 마음속에 담아두며, 오늘도 나는 열심히 해안을 지키는 군인이 되련다.

그림 6.29 군인들의 만리포 지역 방제작업 모습

2. 도둑맞은 내인생의 7개월 – 최우수상

태안군청 윤용민

연일 지속되는 폭염 속으로 태풍 갈매기가 우리나라를 향해 북상하고 있다.

문득 지난 겨울이 어떻게 갔는지, 봄이 어떻게 피었다 졌는지 회상에 잠겨본다. 태풍 갈매기의 날개 짓에 아직 유류사고로 아물지도 않은 상처를 건드려야 하는 건 아닐까?

그 상처가 너무 깊어 언제쯤 채워질지 아무도 모르는데.....

공무원이 되기 전 공공기관에 대한 관념과 공직생활을 시작한지 2년이 된 지금 그 관념이 너무나 많이 바뀌었다.

탁상행정이니, 철통밥통이니, 놀고 먹는다느니 이런 말을 들을 때 마다 불끈 화가 난다.

하지만 참아야 하는 게 공무원인 것 같다. 유류사고로 내 인생의 7개월을 도둑맞았다.

어떻게 살았는지 모르겠다. 피해를 본 주민들 못지않게 힘들어 사직서를 내려고도 했다.

하지만 태안이 고향이고 지금 사직서를 낸다면 분명 무책임하고 무능하다는 말을 들을 것이 뻔했고 가족을 생각하니 사직서는 내 자신에게 던져야 했으며 그럴 수밖에 없는 내 자신이 너무 초라했다. 심지어 사직서 대신 교통사고라도 내고 싶을 만큼 그땐 현실을 피하고 싶었다.

도둑맞은 내 인생의 7개월을 이렇게 방제활동 체험수기를 통해 되찾아 보고자 한다.

분명 내 인생에 고난을 준만큼 평생 잊지 못할 교훈과 노하우가 나도 모르게 내 몸가짐 속에 베어있으리라! 그리 믿으며 지난 7개월을 돌이켜본다.

작년 12월 7일 아침 사무실에 들어설 때 이상한 냄새가 났다. 사무실 옆 공업사에서 경운기 보링이라도 한건가? 엔진오일 타는 냄새와 너무나 비슷했다.

그리고 얼마 뒤 타 읍면에도 냄새 신고가 접수되었고, 만리포 앞 해상에서 기름유출 사고소식을 접하게 되었다. 그때까지도 난 대수롭지 않게 생각했고 그저 신기하기만 했다.

그날 오후 태안군엔 비상근무 명령이 났으며 주말을 모두 반납해야 했다. 비상근무만 서면 되겠지 별일이야 있겠어? 이런 생각이었지만 12월8일 나의 생각은 어처구니 없을 만큼 빗나갔다.

여기저기 유류관련 민원 전화가 오기 시작했고 창고에 구비해둔 몇 박스 되지 않는 흡착포를 가지고 우리는 신진도리 마도 북서쪽에 밀려온 오일을 건져냈다.

끈쩍끈쩍 하고 시커먼 오일은 무겁고 냄새가 났으며 마을 주민들과 해경, 군인들과 함께 비닐 포대에 담고, 흡착포에 묻혀 내었지만 파도에 출렁이고 바위틈에 깊숙이 끼어 작업이 쉽지가 않았다.

상황이 심각하다는 것은 이미 뉴스를 통해 세상에 알려졌고 우리 면은 군청의 지시를 기다렸고 주민들의 신고에 촉각을 세워야 했다. 당황하지 말고 침착해야 한다. 주민들이 동요되지 않도록 안정시켜야했다.

12월 9일 일요일 태안반도는 구석구석 검은 기름띠가 바위며, 해안이며 세상을 놀라게 할 만큼 뒤 덥히고 말았다. 상상도 못했던 일이 나의 고향 태안에서 현실로 나타난 것이다.

이젠 본격적인 방제작업이 시작 되었다. 12월 8일 이미 흡착포는 바닥이 났고 12월 9일에는 태안해경에서 지원을 받아 방제작업에 사용되었지만 작업에 참여한 주민들에겐 턱없이 부족했다.

우리 면은 면장을 통제관으로 자체적인 상황실을 운영했다 피해지역이 너무 넓어 자체적으로 지도와 관리를 해야 했으며 무엇보다 인근의 소원과 원북, 이원면에 비하여 기름의 유입이 적다는 이유만으로 코모스는 두개의 방제업체를 지정했고 방제업체에서는 주민들 관리가 불가능한 상태였다.

여기저기 기름이 유입되었다는 신고는 계속 들어왔지만 답변을 해줄 수 없는 상황에서 10여년 전 남해의 시프린스호 사건당시 업무를 겪었던 직원들의 조언이라도 듣고 싶을 만큼 답답한 상태였다.

우리 면은 우선 방제작업이 진행되는 곳에 직원 1명씩 배치를 하였고, 방제작업에 동원되는 인력관리 및 물품지원을 할 수 있도록 이장, 계장 등 각 마을 지도자들과 긴밀한 관계를 유지했다.

12월 10일 우리 면은 7개 마을(어촌계) 550여명이 방제작업에 투입이 되었다. 누가 시킨 것도 아니고 자발적인 것이기는 하지만 추후 방제작업 인건비, 어선임차료 등 보상관련과 직결되고 주민의 보호 차원에서 행정기관에서 관리를 해야만 했다.

방제업체가 누군지도 모르는 상황이었고 주민들이 안정할 수 있도록 우리 면은 나서서 주민들 인력관리 대장과 사용된 어선관리대장, 작업일지를 매일매일 받았고 증거자료 확보에 최선을 다하도록 지도 및 홍보했다.

방제작업에 동원된 인원에 비하여 방제장비는 너무나 모자랐고 방제장비 확보가 또 하나의 관건이었다.

그래서 우리 면은 방제장비 지원을 위해 자체적으로 면사무소 창고에 방제물품을 미리 조달을 해놓고 다시 각 마을(어촌계)에 지원을 했다.

방제업체가 하는 일을 우리 면은 방제작업 현장부터 인력관리, 물품지원 등 모든 것을 관여하게 되었다.

그림 6.30 자원봉사자 안전교육실시

그림 6.31 방죽골 자원봉사 갯닦기작업

방제작업이 장기화 되면서 여기저기 문제점과 요구사항이 늘어났다. 심지어 자원봉사 배치하는 것도 어려워지기 시작했다.

방제작업 현장에서 지역 주민들 간 갈등이 발생하고 어업활동을 못하면서 생활이 어려워진 어민들은 그 불만이 면사무소로 향하고 있었다.

우리 면은 쌀과 라면 등 구호물품을 최대한 확보를 해서 어려운 지역에 적극적으로 나서서 배부를 했으면 방제물품 또한 적극적으로 확보해 지원함으로써 지역 주민들과 유대관계가 깊어졌다.

방제작업이 어느 정도 자리를 잡아가고 주민들 간 보상에 대한 얘기가 입소문을 타고 전해지고, 각 읍면마다 피해대책 위원회가 결성이 되면서 우리 면은 또다시 공황에 빠졌다.

유류피해신고를 접수하면서 각종 증명서 발급을 비롯하여 어업신고(맨손어업, 나잠어업)등 그야말로 북새통이 따로 없을 정도였다.

아마 우리뿐만 아니라 군청, 해경, 수협 모든 공공기관들이 그랬을 것이다. 각 기관마다 하는 일이 다르겠지만 그때는 모두가 힘들고 정신없는 상황이었기에 기관들끼리 긴밀하고 유연하게 대처하지 못한 것 같다.

모두들 자기의 입장에서만 생각하고 일처리를 하기 때문에 어쩌면 서로 불만을 가졌고 본인 역시 해경, 수협과 마찰도 있었다.

더군다나 면사무소는 기초 행정기관으로서 민원들과 가장 가까이 있다 보니 각종 민원들로 하루도 조용한 날이 없었다.

지금 돌이켜 보니 그해 12월은 방제작업 인력관리, 어업신고(2,000여건), 피해신고접수(2,000여건), 피해사실확인서(5~6천건 정도), 민원실은 인감을 비롯한 증명서 발급 등 면사무소 창설 이래 최고의 민원방문을 기록하며 저물어간 해였다.

2008년 1월 1일은 3일째 방제작업이 중단된 상태였다. 매일매일 상황보고는 나의 몫이었다.

유류사고 둘째 날 하루 방제작업을 실시한 이후로 한번도 현장에 가보지 못하고 사무실에서 나는 자료를 수집하여 재해대책본부에 보고하는 업무와 각 마을(어촌계) 방제작업일지를 관리하고 있었지만 방제업체가 너무나 많은 지역을 분담하는 바람에 결국 내가 책임을 지고 해결해야 되는 힘든 상황이었다.

하루도 쉬지 못하고, 야근까지. 지친 내게 2008년 1월 1일 둘째아이가 태어나면서 새 희망을 주었다.

그날을 계기로 많은 축하와 격려를 받았고 직원들의 따뜻한 배려로 난 더 열심히 일해야겠다는 각오를 하게 되었다.

조산을 했지만 건강했고 신문에도 커다랗게 실려 내겐 너무나 큰 기쁨이었고 다시 일어설 수 있는 원동력이 되었다.

조업이 장기간 중단되었고 언제 시작될지도 모른다. 춥고 긴 겨울 주민들은 앞날에 대한 두려움 때문일까? 어느 누구도 속 시원하게 대답해 주지 못한다.

"우린 이제 어떻게 해야 합니까?" 언제쯤 보상이 나오나요?, 결국 3건의 음독사고가 발생되고 각종 집회가 이뤄졌다. 유류유출사고가 이렇게 클 줄 누가 알았으랴!

결국 임시 대책으로 설 명절 이전에 긴급생계안정자금이 지원 되었으며, 방제작업 인건비를 지급하게 되었다.

이렇게 큰 금액을 우리나라에서 지원한 적이 처음이라고 한다. 비록 고생하긴 했지만 수십년 뒤 역사책의 한 줄 정도 실리지 않을까? 생각해 보면 큰일을 한 것 같아 뿌듯하기도 했다.

2008년 6월 27일 근흥면 방제작업이 드디어 종료되었다. 거의 7개월 동안 하루도 빠짐없이 상황보고를 했는데 드디어 끝났구나 생각하니 너무나 홀가분했다.

대신 특별공공근로를 시작하며 한 지역씩 담당을 하게 되었다. 유류사고의 끝은 아직 먼 것 같다.

2008년 7월 15일 조업을 하고 돌아오던 어민들 중 가의도 주변 해상에 기름띠가 떠있다는 신고가 들어 왔다.

군청, 근흥면, 해경, 코모스와 함께 해상과 도서지역 재조사 결과 아직도 사람이 접근하기 어려운 지역은 여전히 끈적끈적한 오일이 남아있어 방제계획을 수립하여 시작한다고 한다.

아무래도 유류가 한조각도 남지 않는 날까지 이왕 내가 맡은 업무이니 사명을 갖고 마무리 져야 할 것 같다. 할 수 있는 일이 있다는 것이 해야 할 일이 있다는 것이 얼마나 다행인가?

끝으로 방제작업 관련 업무를 보며 느낀 점 몇 가지를 정리해 보고자 한다.

우리 면의 경우 태안군에서 제일 큰 신진항이 있다. 불만이 가득 찬 어민들과 주민들이 많았지만 크게 동요된 적이 없다. 그 이유는 내 생각엔 공공기관에서 주민들과 밀접한 유대관계를 형성했기 때문이다.

독단적으로 작업을 진행하고 통제하기 보다는 수시로 회의를 소집했고 지역 유지들과 만나 현장중심으로 일처리를 했기 때문이다. 두 번째는 누가 해야 할 일인가를 따지기 보다는 솔선수범하여 적극적으로 일처리를 한 것이 주민들과 가까워질 수 있었으며, 주민들의 분노를 식혀줄 수 있으며, 문제점이나 대책을 보다 신속하게 찾을 수 있는 것 같다.

2008년 7월 20일 오늘! 도둑맞은 내 인생의 7개월은 결코 잃어버린 것이 아니란 걸 깨달았다.

내가 일처리 잘 했다고 생각하지는 않지만 너무나 많은걸 배웠기에 어쩌면 10년 동안 배워야 할 것을 7개월 만에 배운 건 아닌가 하며 자신을 위로해 본다.

유류사고로 수많은 사람이 상처를 입었다. 그 상처를 서로 동병상련하며 주민들 간 더 가까워지는 계기가 된다면 좋겠다.

백만이 넘는 자원봉사자의 손길이 닿은 이곳 태안에 주민들 모두 하나가 되어 더 큰 기적을 이뤄낼 수 있기를 기원하며...

3. 또 하나의 가족 – 최우수상

해양경찰청 박승천

「해양경찰 기동방제팀」 이것이 나의 임무다.

12월 7일 부산에서 비상 명령을 받고 태안 방제창고에 집결했다. 새벽 두 시 칼처럼 매서운 겨울바다 바람을 헤치고 파도 너머로 오일펜스(기름방어막)를 전장한다.

추위가 살갗을 파고들며 온몸으로 에려왔다. 이제부터 누구도 경험하지 않은 초대형 해양오염사고와 마주서게 된 것이다. 12월 8일 모항 방제팀장으로 임무를 받았다.

모항 해안에는 허베이스피리트호에서 흘러나온 엄청난 양의 기름이 해안에 밀려와 있었고 마을 주민들도 긴장과 두려움 속에 어찌할지를 몰라 발만 동동 구르고 있었다.

방제장비와 자재는 한없이 부족하고 그나마 있는 자재들은 게 눈 감추듯 사라졌다. 지금 가장 시급한 방제조치가 무엇인가를 생각했다.

바다위에 떠다니는 기름을 제거하고 아직 오염되지 않은 깨끗한 모항을 기름으로부터 지켜내는 것이었다.

바다위의 기름은 선박이나 해안가에서 수거 하는데 워낙 양이 많다 보니 바께쓰나 바가지 같은 퍼 담을 수 있는 것이라면 뭐든지 사용되었고 수거된 기름은 저장할 통이 없어 육상 아무 곳이나 모아두기 일쑤였다.

아직 깨끗한 모항을 지키기 위하여 입구에 오일펜스를 설치하고 기름 유입을 차단했다 그러나 다음날 새벽 우리는 깜짝 놀라지 않을 수 없었다.

항구 안에는 이루 말할 수 없이 많은 양의 기름이 밀려들어와 있었던 것이다. 도저히 이해가 안 가는 일이었다.

생계수단을 잃은 성난 주민들은 「해경에서 방제를 잘 못하여 이렇게 되었다」며 흥분하여 거칠고 험한 말과 함께 싸움이 일어났다. 주민과의 인연은 이렇게 시작되었다.

나중에 안 사실이지만 방파제 석축(돌담) 사이로 밖에 있던 기름이 강한 파도를 받아 안으로 스며들어 왔던 것이다.

잃어버린 신뢰를 어떻게 회복 할 것인가? 진실성 있게 열심히 하는 것 외에 다른 대안은 없다고 생각했다. 어설프게 임기응변으로 벗어나려 하다가는 갈등의 골만 더 깊어갈 것 같았다.

신뢰회복을 위하여 모든 행동을 바꾸었다. 주민의 입장에서 방제작업을 지도하고 주민과 함께 방제전략을 세우며 각종 장비나 자재는 지역민의 것을 우선적으로 구매했다. 입고 있는 방제복과 안전화가 기름에 찌들어 팀장인지 작업자인지 구분이 안갈 정도로 누구보다도 열심히 현장을 돌아다녔다.

어떤 분은 형님이고 어떤 분은 아우며 연세 많은 어르신께서 궁금해 하는 사항은 친절히 설명해 주는 인간적인 모습으로 마을 주민과 동화되었다.

그 결과 모든 것을 비관적이고 적대적으로만 대하던 마을 주민들도 나의 방제방법을 이해하여 주었고 서로 대립되는 의견이 있더라도 대화로 해결하며 나를 두둔해 주기도 했다.

12월 31일 밀린 일 때문에 잠시 부산에 갔는데 그 사이 주민과 방제업체 사이에 싸움이 났다.

방제업체가 빈 기름통에서 기름 수거하는 사진을 찍다가 이를 본 주민이 작업비용을 부풀리는 것으로 오해하면서 싸움이 시작 된 것이다.

한정된 보상비용에 방제업체가 작업비를 많이 받으면 그만큼 주민들에게 돌아가는 보상이 적을 것이라는 우려와 상호간의 불신 때문이었다. 언쟁은 삽시간에 번졌고 방제현장에는 몰려든 주민들로 아수라장이 됐다.

방제작업은 3일간 진행되지 않았고 각종 인터넷 매체는 「방제비용 부풀리기」라는 기사를 게재하였으며 해경에서도 진상조사가 진행되었다.

그림 6.32 모항 밧고개 방파제의 방제모습현장

모항으로 돌아온 나는 모든 것이 오해임을 알고 오해를 풀 수 있는 믿을 만한 증거를 제시해야 한다고 생각했다. 다행히 모항에서 반출되는 모든 폐기물은 팀장인 내가 직접 확인하고 관련 서류를 보관하고 있었기에 방제업체에서 사진만으로 청구한다는 것은 불가능한 일이었다.

이런 사실을 주민에게 설명하고 관련 서류를 보여주자 「팀장이 말하면 믿을 수 있지」라며 사건이 일단락 된 사례도 있었다.

길도 없고 경사가 심한 해안 오염지역은 장비투입과 사람 진입이 어려운 곳이 많다. 장비 없이 방제를 할 경우 많은 인력과 시간이 소요되면서도 효과적이지 못하여 결국 오염지역으로 남게 된다. 포크레인을 투입해야 했다.

모두들 공감하지만 방법이 없다. 바다로 바지선을 이용하는 것은 수중 암초가 있어 어렵고 해안에 도로를 내는 것은 또 다른 환경훼손이었다. 하늘에서 헬기로 이동하면 좋겠다고 생각하지만 아무도 해보지 않았고 포크레인을 옮길 수 있는 헬기도 없어 모두들 생각뿐이었다.

1월 7일 산림청 직원이 자원봉사를 왔다. 산림청에는 산불화재 진압용 대형헬기가 있는데 작은 포크레인은 옮길 수 있을지도 모른다고 했다 눈이 반짝였다.

알아보자! 즉시 산림청 관계자에게 전화를 했다 7톤 정도의 무게를 들 수 있는 대형헬기가 있어 지원은 하고 싶지만 산불화재 대비와 포크레인 이동 경험이 없다는 여러 난색을 표하며 대책본부에서 정식 요청하면 검토하겠다고 한다.

방제대책본부에서 즉시 헬기지원을 요청 했다 답변은 헬기 바람에 날릴 수 있는 건물이나 자갈들이 없는 대산항 만큼 커다란 공터와 이송 시 포크레인 균형을 유지하는 4개의 연결로프 그리고 장비 이송에 필요한 이송세트 구비 등 여러 가지 조건을 준비한 후에 연락 하라는 것이다.

처음부터 불가능한 조건이다. 태안에 대산항 만큼 큰 공터가 있을 리 만무하다. 그리고 헬기에 대하여 아무것도 모르는 우리가 어찌 하늘에서 굴삭기 균형을 잡는단 말인가? 또 이송장비는 무엇이란 말인가? 결국 어렵다는 얘기로 방제대책본부와 주변 팀원들이 불가능하다며 포기를 권장했다.

사실 아무 경험 없는 일을 추진하다가 줄이 끊기거나 샤클이라도 풀리면 바로 대형 사고가 발생하고 모든 책임은 다 내가 지게 된다.

이대로 시커멓게 오염된 해안을 남겨 놓아야 되다니 참으로 안타까운 순간이었다.

포기할 순 없다. 더 자세히 알아보기 위하여 헬기 기장에게 전화를 했다 기장은 직경 200m 정도의 주변 건물이 없는 장소가 필요하고 이송장비 목록도 알려주며 보다 긍정적인 답변을 주었고 두 조건은 근처 군부대의 연병장과 천안의 대형철물점에서 해결하게 되었다.

문제는 하늘에서 포크레인의 균형을 유지하는 것이었다. 해답은 의외의 곳에서 나왔다. 마을주민 중에 오랜 건설현장 경험이 있는 분이 포크레인 상부에 균형 고리가 달려 있어 여기에 연결하면 된다는 것이다.

모든 조건이 갖춰졌지만 누구도 성공을 확신할 수는 없었다. 이제부터는 한 치의 실수 없이 실행에 옮기는 일만 남았다. 신중에 신중을 기했으며 모든 제품은 용량의 두 배가 넘는 규격품을 사용하고 헬기 기장과 함께 현장 답사를 두 차례나 돌아보았다.

해안가 바위위치, 해안기울기, 조석표, 군부대 협조 등 모든 것을 꼼꼼히 챙겼다. 1월 18일 드디어 처음으로 길도 없는 산하루 해안에 포크레인이 투입되었다.

그림 6.33 헬기로 중장비 운반

힘든 과정이 많았지만 할 수 있다는 믿음으로 대책본부와 산림청을 설득시켜 이뤄낸 역사적인 광경이었다. 이후로 헬기를 이용하여 오지 해안 암반 지역에 무려 16회나 포크레인을 투입하게 되었다.

2월 7일 방제를 시작한지 2개월이 지났다. 요즘 아무도 방제 할 의지는 안 보이고 모두들 나를 피하기만 하는 것 같다.

주민들은 방제비용이 지급되지 않아 작업을 멈추고 농성을 하고 방제업체는 계속된 비용추가에 울산으로 돌아간다며 작업지시를 따르지 않는다. 팀원들조차 방제장비(포크레인) 투입을 환경파괴라며 나를 몰아세운다.

어찌하여야 하나 이대로 방제를 멈출 수야 없지 않는가? 설득해야만 했다. 주민들에게는「나중에 비용이 지급될 것이다 지금 멈춘다고 돈이 나오는 것도 아니지 않느냐」며 작업을 유도하였고 방제업체 사장에게는 힘든 상황을 솔직히 말하고「방제회사의 명예가 있지 이런 재앙 앞에서 떠난다면 앞으로 어떻게 다시 방제를 하겠냐.」며 설득하였다.

그리고 팀원들에겐 장비투입에 의한 방제작업이 결국 비용이나 효율성 그리고 환경적으로도 훨씬 유리하다며 설득했다 모두 다 같이 힘든 상황이지만 나의 말에 동감을 표시하며 다시 한 번 힘을 모아 모항 방제는 재가동되기 시작했다.

2월 11일 아침에 코피나 났다. 벌써 세 번째 쏟아지는 코피다. 처음에는 너무 피곤해서 쏟았지만 이번엔 감시몸살에 의한 코피였다. 그제부터 온몸이 으슬으슬 춥더니 어제와 오늘은 목이 부어 한마디 말도 할 수가 없었다.

불규칙한 식사로 위장병이 지속되는 가운데 두 차려나 감기가 들었었지만 이번처럼 심한 목감기는 처음이었다. 군청 복지과장님이 시내에 있는 병원에까지 데려다 주겠다고 하였지만 시간이 없어 거절했다.

현장 작업지도도 해야 하고 일일 작업보고서와 저녁 방제대책회의 자료도 작성해야 했다. 결국 산하루 지역 방제현장 확인 중에 코피가 쏟아진 것이다.

다행히 그날 밤 푹 자고나니 목 가래도 가라앉고 한결 나아지며 감기는 곧 떨어졌다. 만리포 팀장인 부산의 이영희 계장이 이런 말을 한다. 「정말 지독하구나!」

2월 18일 방제대책본부 석회에 참석했다 오염방제국장님께서 「박팀장 같은 사람이 있어서 대외적으로 해경 방제팀 활동상을 알려 진다」며 격려하신다. 또 경비국장님께서는 「자네가 너무 열심히 하니까 집에 못가잖아! 어떻하노..」라며 집에 못가는 내 어깨를 감싸주며 격려하신다.

정말 많은 분들이 나에게 영웅이라도 된 것처럼 대해 주시지만 괜스레 걱정이 다가섰다. 더 이상 부산복귀를 미루다가 혹여 실수라도 한다면 그 동안의 노력이 모두 헛되이 될 것 같기 때문이다.

방제현장은 항상 다툼의 소지가 많고 바다라는 곳은 또 얼마나 변화가 많은가? 이쯤에서 정리하고 얼른 복귀하는 것이 현명한 처사라는 안일한 생각도 솔직히 들었다.

그렇지만 정말 열심히 일해서 이번 국가적 재난사고에 최선을 다했노라고

면 훗날 후배들에게 자랑할 수 있는 선배이고 싶었다.

3월 2일 태안군청 수산과 이영진 계장이 찾아왔다. 모항 옹벽 고무헨다에 대한 세척 방법을 논의하기 위해서다. 어민들은 이번 기회에 타이어식 헨다를 제거하고 고정형 부착식 헨다로 교체하여 주기를 바라고 있었다.

군청 수산과에서도 교체하여줄 의사는 있으나 철거에 소요되는 작업인력, 용접산소기, 작업크레인 그리고 폐기물 처리 비용이 문제라며 난색을 표한다.

과거 환경업무에 경험이 있었던 나는 「기름 묻은 폐헨다는 방제의 일부이니 어민이 직접 제거하고 소요된 비용은 발생된 고철 처리비로 충당하며 기름 묻은 폐타이어는 환경과에 문의하여 재활용 업체에 처리 의뢰하면 될 것입니다」라고 조언했다 다행히 작업에 소요된 비용과 고철 처리비가 거의 맞아 떨어지고 재활용 업체도 수배되어 모든 것이 원만히 해결되었다.

이영진 계장은 12월 7일 사고 첫날부터 모항에 파견되어 초창기 해경과 지역 주민과의 갈등 그리고 방제자재 수급, 자원봉사자 관리에 대한 수많은 문제와 해경과정을 직접 눈으로 지켜보았던 사람이다.

그런 그가 「타향에 나와서 너무 고생하는 것 같아 저녁 대접하고 싶다」며 나를 시내에 있는 음식점으로 안내했다. 손님도 뜸한 것이 한눈에 지역경제의 어려움을 알아볼 수 있었다. 잠시 후 음식이 나오고 이런 저런 지나온 방제작업 얘기와 초창기 힘들었던 이야기를 나누던 중 집 이야기를 하게 되었다.

그렇지 않아도 요즘 가족이 보고 싶어 많이 힘들던 터에 「객지에 나와 고생한다면서 얼마나 집에 가고 싶겠냐.」며 분위기를 잡아가니 갑자기 참았던 눈물이 울컥 밀려왔다.

보고 싶은 아내와 두 딸, 환경파괴범으로 말하는 사회단체, 빨리 복귀 않는다는 지방청 직원들, 주민과 방제업체간 갈등, 자재확보 등 어렵고 힘들었던 감정들이 한꺼번에 밀려오면서 잠시 말을 잇지 못하고 눈물만 흘러 내렸다. 다행히 그곳은 방이었는데 다른 손님은 없었다.

이 계장은 애써 나를 위로하였지만 너무 창피했다 그 이후로 영진이형으로 부르며 형 동생으로 지내게 되었다. 그 동안 부산 남해청으로 복귀할 기회는 세 번 있었다. 정기적으로 12월, 1월, 2월에 교대해주는 것이다.

그렇지만 그 때마다 모항주민, 태안군청, 태안군의회로부터 각각 내가 모항에 필요하다며 대책본부로 공식 잔류 요청이 왔다. 몸은 피곤했지만 참으로 보람스러웠다. 이렇듯 큰 재난 상황에서 내가 다른 사람에게 꼭 필요한 사람이라니....

3월 29일 아! 이제는 정말 남해지방청으로 복귀 하는구나! 모항 방제팀장으로 있던 12월 7일부터 3월 29일까지 결코 짧지만은 않은 긴 기간이었다. 날짜로 114일이고 해도 바뀌었다.

그 동안 이명박 대통령, 박근혜 대표, 손학규 대표, 정세균 의장, 정몽준 의원, 이회창 대표, 심대평 의원, 홍명보 코치, 연예인 강호동 등등 그 외 이름만 들어도 알 수 있는 유명한 분들을 만나 뵙기도 하고 안내도 해 보았다.

그리고 국회 언론브리핑과 태안신문에 「태안 50일」, 「국가재난 상황에 내가 자랑스럽다」라는 좋은 글도 게재 되었으며 두개의 감사패도 받았다.

하나는 모항 이장님과 주민들이 주셨고 또 하나는 모항 어민회에서 고생했다고 주신 것이다. 살아오면서 이만큼 가슴 뿌듯한 상패를 받아본 적이 없었다. 가슴으로 전해지는 고마움이 느껴졌다.

마지막으로 마을 주민들과 작별 인사를 나누었다. 그 중에서도 정이 가장 많이 들었던 염택수 형님과 헤어질 때는 서로 목이 메여 「잘가」라는 말 한마디 겨우 하고 돌아섰다.

마음 한 켠이 찡하니 울려 왔다. 지난 4개월 동안 힘들고 어려웠지만 온 국민이 함께 참여하는 사랑과 희망이 어우러졌던 곳이 태안이었다. 이제 모든 방제를 마치고 집으로 돌아온 나에게 가슴에서 묻는다.

「태안이 뭐냐고」 그렇다 태안은 나에게 있어 「또 하나의 가족」이었던 것이다. 동시에 대한민국의 「가족」인 것이다.

4. 기름이 몰려오던 날의 풍경스케치 – 우수상

서산주민 이춘형

11월 7일 서해안 기름 유출이 되던 날. 그 날까지만 하더라도 TV나 라디오 뉴스를 들어 보면 그렇게 큰 걱정은 되지 않았다.

사고선적에서 쏟아지는 기름을 일단 바다위에 오일펜스를 쳐 놓아서 큰 걱정은 안 해도 된다는 소리를 들었다.

하지만 나는 도저히 믿을 수가 없었고 불안한 마음을 금할 수 없었다. 나는 직장에서 귀가하자마자 그 날로 가족들과 함께 만리포를 향해 차를 몰았다.

마침내 바다로 왔을 때 까지만 해도 바다에서 특별한 징조를 발견할 수도 없었다. 더구나 밤이라 너무 주위를 분간할 수 없어 상황을 제대로 파악 할 수가 없었다.

그래서 그 다음날 12월 8일 아침에 일찍 일어나 또 다시 만리포로 향했다. 너무 이른 아침이라 가족들 모두 차를 타고 오면서 잠에 취해 있었다. 그런데 바다에 거의 다 왔을 때 나는 이상한 냄새로 인하여 토할 것만 같았다.

처음에는 이 냄새가 차에서 나는 줄 알고 내려서 주위를 둘러보았지만 차에서 나는 냄새는 아니었다. 분명한 것은 바다에 접근하면 할수록 냄새가 더욱 더 강하게 나는 것이었다.

만리포 배수욕장에 도착하자마자 이리저리 주위를 둘러보았지만 육안으로는 아무것도 확인 할 수 없었다. 그 때까지만 해도 만리포 해변에는 걱정할 정도의 기름을 보지 못했다.

다만 만리포 입구에는 엷은 유막이 있었지만 그 정도 가지고는 걱정될 정도로 커다란 재앙이라 할 수는 없었다. 그런데 시간이 지나면서 해경들이 점점 더 많이 집합하는 것을 보고는 놀라지 않을 수가 없었다.

해경들은 흡착포를 사용해서 해변의 끝자락에 있는 유막을 제거하고 있었다. 딸은 그곳에 주민들이 하는 것처럼 유막위에 흡착포로 징검다리를 놓으며 재미있다는 듯이 놀았다.

그 날 만리포의 하늘은 먹구름이 약간 끼어 있었지만 비교적 날씨는 시원했다 그 푸른 하늘 사이로 간간이 햇빛이 빛날 때면 마치 모래사장은 마치 금색을 뿜어내는 듯했다.

사람들이 하나도 없는 텅 빈 사장위에서 딸은 무대의 주인공이 되어 있었다. 딸은 금빛 모래사장으로 달려가서 눕기도 하고 발레를 하듯 춤을 추기도 했다 그런 순간도 잠시. 해변을 걷고 있는 사이에 지독한 냄새가 또다시 코를 쏘고 있었다.

분명히 바닷물이 들어오면서 바람결에 실려 오는 냄새였다. 그 냄새는 얼마나 지독했던지 머리가 아팠지만 토할 것만 같았다. 그 냄새의 진원지를 찾으려고 파도가 들어오는 곳으로 나아가고 있었다.

멀리 바다를 좀 더 자세히 바라보았는데 등대가 보이고 그 등대에서는 무엇인가 급박하게 움직이고 있는 것만 같았다. 생각해 보니까 이번 사고 선적과 크레인, 해경의 배들이었다.

좀 더 앞으로 나아가고 있는 순간 나를 향해 몰려오는 바닷물을 보고는 쓰러질 뻔했다.

이것은 푸른 파도가 아니라, 마치 괴물처럼 보이는 검은 파도였다. 바닷물은 어디 갔나. 온데 간 데 없고 겹겹이 검은 기름덩어리만 보이는 것이었다.

나는 무서움을 느끼면서 딸을 불러대었다. 아무리 소리를 질러 보아도 딸은 들은 체도 하지 않았다. 그 아이는 바로 바다 금빛 모래에 취해서 마냥 놀고 있는 것이었다.

마침내 나도 모르게 금빛 모래사장에 쓰려져 힘없이 쓰러지자 그때서야 딸은 무엇인가 이상함을 눈치 채고는 마침내 나있는 쪽을 향하여 달려왔다.

그림 6.34 해안가에 몰려온 기름

딸의 눈앞에 펼쳐진 처참한 광경을 보고는 딸은 한동안 아무 말도 하지 않았다. 이건 파도가 아닌 거대한 기름 덩어리였다. 아니! 단순한 기름덩어리가 아닌 더러운 냄새를 풍기는 커다란 괴물이 되어 몰려오는 것이었다.

파도를 타고 온 그 괴물은 층층이 쌓여서 꾸물꾸물 거리며 수천 개의 주름을 드러내 보였다. 그 당시 내가 할 수 있는 일이라고는 처참한 상황을 사람들에게 알리는 수밖에 없었다.

우선 내가 아는 사람들에게 계속해서 전화를 했다. 맨 처음 기자에게 알렸는데, 유감스럽게 그는 김장을 하는 날이라 꼼짝 할 수가 없다는 것이었다.

세상에 이런 특종이 있었음에도 불구하고 김장이라니! 기가 막혀 말이 나오지 않았다.. 또 다시 다른 기자에게 연락을 해보았지만, 그 분 역시 바빠서 취재할 수 없다는 것이었다. 하는 수 없이 환경운동연합의 사무국장에 전화를 걸었다.

그 분도 역시 간월도에서 <철새기행전>에 장관을 수행하고 있는 중이라

했다 금세 올 테니 우선 나보고 사진을 찍어 놓으라고 하는 것이었다.

그 당시 내가 할 수 있는 최선의 방법은 사진을 찍어 알리는 수밖에 없다고 생각했다. 다행히 나는 디카를 두 개나 가져왔기 때문에 딸과 나는 디카를 연신해서 괴물을 향하여 셔터를 쏘기 시작했다.

내가 사진을 찍고 동영상을 촬영하면서 얼마의 시간이 지나자 해변으로 사람들이 몰려드는 것을 확인했다 가서 보니 여러 방송국에서 나와서 생중계하는 모습도 보았다. 우리나라 방송은 물론 일본의 NHK 등 기자들이 급박히 돌아가는 상황을 타전하기 시작했다.

그 뒤로 기름덩이들이 해변을 점령할 무렵에는 사람들이 하나 둘씩 몰려들기 시작했다. 하지만 몰려든 사람들은 기름 제거 작업을 어떻게 시작해야 될지도 몰랐다.

그런데 유독 하늘색 방제복을 입은 사람들이 눈에 들어 왔다. 그들은 오일펜스를 치고 다시 펜스에 기름이 시커멓게 배어들면 밖으로 끌어내는 일을 하고 있었다. 그들은 일사분란하게 기름 제거작업을 하는 것을 보고 놀랐다. 그들이 너무 일을 잘하기에 도대체 어느 회사에서 왔는지 궁금하여 물어 보았다.

그런데 이 사람 저 사람 돌아가면서 물어 보았지만 어찌된 일인지 그의 대답은 냉랭했다. 어쩌면 그들은 의도적으로 함구하고 있는 것만 같았다. 그런데 일하다가 마침내 내가 불과 얼마 전에 만난 분이었다.

그는 대산의 S토탈에서 근무하는 분인데 환경단체와 함께 공장 시설을 견학할 기회를 가졌는데 그 당시 회사를 홍보하던 분이었다. S토탈에서는 공장폐수를 정화시켜 바다에 흘려보낸다고 선전했다.

특히 공장 폐수를 정화하여 만든 저수지를 견학하였는데 그곳에서 살아가는 오리를 보고는 무척 감동받은 적이 있었다. 그 때는 서로 반갑게 인사를 나누어야 할 사람들이 어찌된 일인지 모두 입을 다문 채로 일만 하고 있었다.

시간이 지나자 해경을 비롯하여 많은 사람들이 기름 작업에 적극적으로 나서서 하는 것을 보았다. 눈앞에 펼쳐진 처참한 광경 속에서 우리 가족들도 보고만 있을 수 없었다. 봉사정신이 어느 때보다 요구하는 상황이었다. 우리 가족은 바다 여기 저기 펼쳐져 있는 오일펜스를 거둬 내는 일을 도왔다.

그 당시에는 발에 장화도 신지 않고 손에 장갑도 끼지 않고 누구나 할 것 없이 작업 현장에 뛰어 들었다. 우리 가족들이 손과 발에 온갖 기름투성이로 변했다.

바다에서 청소를 하고 있을 무렵, 내가 잘 아는 환경운동연합의 사무국장이 나를 찾아왔다. 그 분은 지금은 기름제거가 중요한 것이 아니라 기름 오염이 얼마나 되었는지 알아보는 것이 급선무라고 했다.

물론 봉사활동이 무척 필요한 때였지만 사무국장의 말을 들어 보니 우선 사진을 촬영해서 한 시라도 다른 사람들에게 알리는 일이 더욱 중요한 일이라고 생각되었다.

우리 가족은 사무국장과 함께 급히 차를 몰아 천리포를 지나면서 해변을 보았다. 바다에 기름은 검은 띠가 물결을 따라 계속해서 번져 가고 있었다. 하늘에서는 헬기가 취재하느라 우리만큼 분주히 움직이고 있었다. 우리도 헬기에 올라탔다면 바다가 얼마나 오염되었는지 금세 알 수가 있으련만 그럴 수가 없어서 유감이었다.

하지만 그런 것은 아무 문제가 되지 않았다. 헬기가 하늘에서 바라본다면 나는 육지에서 나 나름대로 기름유출에 대하여 관찰할 셈이었다.

구름포로 이동하다가 팔각정에 이르러서 차를 세웠다. 잠시 구름포에서 바다 전경을 관찰할 생각이었다. 구름포! 이곳은 원래 안개가 일품인 곳이다. 안개가 끼는 날에 멀리 바다에서 보면 구름에 쌓인 이곳 봉우리가 멋지고 환상적인 장면을 연출하는 곳이기도 하다.

그래서 혹자는 이곳을 <구름포>라고 이름이 붙여졌다고 한다. 실제로 오염되기 전까지만 해도 이곳 구름포 팔각정에 올라 바다를 보면 경관이 너무 아름다워 마치 동해안의 한 절경에 온 듯이 하다. 나는 옆에 있는 팔각정으로 가서 바다의 오염 상태를 보았다.

그런데 멋진 절경을 자랑하던 포구는 간데없이 사라져 버렸고 바다에는 온통 검은 물결뿐이었다. 팔각정에서 보면 바다에는 검은 기름띠들이 계속해서 퍼지고 있는 것을 목격할 수 있었다.

이곳 구름포는 육지의 어느 곳보다도 사고 현장을 가장 가까운 지척에서 볼 수가 있었다. 기름 유출 사고를 낸 크레인과 선적이 보이고, 그 배 옆으로 해경이 방제선을 타고 방제작업을 하는 모습이 보였다.

좀 더 자세히 보기 위해서 망원경을 통해서 내려다보니 사고 선박에서는 연신 기름이 나오고 있었고 그 옆에서는 해경으로 보이는 여러 척의 함정들이 하얀 무엇인가를 뿌리는 것을 목격 할 수가 있었다. 나는 기름이 쏟아져 나오는 광경을 보면서 왜 저 기름구멍을 당장이라도 틀러 막지 못하는 이유를 그 때 당시는 알 수가 없었다.

「차라리 배의 기름 탱크 안에 담요나 옷가지라도 쑤셔 넣었더라면 기름이 옷가지들을 구멍을 따져 나오면서 배의 구멍을 막을 텐데……」하면서 터무니 생각도 해 보았다.

우리는 구름포를 지나 급히 차를 몰아 신두리 해수욕장으로 향했다. 신두리 H 리조트가 있는 펜션 단지 앞 해상에 도착하자, 그곳에는 예상한 것보다 바닷물이 많이 들어오지 않아서 인지 기름이 많이 번지지는 않았다.

그 때 기름이 없는 사장을 골라서 예비 신혼부부 한 쌍이 앨범촬영을 하기 위해서 조심스럽게 다가간다. 이런 와중에도 예비 신혼 부부 한 쌍이 결혼사진을 찍느라 하얀 옷을 드레스를 입고 포즈를 취하고 있는 것이다. 아무리 철부지일지라고 검은 파도가 밀려오는데 사진을 찍는 단 말인가! 그들도 악을 쓰면서 변명을 늘어놓았다. 신부는 기름유출이 있기 오래 전에 결혼사진 찍는 일을 계획했다고 하지만 아무리 생각해 보아도 이기적인 젊은 이였다.

마침내 이를 보고 참지 못한 한 사람이 그들을 향해 호통을 치자 그때서야 허둥지둥 대며 달려가는 모습이 안타깝기만 하다. 한편으로 생각해 보면 기름유출이 일생에 한 번 밖에 없는 그들의 자유는 물론 모든 이들의 자유마저도 앗아간다는 생각이 들어 슬프기만 했다

해변에는 날씨가 추워지자 마을 사람들이 불을 펴 놓고 있었다.

하지만 밀려오는 파도위에는 여전히 온통 기름으로 덥혀 있었다. 마침내 그 광경을 본 한 마을 주민은 기름이 맞는지 아직도 믿을 수가 없나 보다. 갑자기 바닷물위에 있는 검은 물체를 퍼서 모닥불 위에 붓자 지지직거리며 타올랐다. 타오르는 불꽃을 내며 타오는 것을 보니 영락없는 기름이었다.

그 전까지만 해도 반신반의하던 마을 주민들은 대단한 분노로 바뀌었다. 노인 한 분은 기름으로 덥힌 바다에 불이라도 질러 보았으면 좋겠다고 말했다.

저 밀려오는 기름을 보면서 어떤 사람들은 어쩔 줄을 모르며 넋이 빠져 있었다. 어떤 사람들은 밀려오는 기름에 발을 둥둥 구르는 사람들도 있었고 어떤 사람들은 아예 바다 바닥에 누워 버린 사람들도 있었다.

「얼마나 바다를 오염될 것인가? 또 저 바다 위를 덮고 있는 기름을 어떻게 제거할 것인가? 또 저 기름은 얼마나 바다를 오염시킬 것인가?」를 생각하니 나또한 쓰러질 것만 같았다.

그 때까지만 해도 기름을 제거하기 위한 특별한 방법은 없었다. 그렇다고 마냥 밀려오는 기름 덩이들을 쳐다보고만 있을 수는 없는 일이었다.

그림 6.35 흡착재를 이용한 해안가 방제작업

나중에는 통이 준비되고 그 속에 기름을 퍼부어 담아 보지만 기름을 아무리 퍼내도 소용없었다. 마침내 흡착포가 도착하자, 사람들은 기름제거를 위해 본격적으로 나섰다. 나는 만리포에서 했던 것처럼 사람들에게 흡착포를 펼치라고 알려 주었다.

그리고 얼마동안 나도 마을 주민들과 함께 기름을 거둬 내는 일을 도왔다. 더욱더 기름 덩이리가 몰아치자, 어떤 사람들은 아예 경운기에 흡착포를 싣고 오염된 해안선을 따라서 경운기에 있는 흡착포를 퍼부어 내렸다. 해안선에서는 사람들이 죽 일렬로 늘어서 기름에 밴 흡착포를 거둬 내는 일을 했다.

나는 신두리 봉사활동에 참여하면서 한 가지 안타까운 것은 왜 도대체 저토록 엄청난 기름을 육지에 이르게 않고 바다에서 처리하는 방법은 없는 것인지 답답하기만 했다. 「바위와 해변의 모래가 오염되기 전에 헬기나 배를 이용하여 오염된 바다위에 기름띠 위에 흡착포를 퍼 분다면 어떤 일이 벌어질까?」바다위에 기름은 흡착포에 배어 들 것이고 그 흡착포는 파도에 떠밀려 육지로 밀려오게 될 것이다.

그러면 바닷가에서 기다리는 사람들이 일렬로 서서 장대로 흡착포를 거둬내면 될 것이다. 그러면 바다 기름이 모래사장이나 바위 밑에 스며들게 하지 않았을 지도 모른다. 그것을 왜 육지와 바위에 도달하여 그 기름이 모래사장이나 바위 밑에 스며들도록 하는지 이해되지 않았다.

나는 기름이 어디까지 오염이 되었는지를 좀 더 알아 보기위해서 신두리 사구를 살펴보았다. 이곳 신두리 사구는 다른 사구와는 달리 바다의 모래가 바람에 실려와 쌓이고 그 위에 사구 식물이 썩어서 쌓이는 일을 해마다 반복하다 보니 지금은 나이테처럼 독특한 사구 층이 형성이 된 국내 유일한 사구이기도 하다.

이 모래 언덕위에는 여러 가지 사구식물이 자라나고 있는 데, 해당화를 비롯하여 갯보리 사초, 갯메꽃을 비롯하여 많은 진귀하고 가치 있는 식물들이 자라고 있는 것이 유명하다. 우리나라에서는 이곳을 사구를 보존하기 위해서 천연기념물로 지정하여 보호하고 있는 곳이기도 하다.

나는 우리 학교의 해양환경보호도우미들을 이끌고 6년 전부터 이 사구를 보전하는 일에 참여했다 우리 동아리에서는 우리 환경단체들과 연합하여 외래식물인 달맞이꽃을 제거, 사구 내에 환경보전 활동, 여름철 해변에 버리고 간 쓰레기 줍기 등과 같은 각종활동을 펼쳐왔다.

오랜 세월 신두리에 애착을 가지고 꾸준히 봉사활동을 펼쳐 온 곳이기 때문에 사실 나는 다소 걱정이 되었다. 우리는 사구를 넘어서 해안가를 더듬어 보았는데 만리포에서 보았던 기름띠가 계속해서 북상을 하고 있었다. 사구 해안뿐만이 아니라, 사구와 접한 해안에도 기름띠가 다가오고 있었지만 다행히 사구위에 미치지 않을 것을 보고는 안심했다

마지막으로 우리는 해안을 관찰해보기 위해서 황천리에 있는 야산에 올랐다. 이곳은 보통 때에도 사람들의 출입이 적은 곳이라 다른 곳보다는 청청

해역이라고 할 수 있었다. 나는 산 아래에 있는 낚시터로 향해 서둘러 가보았다. 그곳 역시 오염된 현장을 보고는 놀라지 않을 수가 없었다.

주위에 아름답던 기암괴석들이 온통 검은 돌로 바뀌어 번득이고 있었다. 사실 이렇게까지 오염이 되었으리라고는 추호도 예상하지 못했다. 적어도 나는 이곳만큼은 외진 곳이어서 오염이 되지 않았을 것이라고 기대했기 때문에 거기에서 느끼는 실망감은 더욱 더 컸다.

기름은 계속해서 돌 틈 사이로 스며들고 있었다. 이 기름을 제거하는 데는 상당한 시간이 걸릴 거라는 생각이 들었다.

나는 그 동안 만리포와 구름포 그리고 신두리 방면을 찾아다니면서 봉사활동을 실시해왔다. 봉사활동과 함께 오염된 현장을 찾아다니며 카메라에 담아서 알리는 일을 계속해 왔다.

봉사활동마치고 집으로 돌아와서 내가 찍은 사진 자료를 인터넷에 탑재하는 일을 계속했다 어떤 이는 인터넷에 실린 처참한 사진을 보며 격려해 주기도 하였지만 내 소식을 접한 사람들은 봉사활동에 함께 참여하겠다고 자원하기도 했다 그 사람들 중에는 대부분 학생과 성인이 대부분 참여했지만 아주 어린 아이도 간간히 볼 수 있었다.

겨우 8살 정도밖에 되지 않는 어린 아이도 있었다. 8살 정도 먹은 아이의 기름으로 뒤범벅이 된 방제복을 보면서 내일의 희망을 읽을 수가 있었다.

머지않아 놀라울 정도로 이곳 서해안은 깨끗해 질 것이고 우리는 또 하나 세계적으로 유래 없는 기적을 이루어 것이라고 확신했다.

참고문헌

1. 해양경찰청, 허베이스피리트호 기름유출사고 방제현장보고서, 2007
2. 해양경찰청, 아름다운 기적, 허베이스피리트호 기름유출사고 사진집, 2009
3. 해양경찰청, 방제현장에서 그 절망, 보람 그리고 희망, 허베이스피리트호 유류오염사고 방제활동 체험수기 수상작품집, 2008
4. 국토해양부, 해양경찰청, 충청남도, 허베이스피리트호 유류오염사고 방제부문 백서, 2008
5. 태안군, 허베이스피리트호 유류오염사고 백서, 2010
6. 박상규, 대형 재난지역의 갈등관리에 관한 실증연구, 2013
   −2007, 허베이스피리트호 유류오염사고 사례를 중심으로(한서대학교 박사학위논문)−
7. 국회토론회, 태안유류유출사고 1주년, 지역주민건강의 관점에서 본 문제점과 개선방안 발표자료, 2008
8. 희망제작소, 태안은 살아있다, 기름유출사고이후 3년, 다시쓰는 태안 리포트, 2010
9. 태안환경보건센터·생태지평연구소, 허베이스피리트호 유류유출사고환경보건백서, 2011
10. 충남대학교해양연구소, 검은 좌절을 딛고 일어선 푸른 태안
    −허베이스피리트호 유출유사고이후− 심포지움 논문집, 2008
11. 한국환경정책·평가연구원, 서해 유류유출하고의 대응방안 마련을 위한 중장기적 전문가 워크샵 발표자료, 2008
12. 해양수산부, 충청남도, 서해안유류피해극복 10주년 해양환경안전포럼 발표자료, 2017
13. 정광용·이승환, 허베이스피리트호 유류오염사고 극복을 위한 정부지원현황 및 대응정책제언, 2012
14. 정광용·이승환, 허베이스피리트호 유류오염사고가 주변환경에 미치는 영향조사 및 분석, 2012
15. 해양수산부, 해양과학기술원, 허베이스피리트호 유류오염사고와 환경영향, 2015
16. 해양수산부피해지원단, 서해안 유류피해보상소식 7, 8월호, 2016
17. 해양경찰청, 미국멕시코만 유류오염대응 사례연구, 2013
18. 해양수산부, 씨프린스호 유류오염사고 사후관리방안연구, 2002
19. 국토해양부, 유류오염환경영향평가 및 환경복원연구, 2009
20. 정부업무평가위원회·국무총리실, 해양오염사고관리체계평가, 2008

마무리말

이 책을 기획하면서 "책을 출간할 것인가?"를 두고 많은 고심을 했다.

방제현장에서 방제방법이나 방제종료시점을 두고도 보는 관점이나 입장에 따라 다른 견해로 많은 갈등이 있었는데, 이 책에서 방제작업결과에 대한 평가와 제기된 문제점에 대한 해명성 의견제시 등이 또 다른 논란의 소지가 있다는 점에서 출간을 망설였던 것이 사실이다.

최근 우리사회에서는 세월호사고, 메르스사태 등을 겪으면서 재난사고 발생시 정부대책에 대해 일단 부정적이고 불신적인 시각이 생겼다. 흥행을 이루었던 영화 "터널"이나 "부산행"에서도 정부대책에 대한 불신기조를 보여주고 있다. 이러한 사회적 분위기는 이후에 어떤 재난사고가 발생하더라도 정부발표에 대한 불신을 초래하여 관계공무원들의 소신껏 업무추진이 어려워질 수 있고 업무처리에 혼란이 가중될 수 있다고 본다.

우리나라연안에서는 재난적 대형해양오염사고 발생 가능성이 상존하고 있어, 허베이스피리트호 사고 이후 당시의 문제점을 보완하기 위해 방제체제를 개선하고 국가방제능력도 확충하고 있으나 유사한 대형오염사고가 발생한다면 해상사고의 특성상 초동대응에 한계가 있어 초기혼란이 불가피한 실정이다.

이는 정부의 방제정책과 현장방제조치 전체에 대한 불신으로 이어져 매번 반복되는 왜곡된 정보에 의한 문제제기를 다시 반복하게 될 것이다. 사고가 발생하여 문제가 제기된 상황에서는 아무리 해명해도 납득시키기 어렵다는 것을 알고 있어, 평상시상황에서 해상사고의 특성과 애로점을 이해시킬 필요가 있다고 생각해 왔다.

필자는 허베이스피리트호 사고의 성공적 방제로 30년 공무원생활을 명예퇴임 할 수 있었다. 허베이스피리트호 사고의 최종 마무리 차원에서 당시에 제기된 문제점에 대한 정확한 설명과 방제현장의 실상을 진솔하게 밝히고 방제현장경험을 많은 사람들과 공유할 수 있도록 하는 것이 마지막 임무라 생각하고 다소 무리를 해서 이 책을 발간하게 되었다.

보는 관점에 따라 미흡하고 견해를 달리하는 부분이 있을 것이다. 이 책을 통해 방제기술에 대한 토론의 장이 되고, 전문가들을 비롯한 보다 많은 사람들이 방제현장을 정확하게 이해하는데 도움 되기를 기대한다.

그리고 이 기회를 빌려 허베이스피리트호 오염사고의 성공적인 방제를 도와준 123만의 자원봉사자들을 비롯한 지역주민, 지자체 관계자 여러분들과 해양경찰청, 해양환경관리공단 전 직원들에게 감사드린다. 특히 해상방제와 언론브리핑을 총괄하여 방제대책본부에 힘을 결집시켜준 당시 경비국장이었던 윤혁수 전 해경차장님께 감사드리며, 방제업무를 천직으로 알고 묵묵히 소임을 다해준 해경해양오염방제국 요원들에게도 진심으로 감사드린다.

끝으로 이 책이 나오기까지 해경의 김한규서기관의 자료수집·정리·편집 등 도움이 없었다면 이 책의 출간은 불가능했다 심심한 감사를 드린다. 이외에도 해경의 김형만국장, 임택수·이찬근 과장, 천명철사무관, 김창균 전 해경연구소장 등의 적극적인 도움에도 감사드린다.

허베이스피리트호 해양오염사고 10주년을 즈음하여
저자 **이봉길** 씀

찾아보기

방제20

저자소개

| 저자 **이봉길** |

저자는 "환경"이란 용어자체도 생소했던 '70년대 초 국내대학 최초로 신설된 해양환경학과(현 부경대 환경공학과)에서 환경분야를 전공하여, 해양오염방지법이 제정되고 이 법집행기구로 해양경찰청에 신설된 해양오염관실에 특채('79년 3월)되어 해양오염관리업무를 평생 천직으로 수행해오면서, 우리나라 해양환경보전에 작은 기여를 했다는 점에 자긍심을 가지고 있다.

공직 30년간 해양오염관리제도 · 행정체계정립과 방제기술 · 능력확보 등 우리나라 해양오염관리업무 기반을 마련하는데 중추적인 역할을 하였으며, 8,500여건의 대 · 소해양오염사고를 처리하면서 '95년 여수 씨프린스호 오염사고시는 방제과장, '07년 태안 허베이스피리트호 오염사고시는 해양오염방제국장 등 국내의 거의 모든 해양오염사고 현장에 참여해왔다.

또한 신설부서 · 신설업무를 개척하면서 국 · 내외 전문가들과 정보교류, 업무의 전문성 확보를 위한 관련 학문과 학회활동도 지속적으로 이어왔다.

공직 퇴임 후에도 해양환경관리공단 방제본부장, 선박해양플렌트연구소 자문위원을 역임하였으며 지금도 해양과학기술원 자문위원과 대학강의 · 학회참여 등 왕성하게 활동하고 있다.

주요 이력

- 부경대학교 환경공학과(해양환경)
- 한양대학교 대학원(해양환경전공)
- 해양경찰청 해양오염방제국장(고위공무원)
- 해양환경관리공단 해양방제본부장
- 선박해양플랜트연구소 자문위원
- 해양과학기술원 자문위원(현)
- 인천재능대학교 겸임/외래교수(현)
- 한국해양환경 · 에너지학회(이사 · 감사 · 부회장역임 · 현 감사)
- 한국해양환경안전학회(현 전문위원)
- 한국생태공학회(감사역임. 현 이사)

허베이스피리트호
오염사고 방제 그리고 10년 정가 25,000원

발 행 2017년 11월 20일 초판 1쇄
저 자 이봉길
발행인 정우용
발행처 도서출판 동화기술
경기도 파주시 광인사길 201(문발동, 파주출판도시)
Tel (031)955-4211~6 donghwapub@nate.com
Fax (031)955-4217 www.donghwapub.co.kr
(등록) 1977년 12월 19일/9-16호

Printed in Korea
ISBN 978-89-425-9143-5